本书部分实例效果图

跳舞的女孩效果

利用模板制作个性幻灯片效果

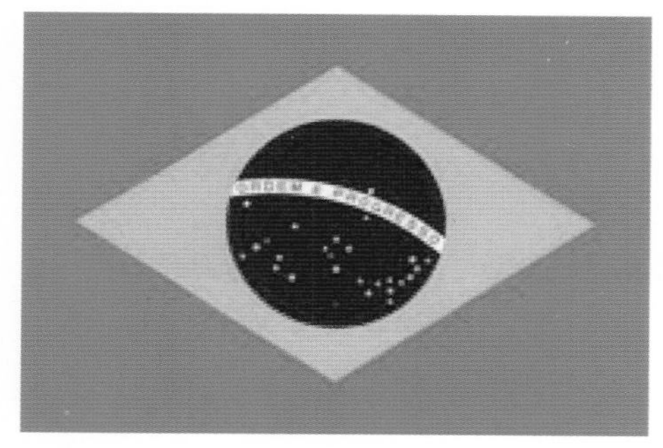

巴西国旗效果

U0129666

圣诞背景效果

彩图文字效果

空心外框文字效果

蝴蝶飞飞效果

打字效果

四季更替效果

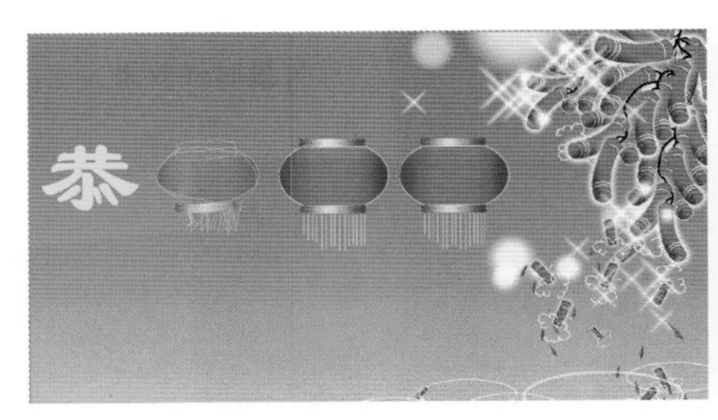

恭贺新禧案例效果

变脸效果

跳动的小球效果

滚落山坡的丑小鸭效果

可爱的毛毛虫效果

星空漫步效果

小鸡啄虫效果

梦幻美猴王效果

魅力世博动画效果

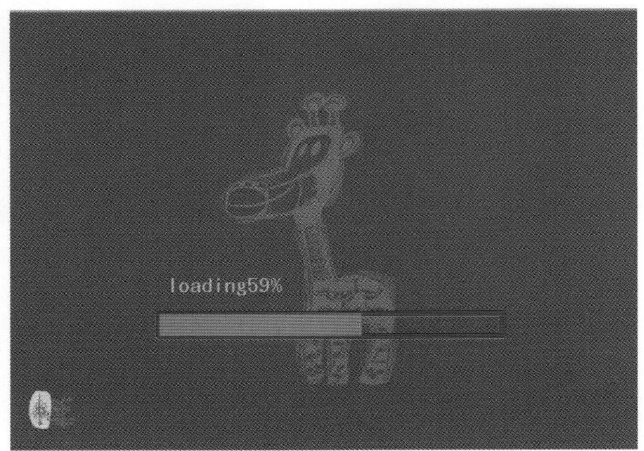

动画下载进度条效果

网站首页效果

21世纪高职高专规划教材
计算机应用系列

Flash CS4 实例教程

覃远霞　龙　妍　主编
吕玉珠　李　敏　廖洪建　副主编

清华大学出版社
北京

内容简介

根据高职高专教学的培养目标以及艺术设计类课程的特点，本教材采取案例引导教学的方法，将 Flash 基础知识的学习和 Flash 创作的指导融入案例中，让读者通过一个个案例的学习，熟练掌握 Flash 工具的使用，并创作出优秀的 Flash 作品。

全书分为基础案例和综合案例两大部分。读者通过由浅入深的 26 个基础案例来学习 Flash 基础知识，通过 Flash 商业广告、Flash MV 和 Flash 网站 3 个典型的 Flash 应用设计案例来学习创作 Flash 作品的完整过程。

本书可以作为高职高专计算机或艺术设计类学生的教材，也可以作为动画爱好者的自学参考书。

本书封面贴有清华大学出版社防伪标签，无标签者不得销售。
版权所有，侵权必究。侵权举报电话：010-62782989　13701121933

图书在版编目（CIP）数据

Flash CS4 实例教程/覃远霞，龙妍主编．—北京：清华大学出版社，2010.9
（21 世纪高职高专规划教材．计算机应用系列）
ISBN 978-7-302-23458-6

Ⅰ．①F…　Ⅱ．①覃…　②龙…　Ⅲ．①动画－设计－图形软件，Flash CS4－教材
Ⅳ．①TP391.41

中国版本图书馆 CIP 数据核字(2010)第 154276 号

责任编辑：张龙卿(sdzlq123@163.com)
责任校对：袁　芳
责任印制：杨　艳

出版发行：清华大学出版社　　**地　址**：北京清华大学学研大厦 A 座
http://www.tup.com.cn　　**邮　编**：100084
社 总 机：010-62770175　　**邮　购**：010-62786544
投稿与读者服务：010-62776969，c-service@tup.tsinghua.edu.cn
质 量 反 馈：010-62772015，zhiliang@tup.tsinghua.edu.cn

印 装 者：北京市清华园胶印厂
经　销：全国新华书店
开　本：185×260　**印　张**：12　**插　页**：2　**字　数**：291 千字
版　次：2010 年 9 月第 1 版　**印　次**：2010 年 9 月第 1 次印刷
印　数：1～4000
定　价：25.00 元

产品编号：038813-01

前　言

Flash CS4 是 Adobe 公司推出的具有强大功能的动画制作软件之一，它可以在使用很小字节量的情况下，完成高质量的矢量图形和交互式动画的制作，是大多数专业设计人员在进行动画、广告、游戏或网站设计时首选的创作工具。

本书共分 10 章，第 1 章介绍 Flash 的基本概念、Flash CS4 的工作环境以及 Flash 动画制作的一般过程；第 2 章介绍如何绘制图形和编辑图形；第 3 章介绍创建与编辑文本的方法；第 4 章介绍导入外部对象的方法，以及逐帧动画、形状补间动画和动作补间动画等基本动画的创建方法；第 5 章介绍引导层动画、遮罩动画、骨骼动画等特殊动画的制作方法；第 6 章介绍滤镜和混合功能的使用方法；第 7 章介绍 ActionScript 基本语法以及交互动画的基本制作方法；第 8 章介绍 Flash 商业广告的完整制作过程；第 9 章介绍 Flash MV 的制作过程；第 10 章介绍 Flash 网站的分析制作过程。

本书由长期从事 Flash 教学的广西工商职业技术学院覃远霞、南宁职业技术学院龙妍担任主编，广西工商职业技术学院吕玉珠、广西机电职业技术学院李敏、柳州师范高等专科学校廖洪建担任副主编，参与本书编写的还有广西机电职业技术学院陈玉芸、广西工商职业技术学院彭昕和周林。其中，第 1 章由陈玉芸编写，第 2 章由李敏编写，第 3、6、8 章由覃远霞编写，第 4 章由吕玉珠、周林、彭昕共同编写，第 5 章由彭昕、廖洪建、龙妍共同编写，第 7 章由吕玉珠编写，第 9 章由廖洪建编写，第 10 章由龙妍编写。

由于编者水平有限，书中错误和不足之处难免，恳请广大读者批评指正。

编　者

2010 年 7 月

目 录

第1章　Flash CS4基础知识

Flash 是基于网络开发的交互性矢量动画设计软件。它可以将音乐、声效、位图、动画及富有新意的界面融合在一起，制作出精彩的动画效果。Flash 功能强大，不但具有丰富的动画表现力、灵活的跨平台特性，还具有很强的交互特性，可以集成多种媒体形式和媒体设备，制作动态网站、设计软件系统界面、开发交互式软件、链接数据库等。

1.1　案例1　跳舞的女孩

1.1.1　案例效果

本案例是将序列图片导入，在时间轴上自动生成一系列关键帧，成为一个逐帧动画。案例效果如图1-1所示。本案例包含的知识点有：

- 认识 Flash 的工作界面。
- 导入序列图片。
- 修改帧频率。
- 测试影片。
- 保存动画文件。

图1-1　跳舞的女孩效果

1.1.2　相关知识

1. Flash 简介

(1) Flash 技术与特点

动画是将静止的画面变为动态的艺术。实现由静止到动态，主要是靠人眼的视觉残留效应——看到一帧画面以后，在之后的一段时间里(大约是0.1s，不同的信号刺激持续的时间可能略有不同)，人脑会认为它一直存在。如果快速查看一系列相关的静态图像，那么我们会感觉到这是一个连续的运动。利用人的这种视觉生理特性，可制作出具有高度想象力和表现力的动画影片。

Flash 动画最基本的元素就是那些静止的图像，即帧。Flash 动画中包含许多独立的帧，每一帧都与前一帧略有不同。关键帧定义了动画在哪儿发生改变，例如何时移动或旋转

对象、改变对象大小、增加对象、减少对象等。每一个关键帧都包含了任意数量的符号和图形。当移动时间轴上的播放头或放映 Flash 影片时，用户在场景上所看到的就是每帧的图形内容。当帧以足够快的速度放映时就会产生运动的错觉。

Flash 动画的主要特点如下：

◆ 基于矢量的图形系统。矢量图形可以任意缩放尺寸而不失真，因此 Flash 既能保持较小的文件体积又能实现高品质的动画。

◆ 具有多媒体特性。Flash 能够把音乐、声效、位图、动画、交互方式等融合在一起，使 Flash 动画适合于不同领域的需要。

◆ 采用流式播放技术。动画可以边播放边下载，减少浏览者的等待时间。

◆ 具有强大的交互功能。高级交互事件的行为控制使 Flash 动画的播放更加精确并容易控制。设计者可以在动画中加入滚动条、复选框、下拉菜单和拖动物体等各种交互组件。Flash 动画甚至可以与 Java 或其他类型的程序融合在一起，在不同的操作平台和浏览器中播放。Flash 还支持表单交互，使得包含 Flash 动画表单的网页可应用于流行的电子商务领域。

(2) Flash 的应用与展望

随着 Flash 软件版本的不断升级、功能的不断增强，Flash 动画的应用范围越来越广泛，目前的应用领域主要有以下几个方面。

◆ 网络广告。由于 Flash 对矢量图的应用和对视频、音频的良好支持以及采用流式播放技术等特点，Flash 制作的网络广告表现力强，体积小，传播速度快，非常适合网络环境下的传输。

◆ 在线游戏。利用 Flash 中的 ActionScript 脚本语言可以编制一些游戏程序，再配合 Flash 的交互功能，能使用户通过网络进行在线游戏。Flash 在线游戏的特点是画质高，可玩性强，操作简单，深受广大网民欢迎。

◆ 多媒体课件。Flash 素材的获取方法很多，可为多媒体教学提供更易操作的平台，目前已被越来越多的教师和学生所熟识。

◆ 产品展示。由于 Flash 有强大的交互功能，很多公司都喜欢利用它来展示产品。可以通过方向键选择产品，再控制观看产品的功能、外观等，互动的展示比传统的静态展示方式更胜一筹。

◆ 开发网络应用程序。目前 Flash 已经大大增强了网络功能，可以直接通过 XML 读取数据，又加强与 ColdFusion、ASP、JSP 和 Generator 的整合，所以用 Flash 开发网络应用程序肯定会越来越广泛地被采用。

2. Flash CS4 工作界面

安装并进入 Flash CS4 之后，首先进入的是初始界面。初始界面包括以下四个区域，如图 1-2 所示。如果需要打开已经创建好的项目，可以从“打开最近的项目”选项中选择；如果需要新建一个文件，可以在“新建”项目中选择；还可以选择“从模板创建”，从模板创建 Flash 文件。

单击初始界面中“新建”下的“Flash 文件(ActionScript 3.0)”选项，新建一个 Flash 文件，进入工作界面。该界面包括菜单栏、主工具栏、工具箱、时间轴、舞台、工作区、面板等，如图 1-3 所示。

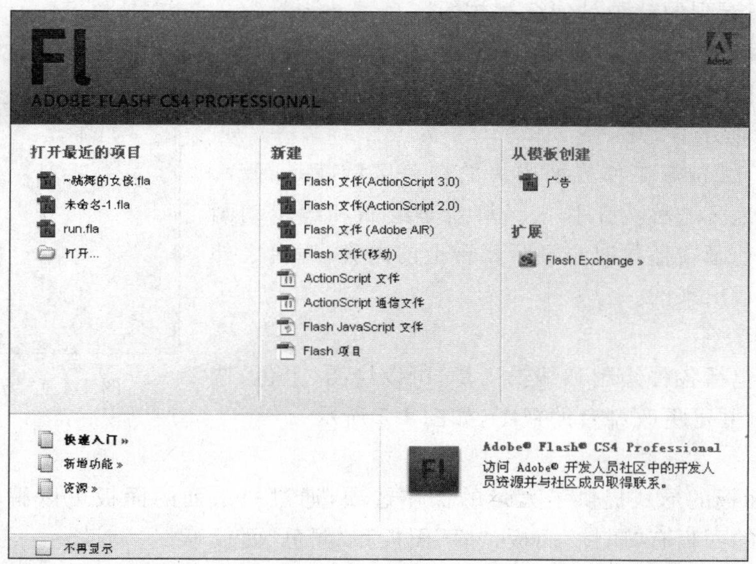

图 1-2　初始界面

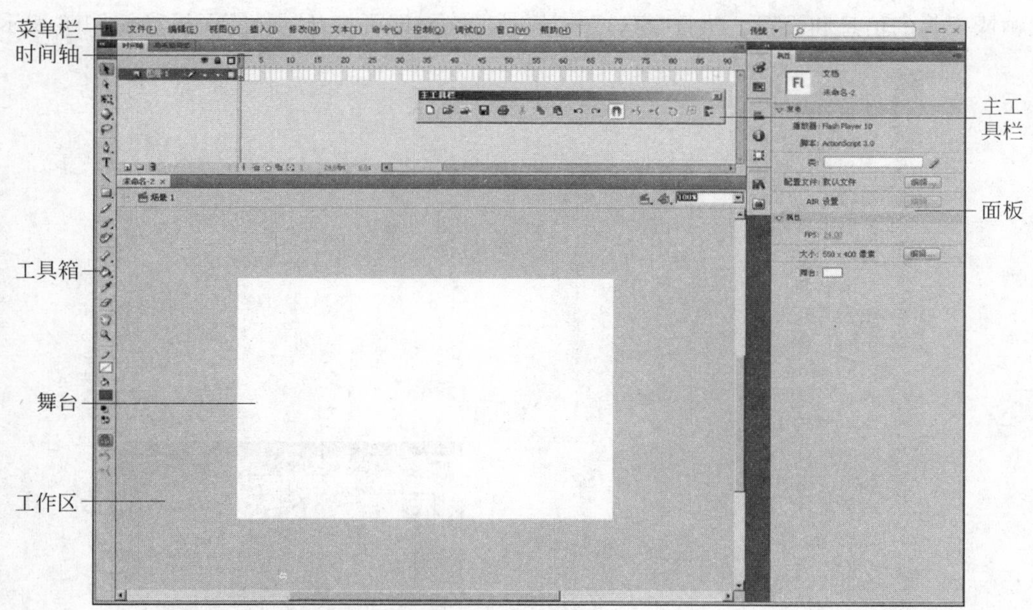

图 1-3　工作界面

(1) 影片、场景和舞台

影片：构思 Flash 动画的思路与构思一部电影有些相似，如需要进行剧本构思、镜头分配、角色分配、优化发布等。因此，通常也将 Flash 动画称为 Flash 影片。

场景：制作一个比较复杂的动画时，可采用多个场景，将动画内容拆分开来，在各个场景中分别制作。每个场景可视为一个相对独立的动画，通过场景的切换来实现与影视作品一样的分镜头效果。Flash 是通过设置各个场景的播放顺序来把各个场景的动画逐个连接

起来，因而我们看到的动画是连续播放的。

“场景”面板用于场景的管理，可创建、删除和重新组织场景，并在不同的场景之间进行切换。执行“窗口”→“其他面板”→“场景”命令，打开“场景”面板，如图 1-4 所示。

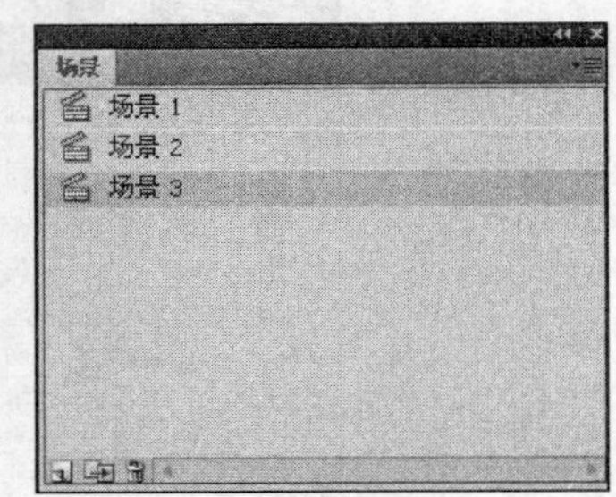

图 1-4 “场景”面板

舞台：位于 Flash 工作界面中央的白色区域就是舞台。舞台之外的灰色区域称为工作区。舞台是绘制和编辑动画内容的区域。动画在播放时只显示舞台上的内容，舞台之外的内容是不显示出来的。

(2) 工具箱

工具箱中包括各种绘制和编辑工具，可以绘图、上色、选择和修改插图，并可更改舞台的视图，如图 1-5 所示。

(3) 面板

Flash 以面板的形式提供了大量的操作选项，通过一系列的面板可以编辑或修改动画对象。最常用的面板有“属性”面板、“库”面板和“颜色”面板等。

① “属性”面板。使用“属性”面板可以轻松访问舞台或时间轴上选中内容的最常用属性。“属性”面板的内容取决于当前选定的内容，可以显示当前文档、文本、元件、形状、位图、视频、组、帧或工具的信息和设置。执行“窗口”→“属性”命令，即可打开“属性”面板，如图 1-6 所示。

图 1-5 工具箱

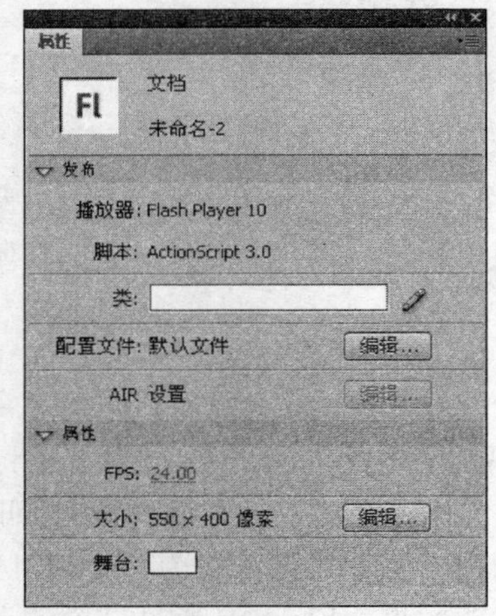

图 1-6 “属性”面板

②“库”面板。“库”面板是存储和组织在 Flash 中创建的各种元件的地方，它还用于存储和组织导入的文件，包括位图图像、声音文件和视频剪辑。在“库”面板中可以方便快捷地查找、组织以及调用资源。执行“窗口”→“库”命令，即可打开“库”面板，如图 1-7 所示。

③“颜色”面板。使用“颜色”面板可以创建和编辑纯色及渐变填充，以设置笔触、填充色以及透明度等。如果已经在舞台中选定了对象，那么在“颜色”面板中所做的颜色更改就会被应用到该对象。执行“窗口”→“颜色”命令，即可打开“颜色”面板，如图 1-8 所示。

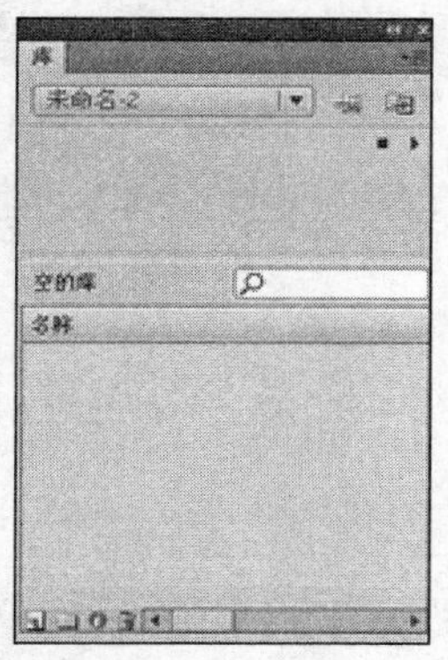

图 1-7 “库”面板

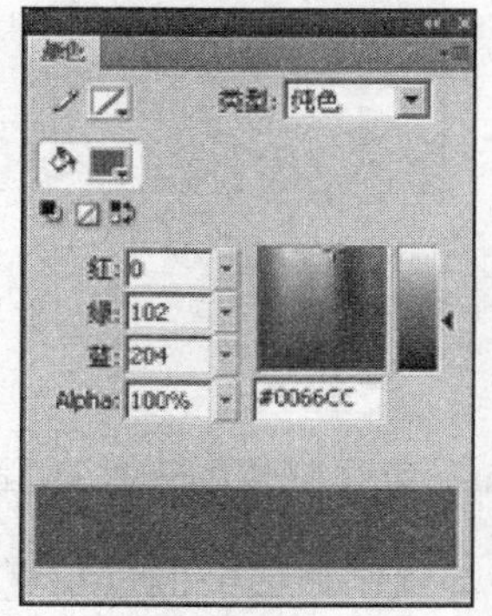

图 1-8 “颜色”面板

(4) 时间轴

时间轴是实现 Flash 动画的关键部分，用于组织和控制一定时间内的图层和帧中的文档内容。“时间轴”面板由图层、帧和播放头组成，如图 1-9 所示。

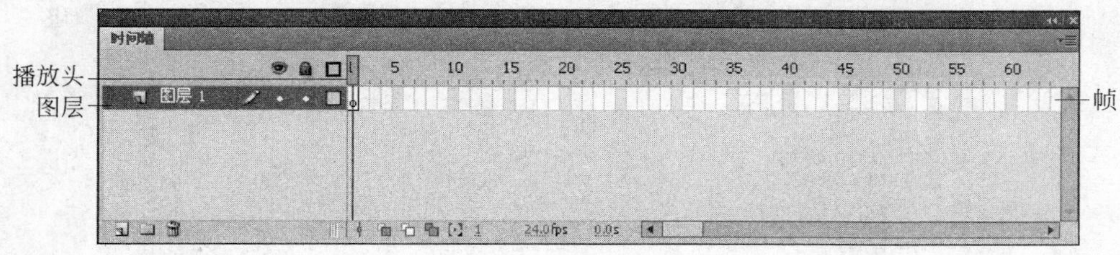

图 1-9 “时间轴”面板

(5) 图层

图层列在时间轴左侧的列中。图层就像堆叠在一起的多张幻灯片一样，每个图层都分别包含显示在舞台中的不同图像。在某个图层上没有内容的舞台区域中，可以通过该图层看到其下的图层。图层之间是相互独立的，在某个图层上绘制和编辑对象不会影响其他图层，所以可以利用不同的图层来组织和安排动画对象。

(6) 帧

每个图层中包含的帧显示在该图层名称右侧的一行中。帧是构成 Flash 动画制作的基本单位，相当于电影胶片中的一格。每一个精彩的 Flash 动画都是由很多个精心雕琢的帧构成的，在时间轴上的每一帧都可以包含需要显示的所有内容，包括图形、声音、各种素材和其他多种对象。

时间轴顶部的时间轴标题指示帧编号。播放头指示当前在舞台中显示的帧。播放文档时,播放头从左向右通过时间轴。

在时间轴底部显示的时间轴状态指示所选的帧编号、当前帧速率以及到当前帧为止的运行时间,如图 1-10 所示。

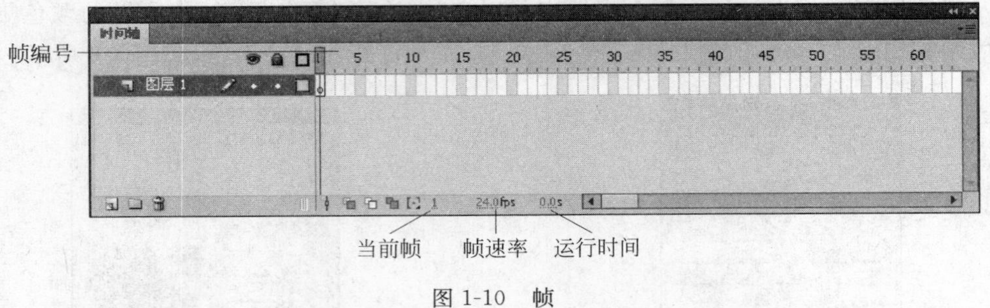

图 1-10　帧

3. Flash 动画制作的一般过程

Flash 动画制作的一般过程可分为:创建 Flash 文档、设置文档属性、保存文档、制作动画、测试与发布影片。

(1) 创建 Flash 文档

执行"文件"→"新建"命令,在弹出对话框中选择"常规"选项卡中默认的"Flash 文件(ActionScript 3.0)"选项,单击"确定"按钮,创建一个影片文档,如图 1-11 所示。

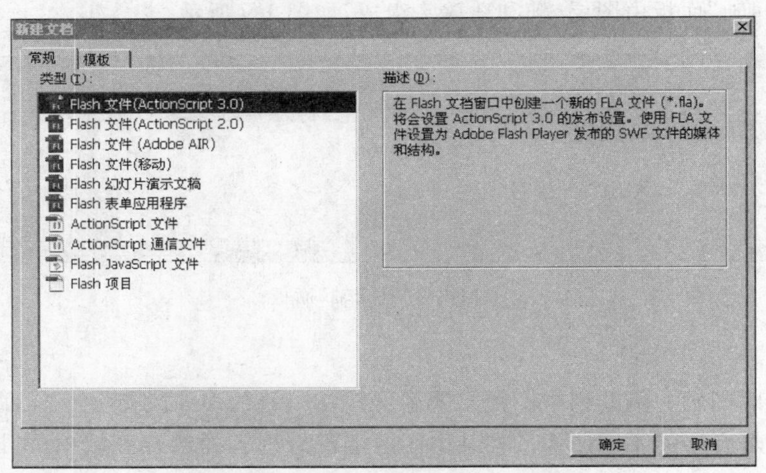

图 1-11　新建文档

(2) 设置文档属性

执行"修改"→"文档"命令,弹出"文档属性"对话框,根据需要设置文档各项参数,如图 1-12 所示。

- 尺寸:在文本框中输入数字可以设置舞台的宽和高,默认单位为像素。
- 背景颜色:单击"背景颜色"控件中的三角形按钮,在调色板中选择目标颜色作为舞台的背景色。

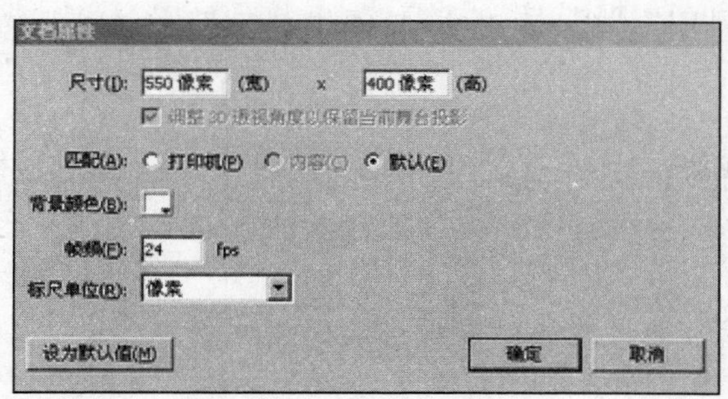

图 1-12　设置文档属性

◆ 帧频：动画每秒钟播放的帧数。

◆ 标尺单位：从下拉列表框中选择标尺的度量单位。

◆ 设为默认值：单击此按钮，可将当前设置的属性值变为 Flash 的默认值。

(3) 保存文档

如果文档包含未保存的更改，则文档选项卡中的文档名称后会出现一个星号(*)，保存文档后星号即会消失。

执行“文件”→“保存”命令，选择“保存在”下拉列表框中的“源文件”选项，在“文件名”文本框中输入文件名，选择“保存类型”下拉列表框中的“Flash CS4 文档(*.fla)”选项，单击“确定”按钮，即可完成文件的保存，如图 1-13 所示。

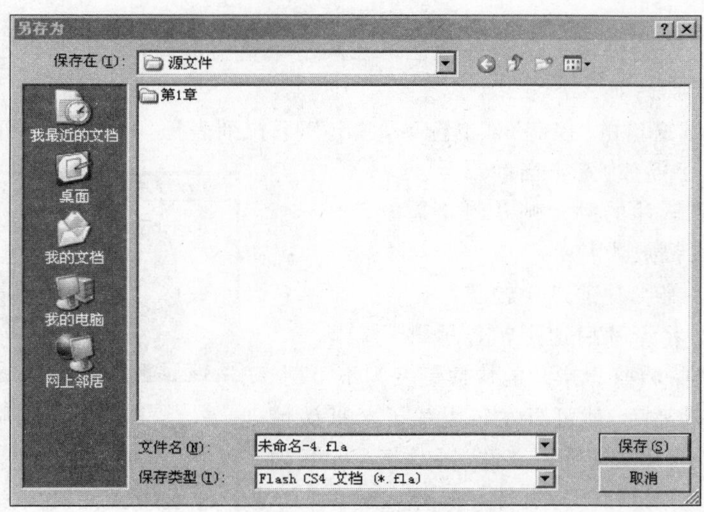

图 1-13　保存文档

(4) 制作动画

根据设计主题，绘制背景，设计动画角色，添加动画效果。

(5) 测试与发布影片

动画制作的过程中需要反复测试，查看动画效果是否与预期效果相同。执行“控制”→“测试影片”命令或者按快捷键 Ctrl+Enter，此时，Flash 把当前文档以.swf 格式导出并打开影片测试窗口播放。

选择影片测试窗口的“视图”菜单选项，弹出其下拉菜单，如图 1-14 所示。

- 放大：将影片放大显示。
- 缩小：将影片缩小显示。
- 缩放比率：将影片按照百分比或完全显示的方式进行显示。
- 带宽设置：显示带宽特性窗口以观察数据流的情况，如图 1-15 所示。
- 模拟下载：模拟在指定的网络环境下，以数据流方式下载动画的情况。

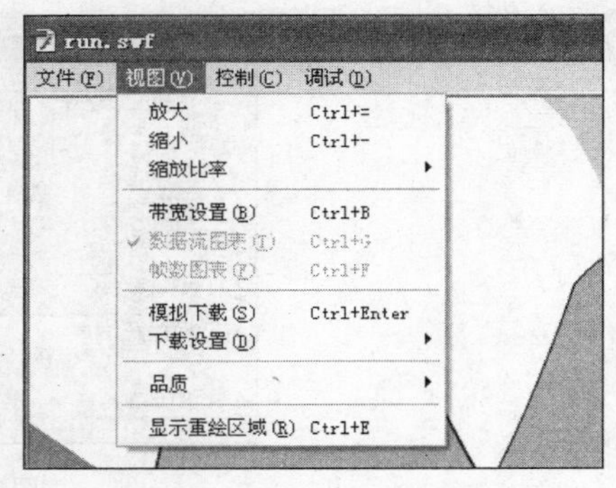

图 1-14 “视图”菜单

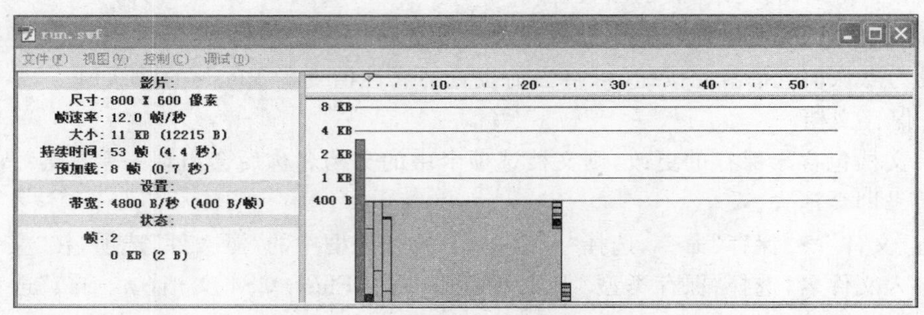

图 1-15 带宽设置

- 下载设置：设置模拟的网络环境。可在其子菜单中选择，也可自定义网络环境。
- 品质：设置影片显示的效果。

选择影片测试窗口的“控制”菜单选项，弹出其下拉列表框，如图 1-16 所示。

- 播放/停止：播放/停止当前影片。
- 后退：回到影片的第 1 帧并停止播放。
- 循环：循环播放影片。
- 前进一帧：将影片前进 1 帧显示。
- 后退一帧：将影片后退一帧显示。
- 禁用快捷键：将查看影片的快捷键变为不可用。

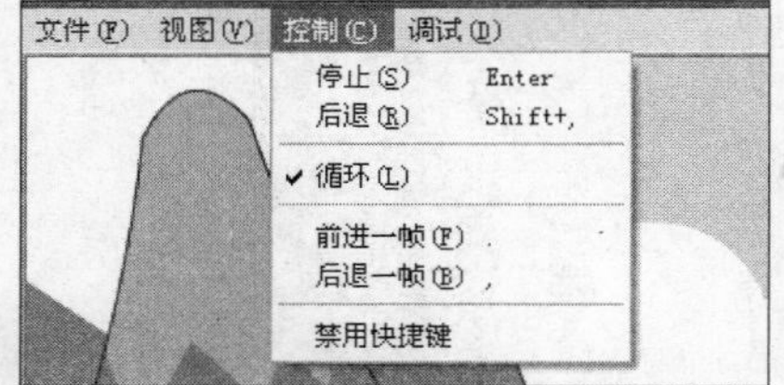

图 1-16 “控制”菜单

对测试效果满意后，就可以发布影片了。默认情况下，“发布”命令将创建 SWF 文件，以及将 Flash 动画插入浏览器窗口的 HTML 文件。另外，还可以其他多种通用文件格式发布 Flash 文件，如 GIF、JPEG、PNG 或 EXE 等。

执行“文件”→“发布”命令，在 Flash 文件所在的文件夹内生成与 Flash 文件同名的 SWF 文件和 HTML 文件。

如果要以其他多种格式发布 Flash 文件，执行“文件”→“发布设置”命令，弹出“发布设置”对话框，如图 1-17 所示。默认情况下，只有 SWF 和 HTML 两种发布格式，可以选中其他格式对应的复选框，以多种文件格式发布 Flash 文件。

在每种格式右侧的文本框中，可以为文件重命名。单击“选择发布目标”按钮，设置发布的路径。

选中某种格式后，在“发布设置”对话框的上方会出现相应的选项卡，可切换到各个选项卡中进行相应的参数设置。如图 1-18 所示。

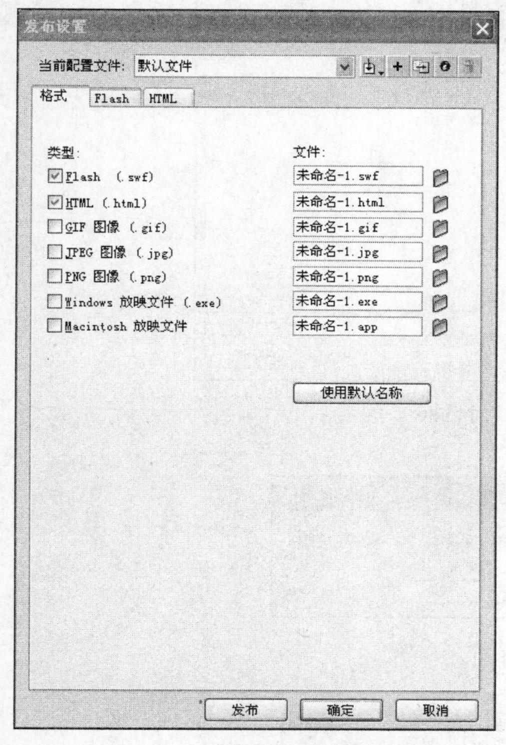

图 1-17　“发布设置”对话框

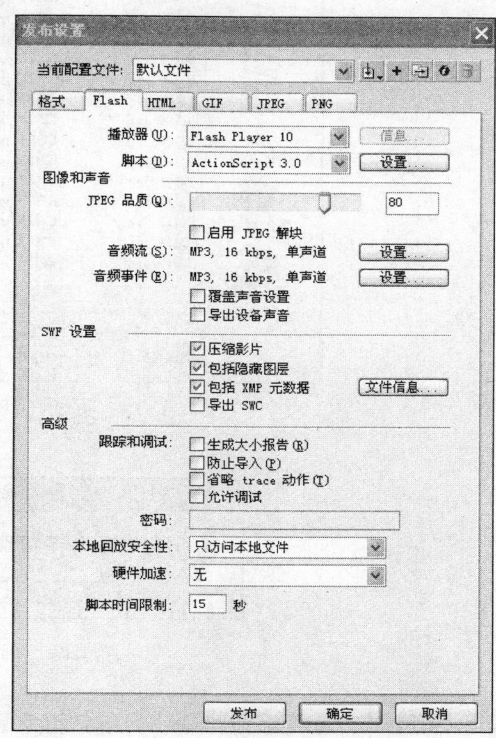

图 1-18　发布参数设置

对各选项卡设置完成后，单击“确定”按钮确认设置的发布参数。单击“发布”按钮，可直接对动画进行发布。

1.1.3　设计过程

(1) 执行“文件”→“新建”命令，单击“确定”按钮，新建一个 Flash 文档。

(2) 执行“文件”→“导入”→“导入到舞台”命令，打开“导入”对话框，浏览打开源文件中的“素材\第 1 章\跳舞的女孩”文件夹。

(3) 选择 01.jpg，单击“打开”按钮，如图 1-19 所示。

(4) Flash 弹出对话框，询问是否需要导入序列中的所有图像，单击“是”按钮，导入所有的图像，如图 1-20 所示。

(5) 图像序列中的各张图像被导入到舞台，并自动分布到各个帧上，如图 1-21 所示。

(6) 在“属性”面板中单击帧频率按钮，将帧频率修改为 12fps，即每秒钟播放12 帧，如图 1-22 所示。

(7) 执行“控制”→“测试影片”命令或按快捷键 Ctrl＋Enter，测试影片效果。

(8) 执行“文件”→“保存”命令，保存影片。

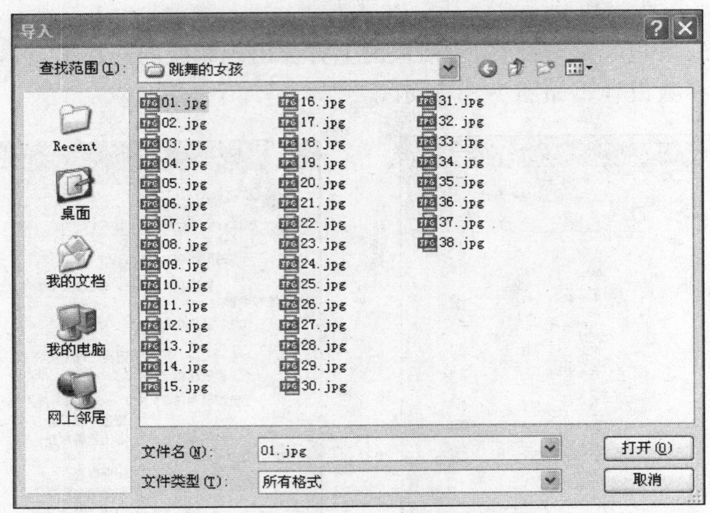

图 1-19 “导入”对话框

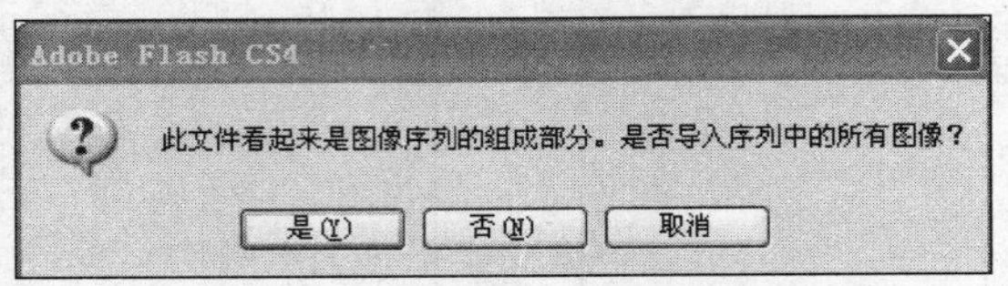

图 1-20 确认导入序列图像

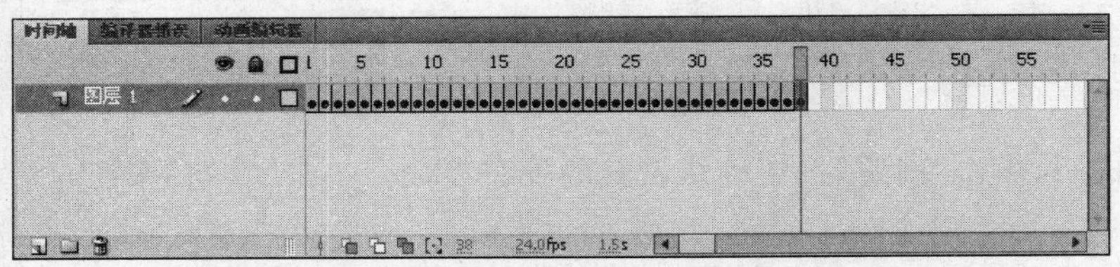

图 1-21 序列图像分布到各个帧

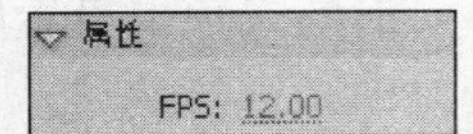

图 1-22 修改帧频率

1.2 拓 展 训 练

1.2.1 案例 2 个性幻灯片制作

1. 案例效果

本案例是利用 Flash 自带的模板制作照片幻灯片，通过替换幻灯片内的图片和标题，制作自己的个性幻灯片，效果如图 1-23 所示。本案例包含的知识点有：

- 了解制作 Flash 动画的基本流程。
- 初步体会图层和帧的作用。
- 添加文本。

图 1-23 利用模板制作个性幻灯片效果

2. 设计过程

(1) 执行“文件”→“新建”命令，在弹出的“新建文档”对话框中选择“模板”→“照片幻灯片放映”选项。

提示： 如果没有“照片幻灯片放映”模板，可将“素材”→“第 1 章”→Photo Slideshows 文件夹复制到 Flash 安装目录下的 Adobe\Adobe Flash CS4\zh_cn\Configuration\Templates 文件路径内。

(2) 单击“确定”按钮，创建一个照片幻灯片模板文档，如图 1-24 所示。只要对此文档稍加改动，就可以制作成属于自己的个性幻灯片。

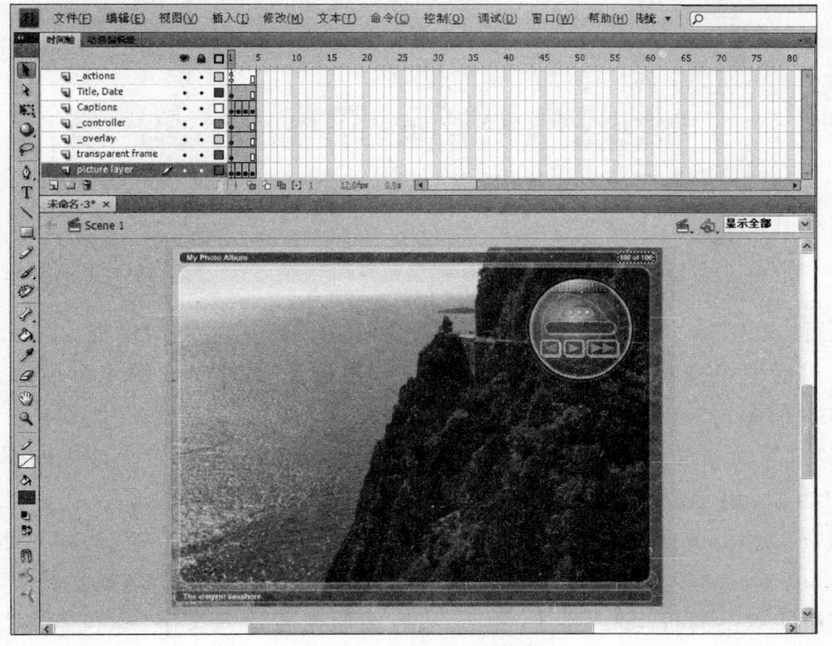

图 1-24 幻灯片模板文档

(3) 选中 Title, Date 图层的第一帧，它是幻灯片标题所在的帧，此时，幻灯片标题 My Photo Album 周围出现蓝色边框，表示已被选中，如图 1-25 所示。

图 1-25　幻灯片标题

(4) 使用文本工具 T，选中标题文字，然后在原位置输入“我的照片幻灯片”作为个性幻灯片的主题文字，如图 1-26 所示。

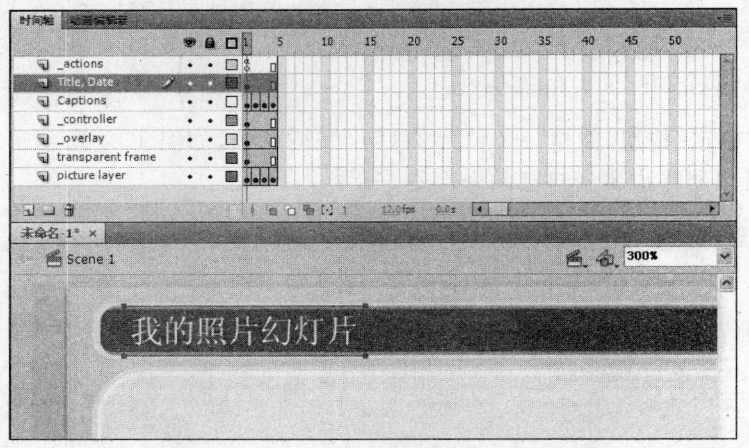

图 1-26　修改幻灯片标题

(5) 执行“文件”→“导入”→“导入到库”命令，弹出“导入到库”对话框。

(6) 在对话框中选择“素材”→“第 1 章”→“案例 2”文件夹中的 1.jpg、2.jpg、3.jpg、4.jpg 图像文件，单击“打开”按钮，将图像文件导入“库”面板，如图 1-27 所示。

(7) 在“时间轴”面板中选中 picture layer 图层的第 1 帧，将舞台上该帧的图像删除，将“库”面板中的 1.jpg 拖放到舞台，如图 1-28 所示。

(8) 选中 Captions 图层的第 1 帧，这是第 1 张照片的说明文字所在的帧。此时，说明文字 The elegant seashore. 周围出现蓝色边框，表示已被选中，如图 1-29 所示。

(9) 使用文本工具 T，选中说明文字，然后在原位置输入文字“禅风茶趣”，如图 1-30 所示。

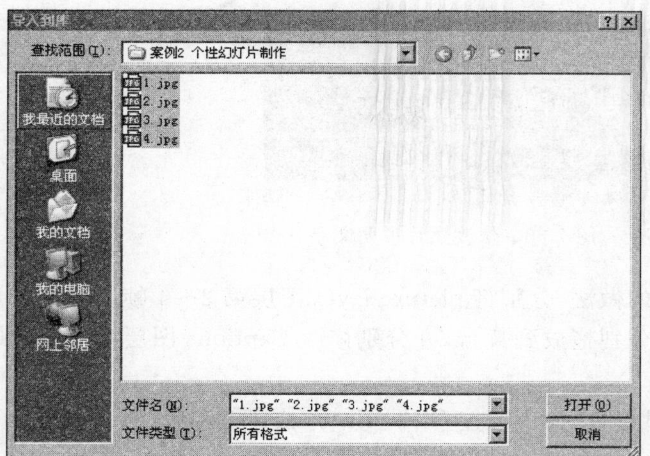

图 1-27　“导入到库”对话框

图 1-28　替换图片

图 1-29　选中照片标题

图 1-30　修改照片说明文字

（10）按照步骤（7）～（9）的做法，分别将 picture layer 图层第 2～4 帧上的图像删除，将"库"面板中的 2.jpg～4.jpg 分别拖放到舞台，并分别修改 Captions 图层第 2～4 帧的照片说明文字。

（11）执行"控制"→"测试影片"命令或按 Ctrl＋Enter 快捷键，测试影片效果。

（12）执行"文件"→"保存"命令，保存影片。

1.3 本章小结

本章简要介绍了 Flash CS4 的一些入门知识，主要包括 Flash 的技术特点和应用领域、Flash 的操作界面、Flash 动画制作的一般过程。本章还演示了两个案例，通过对案例的实际操作，可以使读者对 Flash 动画的设计思路和制作流程有简单的了解，对其基本界面和操作方法有初步的认识。

第2章　绘制图形和编辑图形

使用 Flash 软件绘制的图形都是矢量图形。在 Flash 中有一个工具箱，提供了绘制矢量图形的各种工具，可以使用这些工具轻松绘制各种图形。在用 Flash 制作动画时，使用矢量图形比使用位图图像需要的存储空间更小。

2.1　案例3　绘制巴西国旗

2.1.1　案例效果

本案例是绘制一幅巴西国旗，案例效果如图 2-1 所示。本案例包含的知识点有：

◆ 创建和编辑矩形、圆形和五角星。
◆ 填充颜色。
◆ 任意变形工具调整图形。
◆ 选择工具调整形状。
◆ 图层的相关操作。

图 2-1　巴西国旗效果

2.1.2　相关知识

1. 图像类型与色彩模式

1）位图图像与矢量图形

在使用 Flash 绘制图形时，经常会遇到“矢量图形”和“位图图像”，而且两种对象经常相互转换且交互使用。

(1) 矢量图又叫向量图，是使用包括颜色、位置等属性的直线或曲线来描述图形。编辑矢量图形时是对描述图形形状的线条和曲线的属性进行修改。

矢量图形文件存储量很小，特别适用于文字设计、图案设计、版式设计、标志设计、计算机辅助设计(CAD)和插图等。矢量图形无法通过扫描获得，它们主要是依靠设计软件生成。常见的矢量图形处理软件有 CorelDRAW、AutoCAD、Illustrator 和 FreeHand 等。

矢量图形与分辨率无关。在保证质量的前提下，它可以显示在各种分辨率的输出设备中，而不影响品质。矢量图形被缩小或放大以后仍然保持原有的清晰度，这是区分矢量图形

与位图图像最好的方法，如图 2-2 所示。

图 2-2　矢量图放大后

(2) 位图又叫点阵图或像素图，是通过使用在网格内排列的不同颜色的点(像素点)来描述的图像。编辑位图图像时是对像素点进行修改，而不是直线或曲线。

位图图像的主要优点在于表现力强、层次多、细节多，可以十分容易地模拟出像照片一样的真实效果。由于是对图像中的像素点进行编辑，所以在对图像进行拉伸、放大或缩小等的处理时，其清晰度和光滑度会受到影响。位图图像可以通过数码相机、扫描或 Photo CD 获得，也可以通过 Photoshop、Painter 等设计软件生成。

位图图像与分辨率有关。所以在分辨率比位图图像本身低的输出设备上显示图像会降低品质。位图图像被缩小或放大以后会因为网格的像素进行了重新分配而导致图形边缘变得粗糙、模糊，如图 2-3 所示。

图 2-3　位图放大后

2) 色彩模式

色彩模式决定显示和打印与印刷的电子图像的色彩模型，即一幅电子图像用什么样的方式在计算机中显示或打印与印刷输出。常用的模式包括：RGB 模式、CMYK 模式、Lab 模式、HSB 模式、索引模式、位图模式和灰度模式等。每种模式的图像描述和重现色彩的原理及所能显示的颜色数量是不同的。

(1) RGB 模式

RGB 模式是最基础的色彩模式。RGB 模式是基于自然界中 3 种基色光的混合原理，将红(Red)、绿(Green)和蓝(Blue)三种基色按照从 0(黑)到 255(白色)的亮度值在每个色阶中分配，从而指定其色彩。当不同亮度的基色混合后，便会产生出 256×256×256 种颜色，约为 1670 万种。RGB 模式色彩丰富饱满，可用于显示器显示、网页设计和制作、RGB 色打印、RGB 色喷绘等，但不能进行普通的分色印刷。

(2) CMYK 模式

CMYK 模式是一种印刷模式，顾名思义就是用来印刷的。它和 RGB 相比有一个很大的不同，CMY 是 3 种印刷油墨名称的首字母：青色(Cyan)、洋红色(Magenta)、黄色(Yellow)。而 K 取的是 Black 最后一个字母，之所以不取首字母，是为了避免与蓝色(Blue)混淆。CMYK 模式的色彩不如 RGB 色丰富饱满，所以当图像由 RGB 模式转为 CMYK 模式后颜色会有部分损失，这种模式也是唯一一种能用来进行四色分色印刷的颜色标准。

(3) Lab 模式

Lab 模式的原型是由 CIE 协会在 1931 年制定的一个衡量颜色的标准，在 1976 年被重新定义并命名为 CIELab。此模式解决了由于不同的显示器和打印设备所造成的颜色的差异，即它不依赖于设备。Lab 模式所包含的颜色范围最广，能够包含所有的 RGB 模式和 CMYK 模式中的颜色。CMYK 模式所包含的颜色最少，有些在屏幕上显示的颜色在印刷品上却无法实现。

(4) HSB 模式

HSB 模式是基于人眼对色彩的观察来定义的，在此模式中，所有的颜色都用色相或色调、饱和度、亮度三个特性来描述。

(5) 索引模式

索引模式是网页和动画中常用的图像模式，当彩色图像转换为索引颜色的图像后包含近 256 种颜色。索引颜色图像包含一个颜色表，如果源图像中颜色不能用 256 色表现，则选用索引模式会从可使用的颜色中选出最相近颜色来模拟这些颜色，这样可以减小图像文件的尺寸。用来存放图像中的颜色并为这些颜色建立颜色索引，颜色表可在转换的过程中定义或在声称索引图像后修改。

(6) 位图模式

位图模式用两种颜色(黑和白)来表示图像中的像素。位图模式的图像也叫做黑白图像。因为其深度为 1，也称为一位图像。在宽度、高度和分辨率相同的情况下，位图模式的图像尺寸最小，约为灰度模式的 1/7 和 RGB 模式的 1/22 以下。

(7) 灰度模式

灰度模式可以使用多达 256 级灰度来表现图像，使图像的过渡更平滑细腻。灰度图像的每个像素有一个 0(黑色)～255(白色)之间的亮度值。灰度值也可以用黑色油墨覆盖的百分比来表示(0%等于白色，100%等于黑色)。使用黑折或灰度扫描仪产生的图像常以灰度显示。

3) Alpha 通道

Alpha 通道是一个 8 位的灰度通道，该通道用 256 级灰度来记录图像中的透明度信息，定义透明、不透明和半透明区域，其中黑表示全透明，白表示不透明，灰表示半透明。

Alpha 通道无论是在二维动画软件还是三维动画软件中都有广泛的应用。Flash 矢量动画中同样具有 Alpha 通道功能的运用。Alpha 是 Flash 动画场景中图形符号的一个主要属性，改变其值(0～100%之间)便可改变对象符号的透明程度。如在各关键帧设定某图形符号以不同的 Alpha 值，则该图形符号就呈现出动态变化的透明效果。通过编写动作脚本，用户交互式地修改 Alpha 值，更能使动画作品生动有趣。

2. 图层的应用

1) 图层的基本概念

图层可以有序组织文档中的插图、动画和其他元素。图层之间是独立的，可以在图层上

绘制和编辑对象，而不会影响其他图层上的对象。在图层上没有内容的舞台区域中，可以通过该图层看到下面的图层。Flash 的图层可分为普通层、引导层、被引导层、遮罩层和被遮罩层五种类型，如图 2-4 所示。

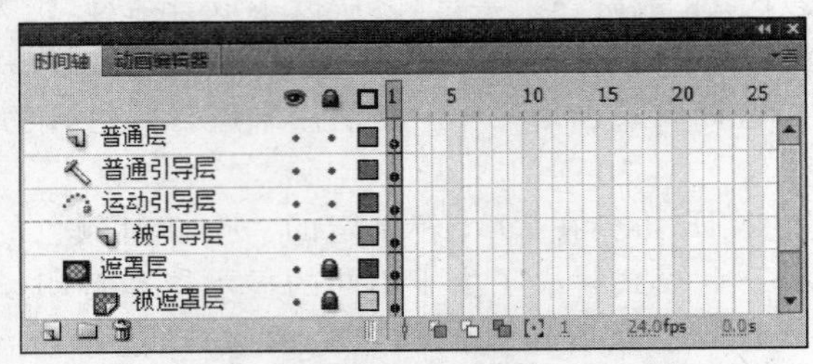

图 2-4　图层分类

(1) 普通层主要用于组织动画内容，是图层的默认状态。

(2) 引导层可分为普通引导层和运动引导层两种类型。动画播放时不会显示引导层中的内容。普通引导层主要起辅助定位的作用。在运动引导层上绘制的线条可用于引导其他图层上的对象排列或其他图层上的传统补间动画的运动。

(3) 被引导层是与运动引导层关联的图层。被引导层上的对象可以沿运动引导层上的线条轨迹创建动画效果。

(4) 遮罩层中的对象被看做是透明的，其下被遮罩的对象在遮罩层对象的轮廓范围内可以正常显示。

(5) 被遮罩层是位于遮罩层下方并与之关联的图层。被遮罩层中只有未被遮罩覆盖的部分才是可见的。

2) 图层的基本操作

(1) 添加新图层

在制作和创建动画时，为了更好地使用和管理动画中的对象，更好地组织动画内容，可以创建多个图层来管理动画内容。创建一个图层之后，该图层将出现在所选图层的上方。新添加的图层将成为活动图层。添加新图层有以下三种方法。

方法一：单击“时间轴”面板的“新建图层”按钮，如图 2-5 所示。

方法二：执行“插入”→“时间轴”→“图层”命令，如图 2-6 所示。

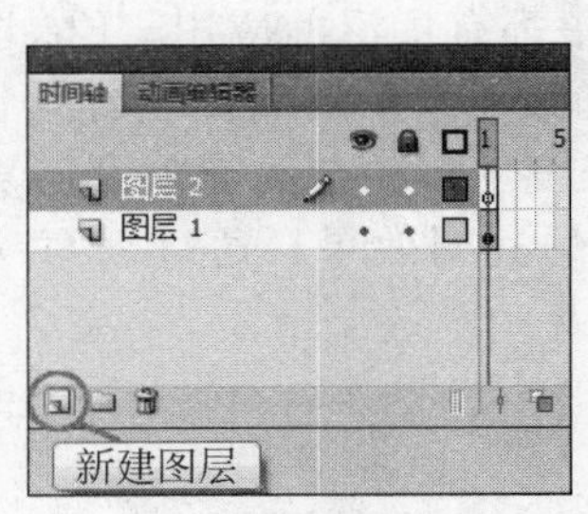

图 2-5　新建图层方法一

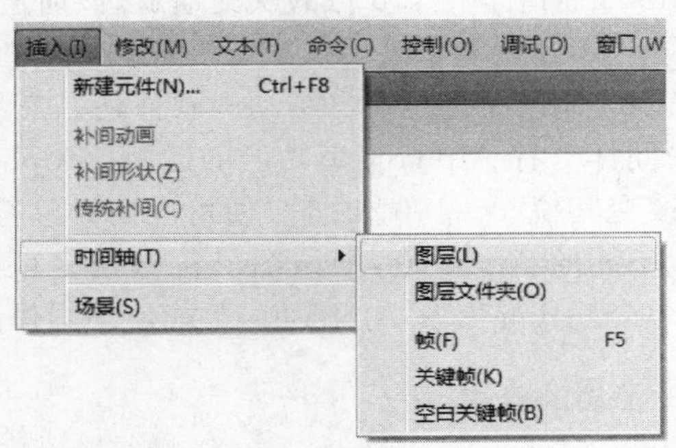

图 2-6　新建图层方法二

方法三：右击“时间轴”面板中的一个图层，然后在弹出菜单中选择“插入图层”命令，如图 2-7 所示。

(2) 复制图层

可以根据需要，将图层中的所有对象复制，粘贴到其他图层或场景中。方法如下：

① 在“时间轴”面板中单击要复制的图层。

② 执行“编辑”→“时间轴”→“复制帧”命令。

③ 选择一个新图层，并执行“编辑”→“时间轴”→“粘贴帧”命令，即可在新建图层中粘贴复制的内容。

(3) 删除图层

如果某些图层不再需要，可以将其进行删除。删除图层有以下三种方法。

方法一：在“时间轴”面板中选中一个或多个需要删除的图层，单击“删除”按钮，如图 2-8 所示。

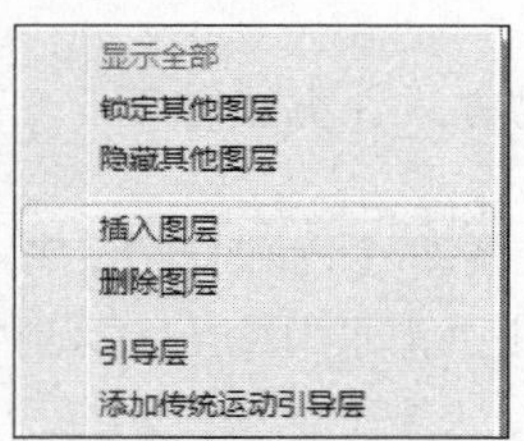

图 2-7　新建图层方法三

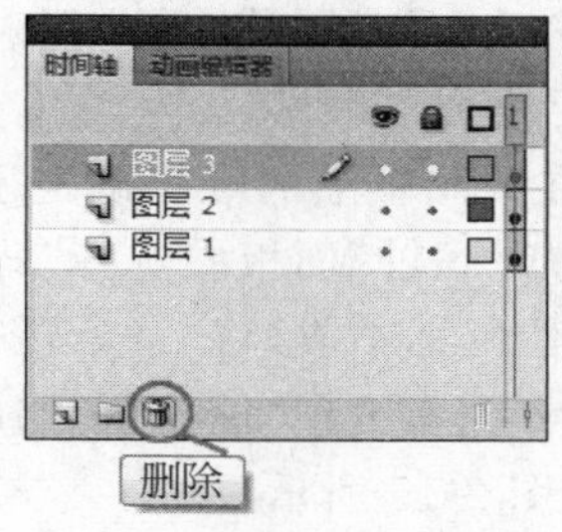

图 2-8　删除图层方法一

方法二：在“时间轴”面板中选中需要删除的图层，按住鼠标不放，将其向下拖曳到“删除”按钮上进行删除，如图 2-9 所示。

方法三：右击“时间轴”面板中需要删除的图层，在弹出菜单中选择“删除图层”命令，如图 2-10 所示。

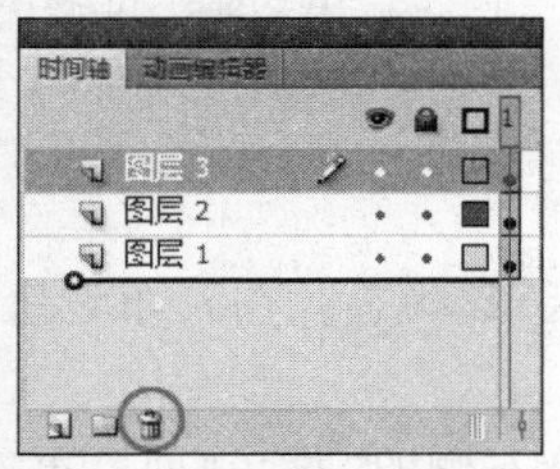

图 2-9　删除图层方法二

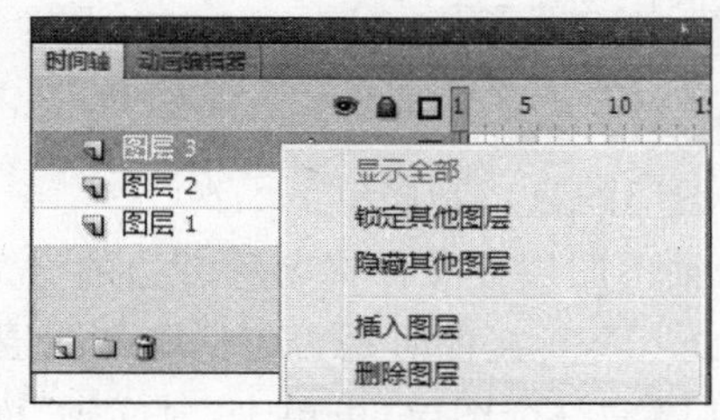

图 2-10　删除图层方法三

(4) 更改图层名字

默认情况下，新图层是按照创建顺序命名的：第 1 层、第 2 层，其他依次类推。为了更好地反映图层的内容，可以对图层进行重命名。更改图层名字有以下三种方法。

方法一：双击“时间轴”面板中的图层名称，名称变为可编辑状态，输入新名称，确认即可，如图 2-11 所示。

方法二：在“时间轴”面板中选择图层，然后执行“修改”→“时间轴”→“图层属性”命令。在“名称”文本框中输入新名称，然后单击“确定”按钮，如图 2-12 所示。

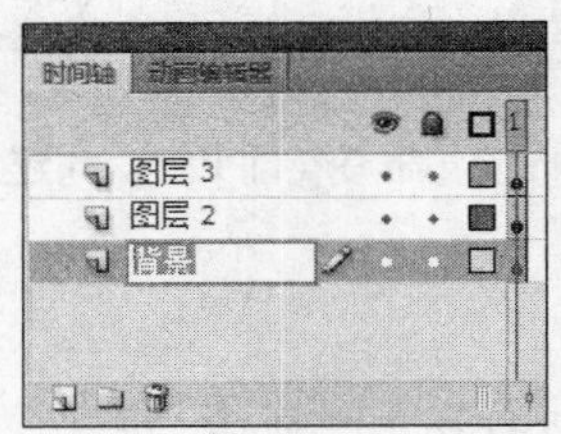

图 2-11　更改图层名称方法一

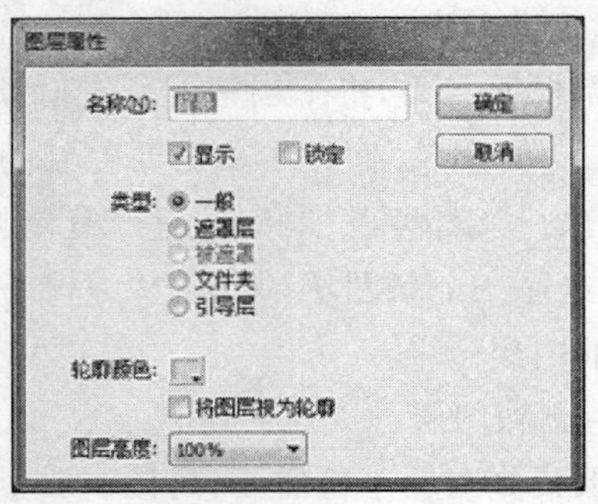

图 2-12　更改图层名称方法二、三

方法三：右击“时间轴”面板中图层，在弹出菜单中选择“属性”命令。在“名称”文本框中输入新名称，然后单击“确定”按钮，如图 2-12 所示。

(5) 更改图层顺序

图层在时间轴上的顺序确定了舞台上对应对象交叠的方式。方法如下：

① 在“时间轴”面板中选择“背景”图层，如图 2-13 所示。

② 按住鼠标不放，将“背景”图层向下拖曳时会出现一条实线，如图 2-14 所示。

③ 将实线拖曳到“植物”图层的下方，松开鼠标，即可见“背景”图层移动到“植物”图层的下方，如图 2-15 所示。

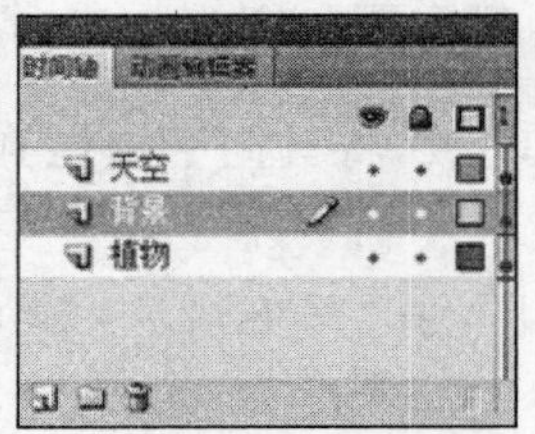

图 2-13　步骤①

图 2-14　步骤②

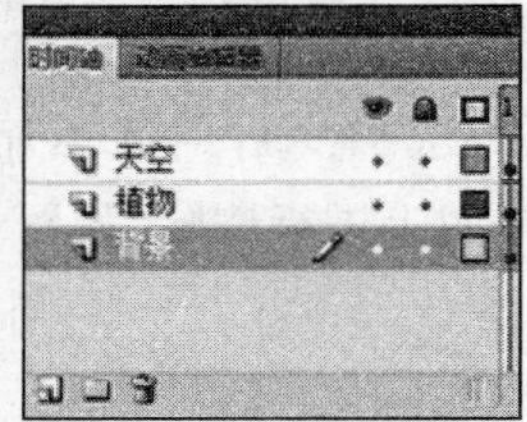

图 2-15　步骤③

3) 图层的属性

(1) 图层的显示和隐藏

时间轴中图层或文件夹名称旁边的红叉表示图层处于隐藏状态。在发布设置中，可以选择在发布 SWF 文件时是否包括隐藏图层。

① 要隐藏一个图层，可单击“时间轴”面板中该图层名称右侧的“眼睛”列。再次单击该图标即可显示图层，如图 2-16 所示。

② 要隐藏时间轴中的所有图层，可单击“眼睛”图标。再次单击该图标即可显示所有图层，如图 2-17 所示。

③ 要显示或隐藏多个图层，可在“眼睛”列中拖动，如图 2-18 所示。

④ 若要隐藏除当前图层以外的所有图层，则按住 Alt 键单击图层名称右侧的“眼睛”列。再次按住 Alt 键单击该按钮，即可显示

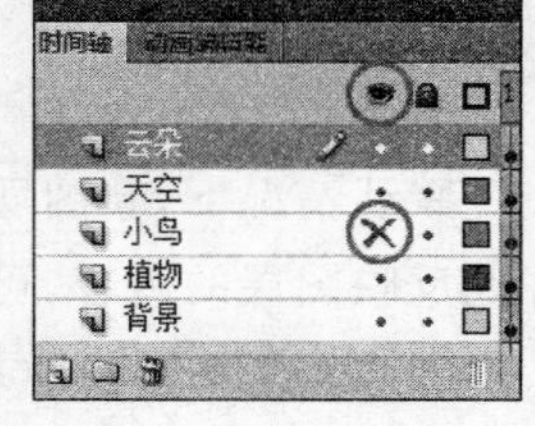

图 2-16　隐藏单个图层

所有图层和文件夹,如图 2-19 所示。

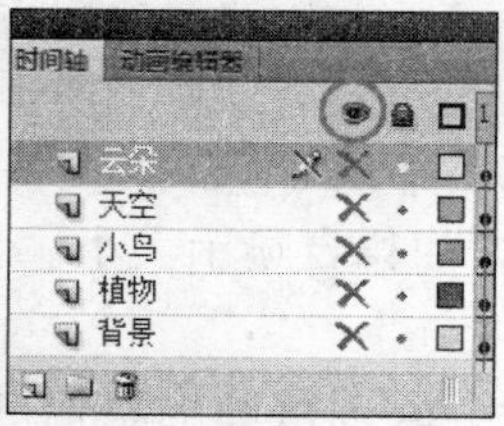

图 2-17 隐藏所有图层

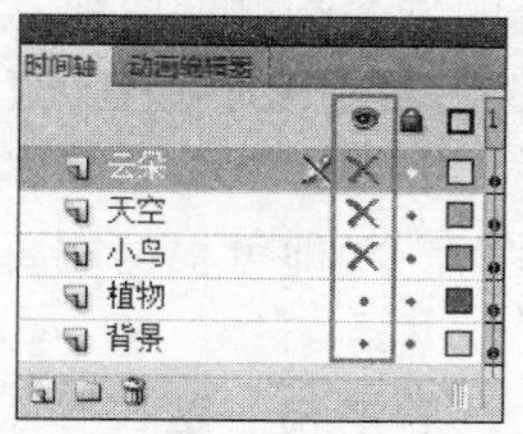

图 2-18 隐藏多个图层

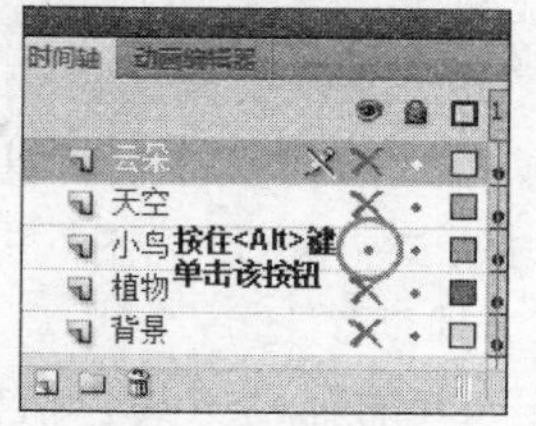

图 2-19 隐藏除当前图层以外的所有图层

(2) 锁定和解锁图层

如果某个图层上的内容已符合要求,则可以锁定该图层,避免图层中的内容被意外更改。

① 要锁定一个图层,可单击“时间轴”面板中该图层名称右侧的“锁定”列。再次单击该按钮,即可解锁该图层,如图 2-20 所示。

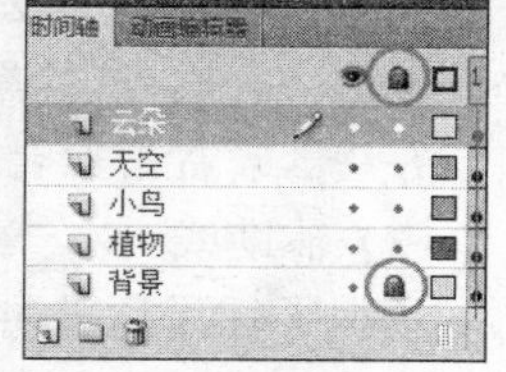

图 2-20 锁定单个图层

② 要锁定时间轴中的所有图层,可单击“锁定”图标。再次单击该按钮,即可解锁所有图层,如图 2-21 所示。

③ 要锁定或解锁多个图层,可在“锁定”列中拖动,如图 2-22 所示。

④ 若要锁定除当前图层以外的所有图层,则按住 Alt 键单击图层名称右侧的“锁定”列。再次按住 Alt 键单击该按钮,即可解锁所有图层和文件夹,如图 2-23 所示。

图 2-21 锁定所有图层

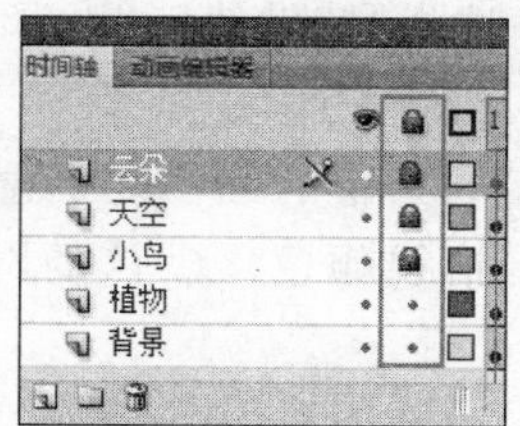

图 2-22 锁定多个图层

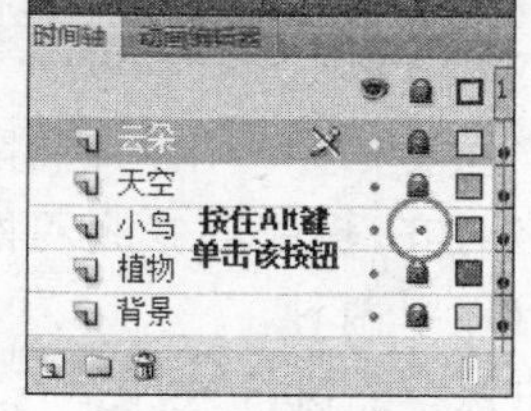

图 2-23 锁定除当前图层以外的所有图层

3. 视图工具和辅助工具

1) 缩放工具

(1) 手形工具

放大了舞台以后,可能无法看到整个舞台。要在不更改缩放比率的情况下更改视图,可以使用手形工具调整观察区域。

在工具箱中选择手形工具,鼠标光标变为手形,按住鼠标左键不放,拖动舞台。要临时在其他工具和手形工具之间切换,按住 Space 键,并在工具箱中单击该工具。双击手形工具,将自动调整图像大小以适合屏幕的显示范围。

(2) 缩放工具

使用高缩放比率可以查看特定区域观察细节,使用低缩放比率以便查看整体效果。最

大的缩放比率取决于显示器的分辨率和文档大小。舞台上的最小缩小比率为 8%；舞台上的最大放大比率为 2000%。缩放舞台的方法有以下两种方法。

方法一：若要放大某个对象，选择工具箱中的缩放工具后，然后单击该对象。若要在放大或缩小之间切换缩放工具，可在"选项"区域中选择放大按钮或缩小按钮。

方法二：执行"视图"→"缩放比率"命令，即可根据需要选择合适的舞台显示大小。

2）辅助工具

Flash 的辅助工具包括标尺、辅助线和网格。这三种工具有助于进行精确地绘制和定位操作。

（1）标尺

标尺分为水平标尺和垂直标尺，它们分别显示在文档的上沿和左沿。可以更改标尺的度量单位（执行"修改"→"文档"命令），将其默认单位（像素）更改为其他单位（英寸、厘米等）。在显示标尺的情况下移动舞台上元素时，将在标尺上显示几条线，指出该元素的尺寸。显示或隐藏标尺的方法有以下两种。

方法一：执行"视图"→"标尺"命令。

方法二：右击舞台，在弹出菜单中选择"标尺"命令。

（2）辅助线

显示了标尺后就可以将水平和垂直辅助线从标尺拖动到舞台上。可以移动、锁定、隐藏和清除辅助线，也可以使对象贴紧至辅助线。操作辅助线的方法有以下两种。

方法一：执行"视图"→"辅助线"命令，再选择"显示辅助线"、"锁定辅助线"、"编辑辅助线"或"清除辅助线"命令。要打开或关闭贴紧至辅助线，则执行"视图"→"贴紧"→"贴紧至辅助线"命令。

方法二：右击舞台，在弹出菜单中选择"辅助线"、"贴紧"中的相关命令。

（3）网格

当在文档中显示网格时，将在任何场景中的插图之后显示一系列的直线。能够将对象和网格对齐，也能够修改网格大小和网格线颜色。默认的网格线颜色是灰色。操作网格的方法有以下两种。

方法一：执行"视图"→"网格"命令，再选择"显示网格"或"编辑网格"命令。要打开或关闭贴紧至网格，则执行"视图"→"贴紧"→"贴紧至网格"命令。

方法二：右击舞台，在弹出菜单中选择"网格"、"贴紧"中的相关命令。

4. 图形的绘制

1）线条工具

使用线条工具可以绘制各种线形的直线。

（1）在工具箱中选择线条工具，在线条工具的"属性"面板设置属性，如图 2-24 所示。

（2）单击工具箱的"选项"区域中的"对象绘制"按钮，以选择合并绘制模式或对象绘制模式。单击"对象绘制"按钮后，线条工具处于对象绘制模式。

（3）使用线条工具在舞台上单击，按住鼠标左键不放并向右拖曳到需要的位置，绘制出一条直线。若要将线条的角度限制为 45°的倍数，可按住 Shift 键拖曳鼠标。

可以在线条工具的"属性"面板设置不同的线条颜色、线条粗细、线形等属性，设置不同的线条属性后的各类线条如图 2-25 所示。但无法为线条工具设置填充属性。

2）铅笔工具

使用铅笔工具可以像真实中的铅笔一样绘制不规则的线条或形状。

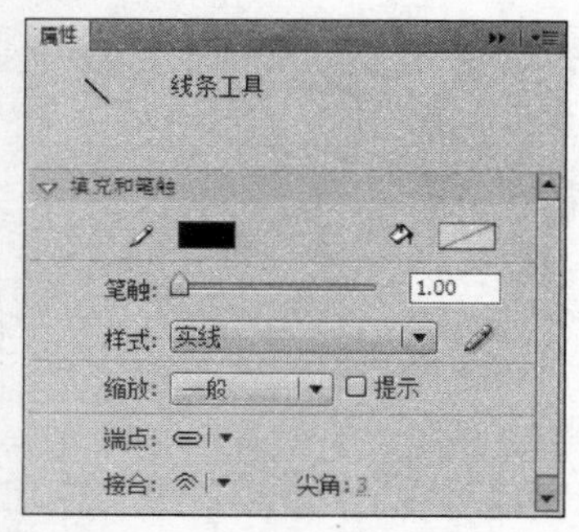

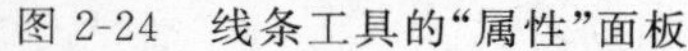

图 2-24　线条工具的"属性"面板

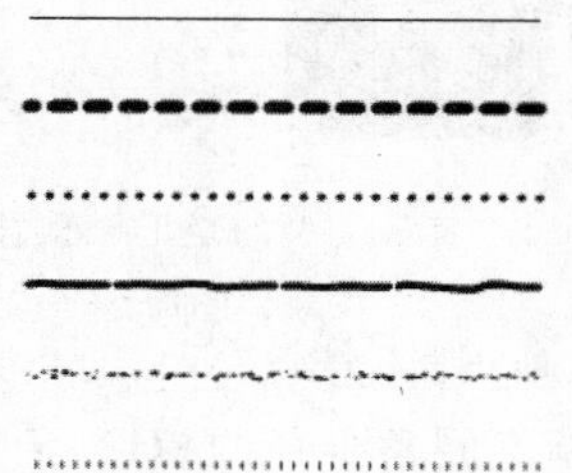

图 2-25　各种类型的线条

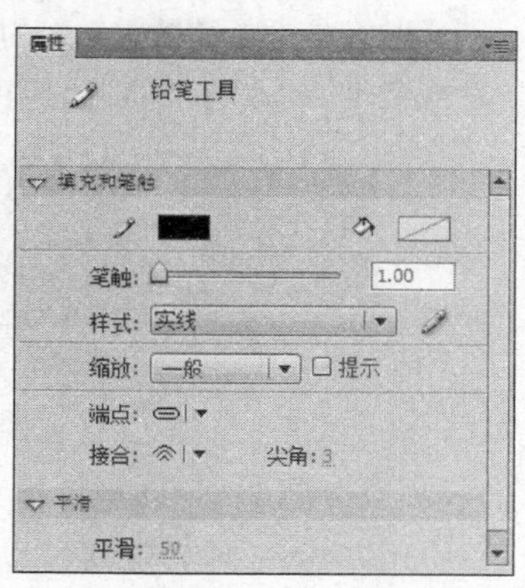

图 2-26　铅笔工具的"属性"面板

(1) 在工具箱中选择铅笔工具，在铅笔工具的"属性"面板设置属性，如图 2-26 所示。

(2) 在工具箱的"选项"区域下，选择铅笔模式，如图 2-27 所示。

- "伸直"模式：可以绘制直线，并将接近三角形、椭圆、圆形、矩形和正方形的形状转换为这些常见的几何形状。
- "平滑"模式：可以绘制平滑曲线。
- "墨水"模式：可以绘制不用修改的手绘线条。

图 2-27　铅笔模式

(3) 使用铅笔工具在舞台上单击，按住鼠标左键不放并拖曳到需要的位置。按住 Shift 键拖曳鼠标，可将线条限制为垂直或水平方向。

可以在铅笔工具的"属性"面板设置不同的笔触颜色、笔触粗细、线形等属性，设置不同笔触属性后的各类图形如图 2-28 所示。无法为铅笔工具设置填充属性。

3）矩形工具和椭圆工具

使用矩形工具可以绘制不同样式的矩形(或正方形)。使用椭圆工具可以绘制不同样式的椭圆形(或圆形)。

(1) 在工具箱中选择矩形(椭圆)工具，在矩形(椭圆)工具的"属性"面板设置属性，如图 2-29 和图 2-30 所示。

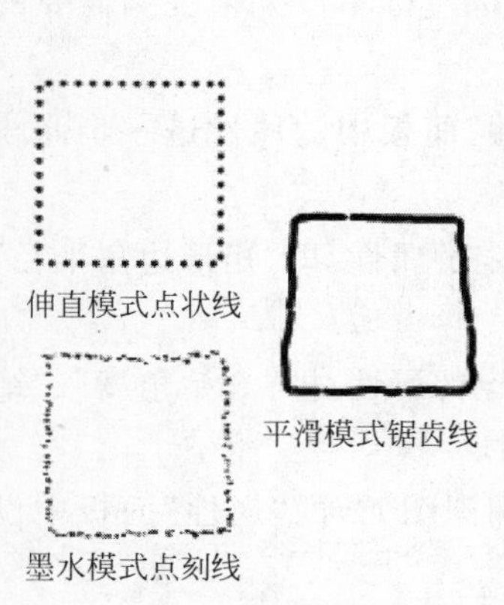

图 2-28　各种类型的图形

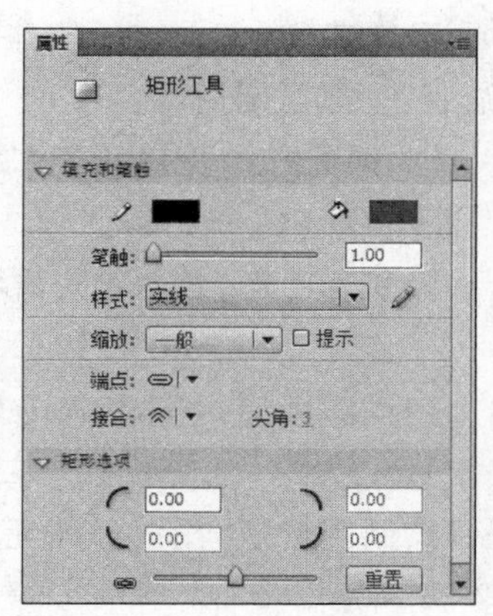

图 2-29　矩形工具的"属性"面板

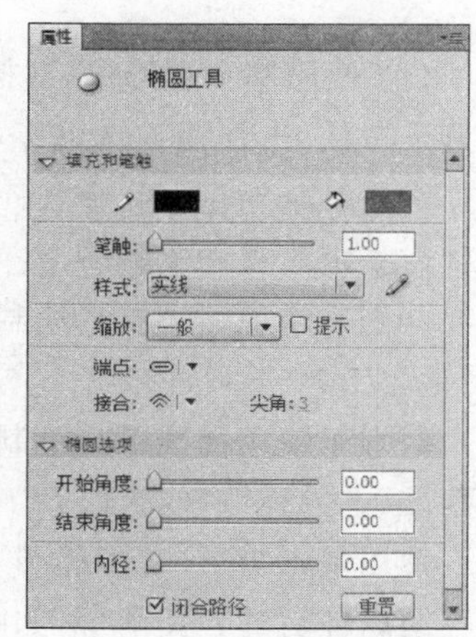

图 2-30　椭圆工具的"属性"面板

(2) 使用矩形(椭圆)工具在舞台上单击,按住鼠标左键不放并拖曳到需要的位置。按住 Shift 键拖曳鼠标可绘制正方形(圆形)。

可以在矩形(椭圆)工具的"属性"面板设置不同的边框颜色、边框粗细、边框线形和填充颜色等属性,设置不同属性后的各类图形如图 2-31 所示。

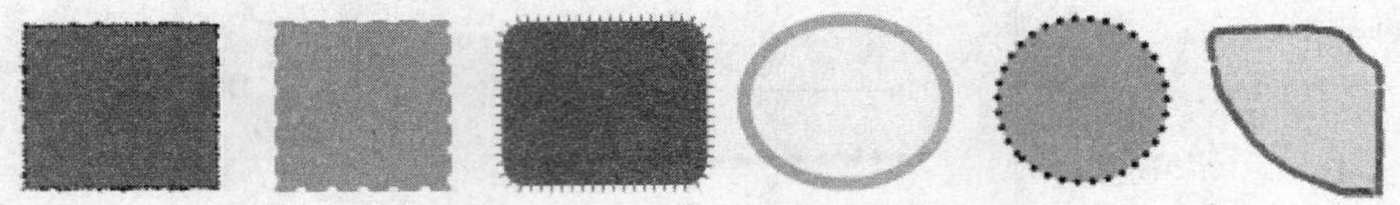

图 2-31　各种类型的矩形、椭圆图形

4) 基本矩形工具与基本椭圆工具

使用基本矩形工具则可以绘制不同角半径的矩形,角半径可以为零、正值或负值。使用基本椭圆工具则可以绘制内侧椭圆、扇形、半圆形及其他有创意的形状。

(1) 在工具箱中选择基本矩形(基本椭圆)工具,在基本矩形(基本椭圆)工具的"属性"面板设置属性,如图 2-32 和图 2-33 所示。

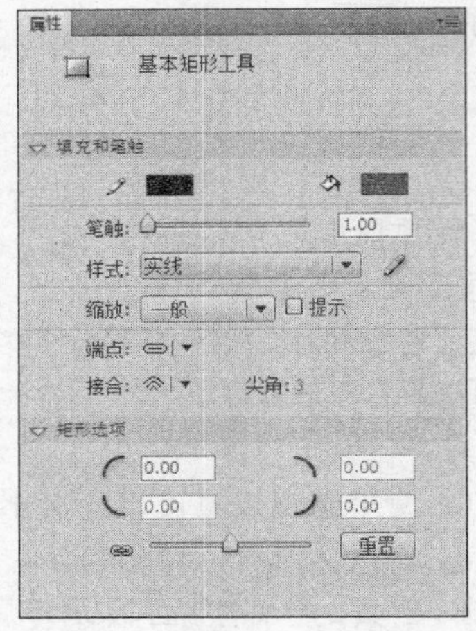

图 2-32　基本矩形工具的"属性"面板

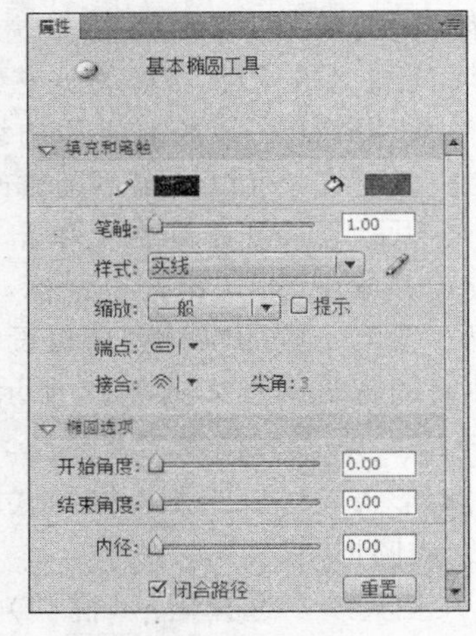

图 2-33　基本椭圆工具的"属性"面板

(2) 使用基本矩形(基本椭圆)工具在舞台上单击,按住鼠标左键不放并拖曳到需要的位置。按住 Shift 键拖曳鼠标可绘制正方形(圆形)。

(3) 在舞台上选中基本矩形(基本椭圆)时,可以使用"属性"面板中的属性进一步修改形状或指定填充和笔触颜色。

区别于使用矩形工具绘制出来的矩形图形,基本矩形有特定的属性,即"矩形边角半径"和"重置"。

区别于使用椭圆工具绘制出来的椭圆图形,基本椭圆有特定的属性,即"开始角度"、"结束角度"、"内径"、"闭合路径"和"重置"。

使用基本矩形(基本椭圆)工具绘制图形后,在矩形图元(椭圆图元)的"属性"面板中设置不同属性后的各类图形,如图 2-34 所示。

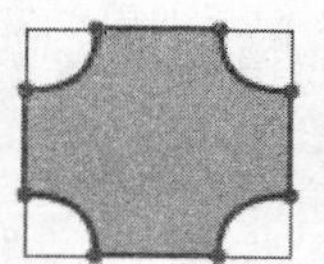 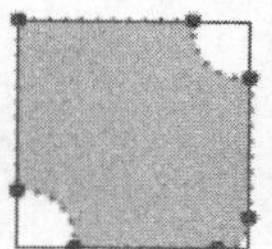 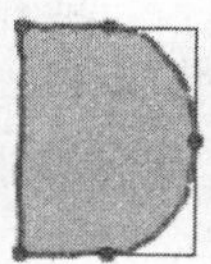  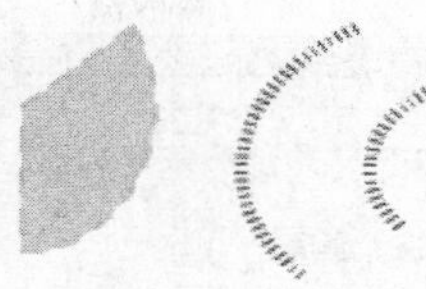

图 2-34　各种类型的基本矩形、基本椭圆图形

5）多角星形工具

使用多角星形工具可以绘制不同样式的多边形或星形。

(1) 在工具箱中选择多角星形工具，在多角星形工具的“属性”面板设置属性，如图 2-35 所示。

(2) 在“属性”面板“工具设置”中选择自定义多边形的各种属性，如图 2-36 所示。

- “样式”选项：选择绘制多边形或星形。
- “边数”选项：设置多边形的边数或星形的角数，其取值范围为 3～32。
- “星形顶点大小”选项：输入一个介于 0～1 之间的数字，以指定星形顶点的深度。此数字越接近 0，创建的顶点就越深。如果是绘制多边形，此选项不起作用。

(3) 使用多角星形工具在舞台上单击，按住鼠标左键不放并拖曳到需要的位置。

可以在多角星形工具的“属性”面板设置不同的边框颜色、边框粗细、边框线形和填充颜色等属性，设置不同属性后的各类图形如图 2-37 所示。

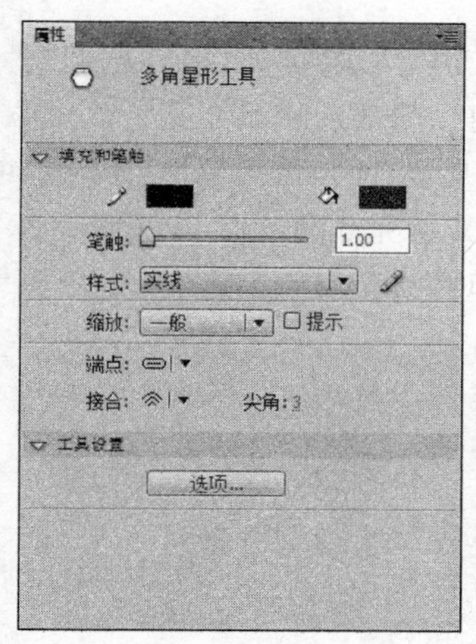

图 2-35　多角星形工具的“属性”面板

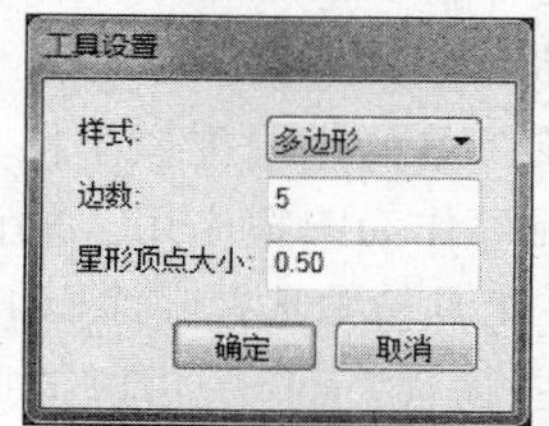

图 2-36　“工具设置”对话框

图 2-37　各种类型的多边形和星形

6）刷子工具

使用刷子工具可以得到像真实中的刷子一样涂色的绘画效果。与线条工具和铅笔工具不同的是，刷子工具绘制出的图形对象，Flash 会以填充来对待。

(1) 在工具箱中选择刷子工具，在刷子工具的“属性”面板设置属性，如图 2-38 所示，可以设置不同的笔触颜色和平滑度。

(2) 在工具箱的“选项”区域下，选择刷子模式、大小和形状，如图 2-39 所示。

- “标准绘画”模式：在同一层的笔触和填充上以覆盖的方式涂色。

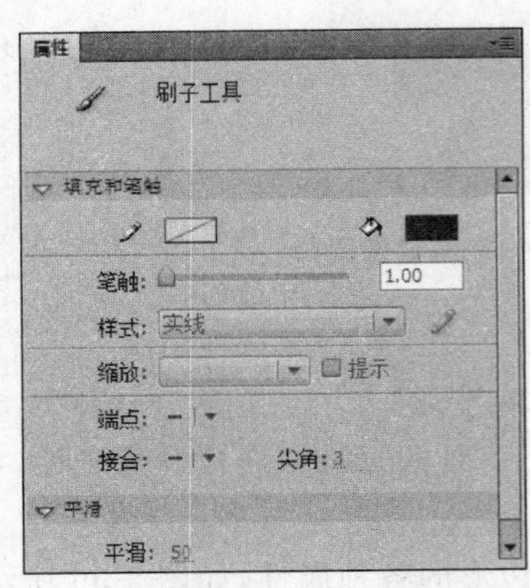

图 2-38　刷子工具的“属性”面板

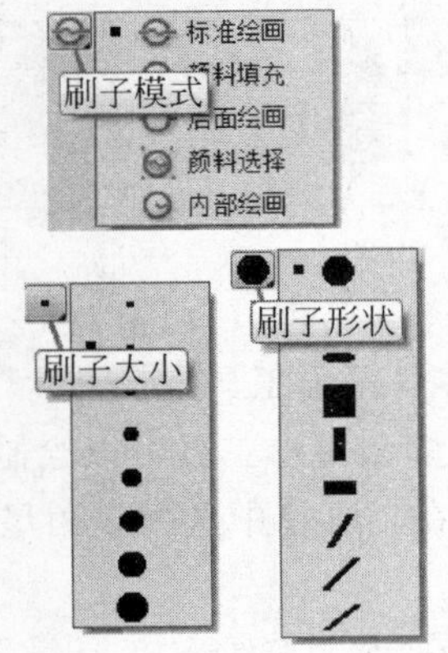

图 2-39　刷子模式、大小、形状

- “颜料填充”模式：对填充区域和空白区域涂色，不影响笔触。
- “后面绘画”模式：在舞台上同一层的空白区域涂色，不影响原有的笔触和填充。
- “颜料选择”模式：在选定的区域内进行涂色，未被选中的区域不应用新填充。
- “内部绘画”模式：如果在现有填充区域开始涂色，则不影响笔触。如果在空白区域开始涂色，则填充不会影响任何现有填充区域。

(3) 使用刷子工具在舞台上单击，按住鼠标左键不放并拖曳到需要的位置。

7) 喷涂刷工具

喷涂刷工具的作用类似于粒子喷射器，可以将形状图案“刷”到舞台上，也可以将影片剪辑或图形元件作为图案应用。默认情况下，喷涂刷使用当前选定的填充颜色喷射粒子点。

(1) 在工具箱中选择喷涂刷工具，在喷涂刷工具的“属性”面板设置属性，如图 2-40 所示。

(2) 在“属性”面板中可以选择默认喷涂点并设置其填充颜色；也可以选择“库”面板的自定义元件作为喷涂刷粒子，使用鼠标在舞台上单击即可喷涂出效果，如图 2-41 所示。

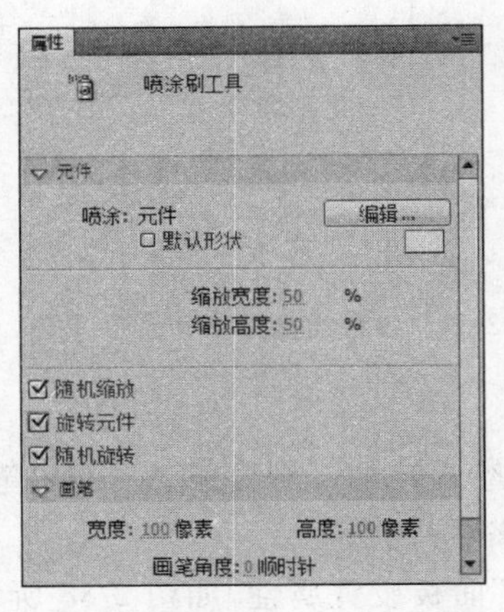

图 2-40　喷涂刷工具的“属性”面板

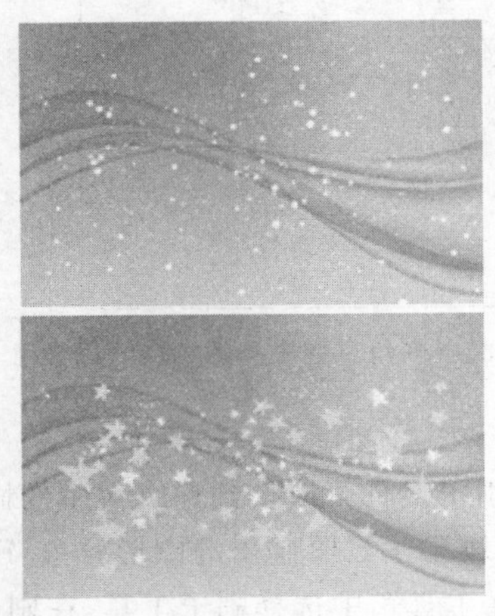
图 2-41　喷涂刷工具选择默认喷涂点和元件效果

- “编辑”按钮：打开“选择元件”对话框，可以选择影片剪辑或图形元件以用作喷涂刷粒子。选中库中的某个元件时，其名称将显示在“编辑”按钮的旁边。

◆“颜色选取器”按钮：选择用于默认粒子喷涂的填充颜色。使用库中的元件作为喷涂粒子时，将禁用颜色选取器。

◆“缩放宽度”按钮：缩放用作喷涂粒子的元件的宽度。

◆“缩放高度”按钮：缩放用作喷涂粒子的元件的高度。

◆“随机缩放”复选框：指定按随机缩放比例将每个基于元件的喷涂粒子放置在舞台上，并改变每个粒子的大小。使用默认喷涂点时，会禁用此选项。

◆“旋转元件”复选框：围绕中心点旋转基于元件的喷涂粒子。

◆“随机旋转”复选框：指定按随机旋转角度将每个基于元件的喷涂粒子放置在舞台上。使用默认喷涂点时，会禁用此选项。

8）颜料桶工具

使用颜料桶工具可以填充空白区域，也可以更改已涂色区域的颜色。可以用纯色、渐变和位图填充对封闭或不完全封闭的区域进行涂色。

（1）在工具箱中选择颜料桶工具，在颜料桶工具的“属性”面板选择填充颜色，如图 2-42 所示。或在“颜色”面板选择填充类型并设置填充颜色。

（2）在工具箱的“选项”区域下，选择填充模式，如图 2-43 所示。

◆“不封闭空隙”模式：颜色只有在完全封闭的区域才能被填充。

◆“封闭小空隙”模式：当边线上存在小空隙时，允许填充颜色。

◆“封闭中等空隙”模式：当边线上存在中等空隙时，允许填充颜色。

◆“封闭大空隙”模式：当边线上存在大空隙时，允许填充颜色。

如果空隙太大，则必须手动封闭，再填充。

（3）单击需要填充的形状或封闭区域。

9）墨水瓶工具

使用墨水瓶工具可以改变笔触的样式，如笔触粗细、颜色等属性；也可以为填充形状添加笔触。但它本身不具备任何的绘画功能。

（1）在工具箱中选择墨水瓶工具，在墨水瓶工具的“属性”面板设置属性，如图 2-44 所示。可以设置笔触颜色、笔触样式和笔触宽度。

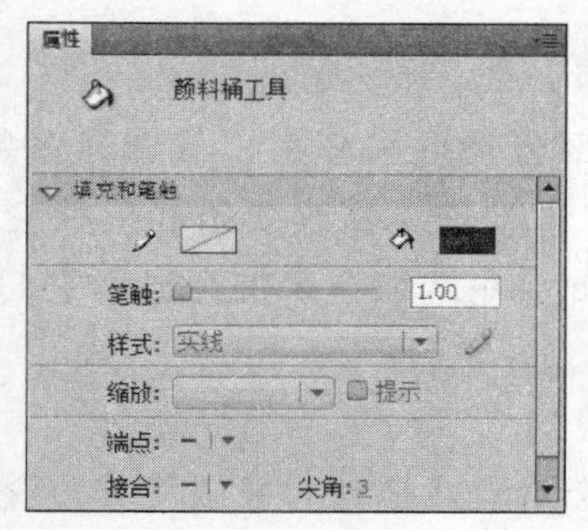

图 2-42　颜料桶工具的“属性”面板

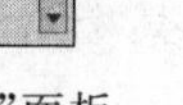

图 2-43　填充模式

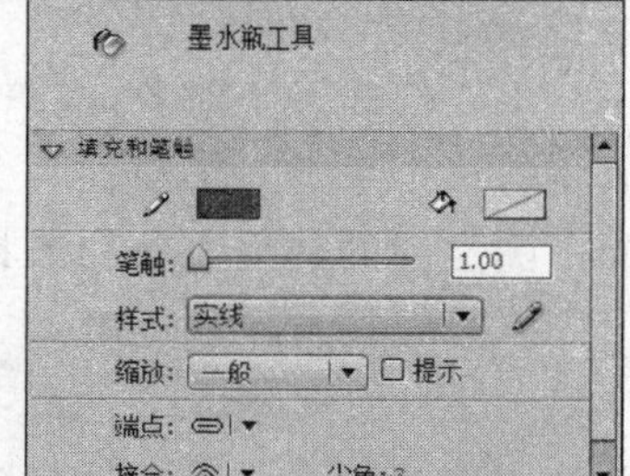

图 2-44　墨水瓶工具的“属性”面板

（2）单击舞台中需要添加或修改边线的对象。

10）滴管工具

使用滴管工具可以将笔触或填充区域的属性应用到另一个笔触或填充区域中。

(1) 在工具箱中选择滴管工具,单击要应用其属性的笔触或填充区域。当单击一个笔触时,该工具自动变成墨水瓶工具。当单击已填充的区域时,该工具自动变成颜料桶工具,并且打开"锁定填充"功能键。

(2) 单击其他笔触或已填充区域,即可应用新的笔触或填充区域属性。

11) 橡皮擦工具

使用橡皮擦工具可以擦除形状的笔触和填充。

(1) 在工具箱中选择橡皮擦工具,并在"选项"区域下,选择橡皮擦模式,如图 2-45 所示。

- "标准擦除"模式:擦除同一层上的笔触和填充。
- "擦除填色"模式:只擦除填充,不影响笔触。
- "擦除线条"模式:只擦除笔触,不影响填充。
- "擦除所选填充"模式:只擦除当前选定的填充,不影响笔触(不论笔触是否被选中)。
- "内部擦除"模式:只擦除橡皮擦笔触开始处的填充,不影响笔触。如果从空白点开始擦除,则不会擦除任何内容。

(2) 在工具箱中"选项"区域下选择一种橡皮擦形状和大小,如图 2-46 所示。

(3) 在要擦除的形状上按下鼠标左键并拖动鼠标。

图 2-45　橡皮擦模式

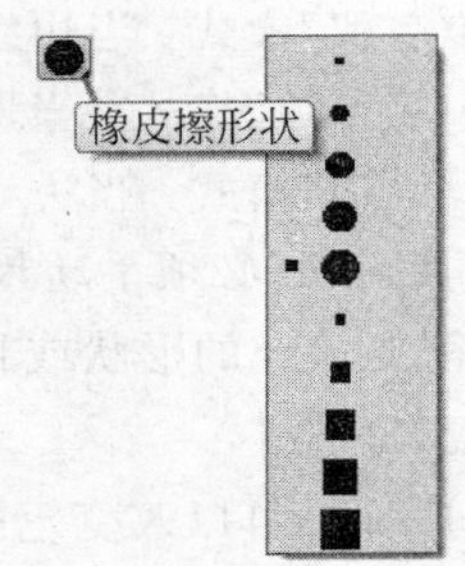

图 2-46　橡皮擦形状和大小

5. 对象的基本操作

1) 选择对象工具

如果要修改一个对象,应该先选择该对象。使用选择、部分选取和套索工具选择对象。可以将若干个单个对象组成一个组合体,然后作为一个对象来处理。修改线条和形状会改变同一图层中的其他线条和形状。选择对象或笔触时,Flash 会用选取框来加亮显示它们。

可以只选择对象的笔触,也可以只选择其填充。

(1) 选择工具

使用选择工具可以选择全部对象,方法是单击、双击某个对象或拖动对象以将其包含在矩形选取框内。

使用选择工具的几种常用方法。

① 若要选择笔触、填充、组、实例或文本块等对象,可直接单击对象。

② 若要选择连接线,可双击其中一条线。

③ 若要选择填充的形状及其笔触轮廓,可双击填充。

④ 若要选择一个或多个对象，可在其周围拖画出一个矩形选取框。

⑤ 若要向选择中添加内容，可在进行附加选择时按住 Shift 键。

⑥ 若要选择一个层上在关键帧之间的任何内容，可单击时间轴中的一个关键帧。

在工具箱中选择选择工具，并在“选项”区域包含三个按钮。

- “贴紧至对象”按钮：自动将舞台上多个对象定位在一起。一般制作运动引导层动画时可利用此按钮将关键帧的对象锁定到引导路径上。还可用于将对象定位到网格中。
- “平滑”按钮：柔化选择的曲线。当选中对象时，此按钮变为可用且可重复使用。
- “伸直”按钮：锐化选择的曲线。当选中对象时，此按钮变为可用且可重复使用。

(2) 部分选取工具

部分选取工具用于选择矢量图形上的节点，即以贝塞尔曲线的方式编辑对象的笔触。

使用部分选取工具的几种常用方法。

① 若要调整曲线上的点或切线手柄，在对象的外边线上单击，对象上出现多个节点。拖动节点来调整控制线的长度和斜率，从而改变对象的曲线形状。

② 若要删除节点，选取节点后按 Delete 键。

③ 若要将转角点转换为平滑点，选取该点后按住 Alt 键并拖动该点以放置切线手柄。

④ 若要调整节点的一个切线手柄，按住 Alt 键并调整。

(3) 套索工具

使用套索工具可以按需要在对象上选取任意一部分不规则的图形。在工具箱中选择套索工具，用鼠标在图形上任意勾选想要的区域，形成一个封闭的选区。

在工具箱中选择套索工具，并在“选项”区域包含三个按钮。

- “魔术棒”按钮：以点选的方式选择颜色相似的位图图像。
- “魔术棒设置”按钮：可以用来设置魔术棒的属性。设置不同的属性，魔术棒选取的图形区域大小各不相同。
- “多边形模式”按钮：可以用鼠标精确地勾画想要选中的图形。选中该按钮，在图形上单击，确定第一个定位点，松开鼠标并将鼠标移至下一个定位点；再单击，用相同的方法直至勾画出想要的图形，并使选取区域形成一个封闭的状态；双击鼠标，选区中的图形被选中。

2) 任意变形工具

使用任意变形工具可以单独执行移动、旋转、缩放、倾斜和扭曲等某个操作，也可以组合执行多个变形操作。

在工具箱中选择任意变形工具，结合“选项”区域的四个按钮，可以执行移动、旋转、缩放、倾斜、扭曲和封套六种操作。

(1) 移动。把鼠标放在边框内的图形上，然后将图形拖曳到新位置，如图 2-47 所示；如果需要设置旋转或缩放的中心点，则拖曳变形点到新位置，如图 2-48 所示。

(2) 旋转。单击按钮，把鼠标放在角手柄的外侧，然后拖曳鼠标，所选图形即可围绕变形点旋转，如图 2-49 所示。按住 Shift 键并拖动可按 45°为增量进行旋转。若要围绕对角旋转，需按住 Alt 键并拖动。

图 2-47　移动图形

图 2-48　移动变形点

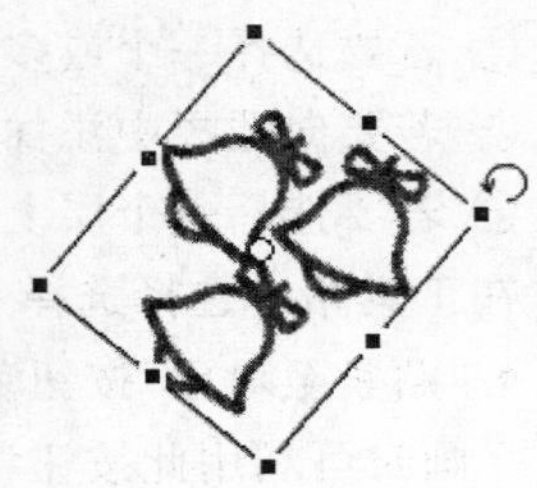

图 2-49　旋转

（3）缩放。选择需要缩放的源图形（如图 2-50 所示），单击按钮，若沿着两个方向同时缩放尺寸，则操作时沿对角方向拖动角手柄，如图 2-51 所示；若沿水平或垂直方向缩放尺寸，则操作时沿水平或垂直方向拖动边手柄，如图 2-52 所示。

图 2-50　源大小

图 2-51　拖动角手柄

图 2-52　拖动边手柄

（4）倾斜。单击按钮，把鼠标放在变形手柄之间的轮廓上并拖曳，如图 2-53 所示。

（5）扭曲。单击按钮，把鼠标放在图形的各个控制点上并拖曳，如图 2-54 所示。

（6）封套。单击按钮，图形周围会出现一些控制点，调整这些控制点来改变图形的形状，如图 2-55 所示。

图 2-53　倾斜

图 2-54　扭曲

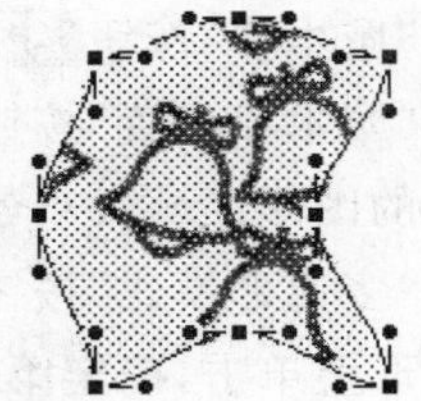

图 2-55　封套

3）渐变变形工具

使用渐变变形工具是通过调整填充的大小、方向或者中心改变渐变填充或位图填充。

使用该工具在线性填充、放射状填充和位图填充单击后出现对应的控制点，如图 2-56 所示；拖动具有相应功能的控制点，可以使渐变或位图的填充变形，如图 2-57 所示。

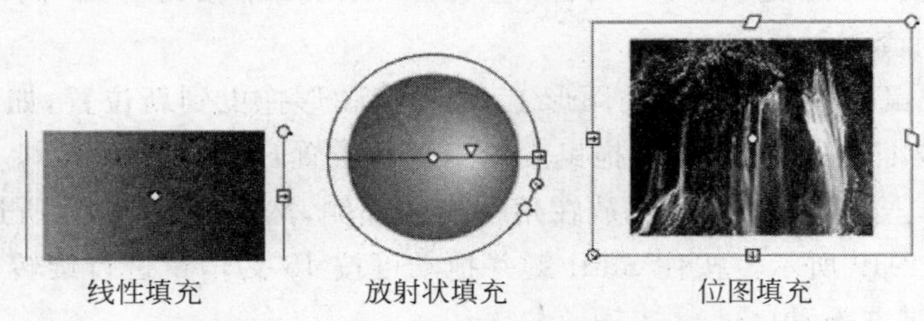

图 2-56　用渐变变形工具调整线性填充、放射状填充和位图填充

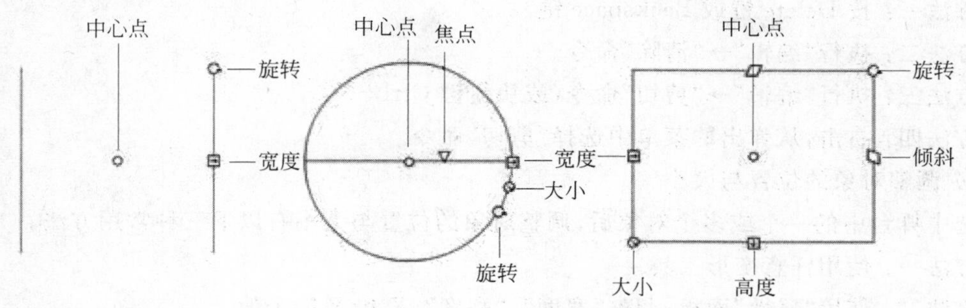

图 2-57　用渐变变形工具在线性填充、放射状填充和位图填充上的控制点

4）移动、复制对象

（1）移动对象

选中舞台中的一个或多个对象后，移动对象有以下四种常用方法。

方法一：使用鼠标移动。把鼠标移至所选对象上并拖曳到新位置后释放鼠标即可。

方法二：使用键盘移动。若要一次移动所选对象 1 个像素，则按一次键盘相应的方向键。按方向键的同时按下 Shift 键，则一次移动 10 个像素。

方法三：使用属性或信息面板移动。在“属性”面板或“信息”面板中重新输入所选对象的 X 值和 Y 值（单位是相对于舞台左上角而言的。）

方法四：使用剪贴板移动。

① 执行“编辑”→“剪切”命令（或快捷键 Ctrl＋X），所选对象被放入剪贴板中。

② 选择其他层、场景或文件，然后执行“编辑”→“粘贴到当前位置”命令，将所选内容粘贴到相对于舞台的同一位置；执行“编辑”→“粘贴到中心位置”命令，将所选内容粘贴到工作区的中心。

（2）复制对象

选中舞台中的一个或多个对象后，复制对象有以下四种常用方法。

方法一：使用鼠标复制。把鼠标移至所选对象上，按住 Alt 键并拖曳对象到新位置后释放鼠标，源对象仍被保留，即实现了复制对象。

方法二：使用直接复制命令。执行“编辑”→“直接复制”命令，所选对象右下角出现一个副本，即实现复制对象。

方法三：使用剪贴板复制。

① 执行“编辑”→“复制”命令（或快捷键 Ctrl＋C），所选对象被复制到剪贴板中。

② 选择其他层、场景或文件，然后执行“编辑”→“粘贴到当前位置”命令，将所选内容粘贴到相对于舞台的同一位置；执行“编辑”→“粘贴到中心位置”命令，将所选内容粘贴到工作区的中心。

方法四：使用弹出菜单。把鼠标移至所选对象上，右击，在弹出菜单中选择“复制”命令；再在舞台的任意空白处右击，从弹出的菜单中选择“粘贴”命令即可。

5）删除对象

选中舞台中的一个或多个对象后，删除对象有以下四种常用方法。

方法一：按 Delete 键或 Backspace 键。

方法二：执行“编辑”→“清除”命令。

方法三：执行“编辑”→“剪切”命令（或快捷键 Ctrl＋X）。

方法四：右击，从弹出的菜单中选择“剪切”命令。

6）调整对象的位置与大小

选中舞台中的一个或多个对象后，调整对象的位置与大小有以下三种常用方法。

方法一：使用任意变形工具。

方法二：使用“属性”面板，调整“宽度”、“高度”、X 和 Y 四个值。

方法三：使用“信息”面板，调整“宽度”、“高度”、X 和 Y 四个值。

7）编辑多个图形对象

为了方便选择和编辑多个对象，可以将多个形状、位图、元件或文本等对象组合为一个整体对象来处理。

选择某个组时，属性面板会显示该组的 X 和 Y 坐标及其像素尺寸。可以对组进行编辑而不必取消其组合。还可以在组中选择单个对象进行编辑，不必取消对象组合。

8）组合、分离对象

(1) 组合

组合多个对象的方法：

① 选择多个要组合的形状、位图、元件、文本等对象。

② 执行“修改”→“组合”命令，即可将所选对象组合为一个整体对象。

③ 执行“修改”→“取消组合”命令，即可取消对象的组合状态。

编辑组或组中对象的方法：

① 选择要编辑的组，然后执行“编辑”→“编辑所选项目”命令，或用选择工具双击该组。页面上不属于该组的部分都将变暗，表明不属于该组的元素是不可编辑的。

② 编辑该组中的任意元素。

③ 执行“编辑”→“全部编辑”命令，或用选择工具双击舞台中的空白处。Flash 将组作为单个实体复原其状态，然后可以处理舞台中的其他元素。

(2) 分离

若要将组、实例和位图分离为单独的可编辑元素，可使用“分离”命令，这样会极大地减小导入图形的文件大小。

分离对象的方法：

① 选择要分离的组、位图或元件。

② 执行“修改”→“分离”命令。

分离操作对组、实例和位图等对象会产生如下影响。

- 切断元件实例到其主元件的链接。
- 放弃动画元件中除当前帧之外的所有帧。
- 将位图转换成填充。
- 在应用于文本块时，会将每个字符放入单独的文本块中。
- 应用于单个文本字符时，会将字符转换成轮廓。

注意：不要将“分离”命令和“取消组合”命令混淆。“取消组合”命令可以将组合的对象分开，并将组合的元素返回到组合之前的状态。它不会分离位图、实例或文字，或将文字转换成轮廓。

2.1.3　设计过程

巴西国旗为长方形，长宽之比为 10∶7。它是由绿色作为背景，加上黄色的菱形，而在菱形上再有一个蓝色的圆形，圆形上有 27 颗以南十字星座为中心的白星，中央的一句葡萄牙语格言 Ordem e Progresso，解作“秩序与进步”。

绿色代表覆盖巴西国土的茂密丛林，黄色代表丰富的矿产资源。天球仪的下半部代表制定国旗时的首都里约热内卢的天空颜色。天球仪中画有以南十字星座为中心的 27 颗星，则代表首都与 26 个州。

(1) 新建 Flash 文件，设置文档尺寸为 500 像素×350 像素，文档颜色设为＃00923F，如图 2-58 所示。

(2) 在舞台上右击，在弹出菜单中选择“标尺”命令后水平标尺和垂直标尺分别显示在文档的上沿和左沿。分别从垂直标尺拖出一条辅助线至 250px 处，从水平标尺拖出一条辅助线至 175px 处，这时两条辅助线的交点即为该舞台的中心点。

(3) 将时间轴上的“图层 1”重命名为“菱形”。在工具箱中选择矩形工具，在其“属性”面板中设置颜色为＃F8C400。将鼠标移至两条辅助线的交点处，同时按住 Alt 键和 Shift 键绘制一个正方形，该形状的中心点正好与两条辅助线的交点重合，且正方形位于舞台中央位置，如图 2-59 所示。

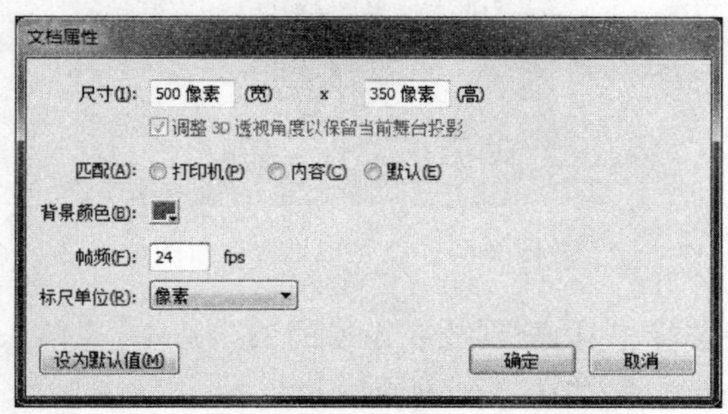

图 2-58　“文档属性”对话框

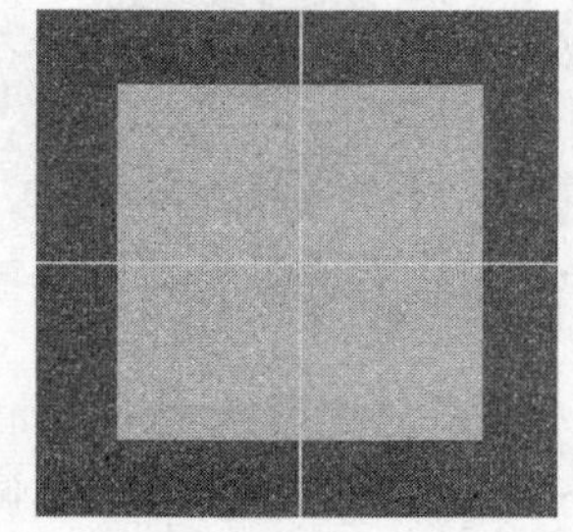

图 2-59　在舞台中心绘制一个正方形

(4) 在工具箱中选择任意变形工具，将正方形旋转 90°，如图 2-60 所示。

(5) 分别再从垂直标尺拖出两条辅助线至 42.5px 和 457.5px 处；从水平标尺拖出两条辅助线至 42.5px 和 307.5px 处，如图 2-61 所示。注意，应适当地将舞台视图放大，才能精确地确定辅助线的位置。

(6) 使用任意变形工具中的扭曲功能，分别将正方形的四个角拖至四条辅助线上，如图 2-62 所示。

(7) 新建一个名为“圆形”的图层。参考步骤(3)，使用椭圆工具在舞台中央绘制一个颜色为＃28156E 的圆形，如图 2-63 所示。

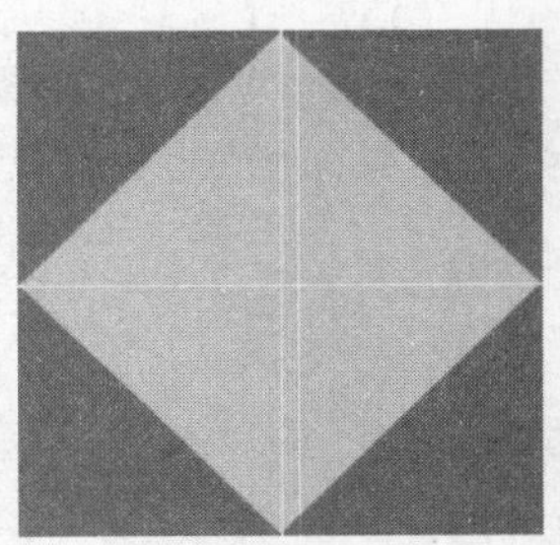

图 2-60　将正方形旋转 90°

图 2-61　在舞台上再拖出四条辅助线

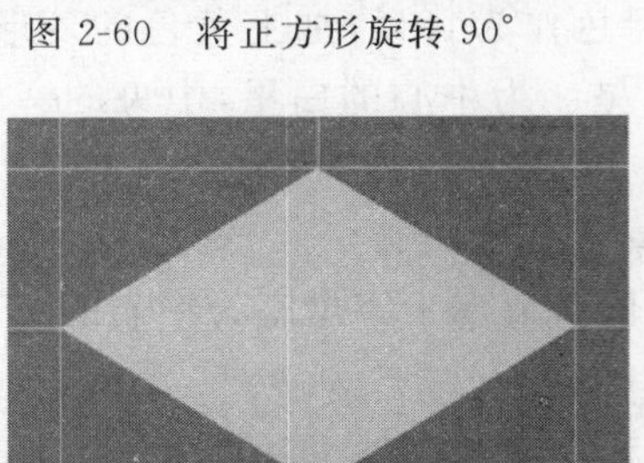

图 2-62　将正方形扭曲为菱形

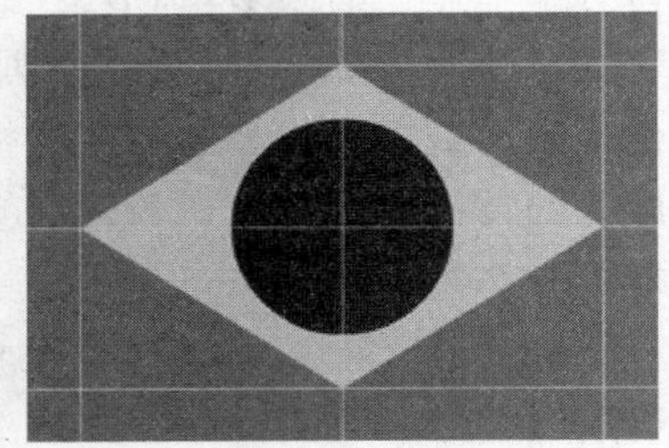

图 2-63　在舞台中央绘制一个圆形

(8) 新建一个名为"矩形"的图层。使用矩形工具绘制一个白色的矩形,如图 2-64 所示。

(9) 在白色矩形未选中的情况下,使用选择工具,分别放在矩形的四个角上,当箭头旁出现一个直角,按住鼠标拖动可将四个角拖至相应位置,如图 2-65 所示。

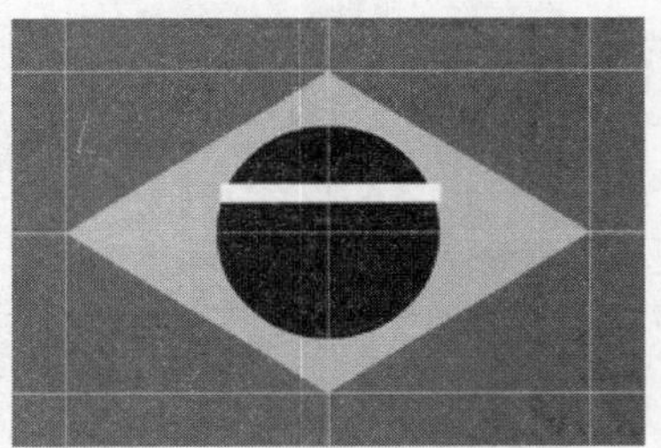

图 2-64　在圆形上绘制一个矩形

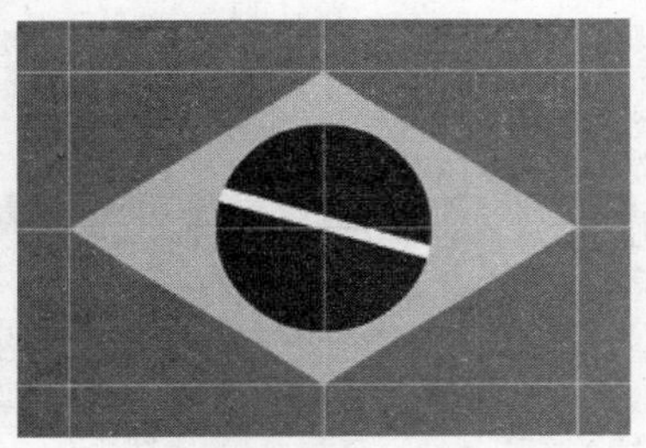

图 2-65　调整矩形四个角的位置

(10) 在白色矩形未选中的情况下,使用选择工具,分别放在矩形的四条边上,当箭头旁出现一条弧线,按住鼠标拖动可调整四条边的弧度,如图 2-66 所示。

(11) 新建一个名为"星形"的图层。使用多角星形工具在舞台的相应位置绘制 27 颗白色的五角星,如图 2-67 所示。注意五角星大小不一。

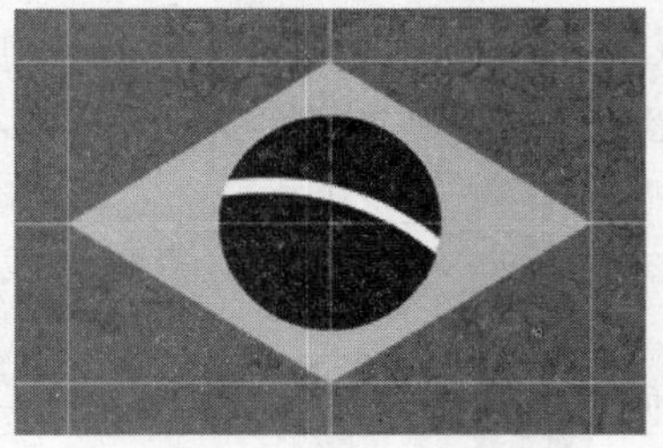

图 2-66　调整矩形四条边的弧度

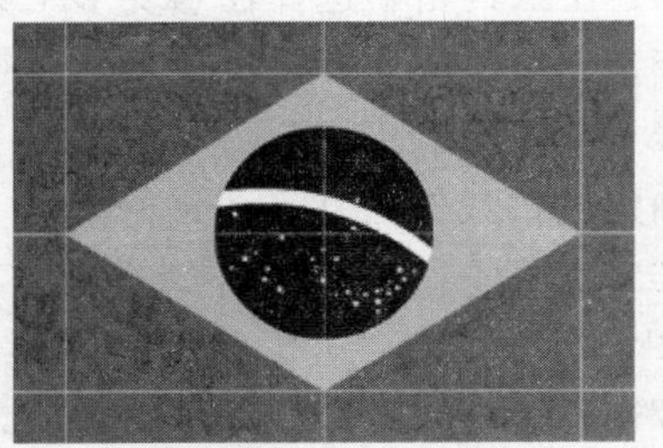

图 2-67　绘制 27 颗五角星

(12) 新建一个名为“文字”的图层。执行“文件”→“导入”→“导入到舞台”命令，将源文件中的“素材\第 2 章”目录中名为“文字.png”的图片导入到舞台中，并调整位置，如图 2-68 所示。

(13) 保存文档。时间轴效果如图 2-69 所示。最终效果如图 2-1 所示。

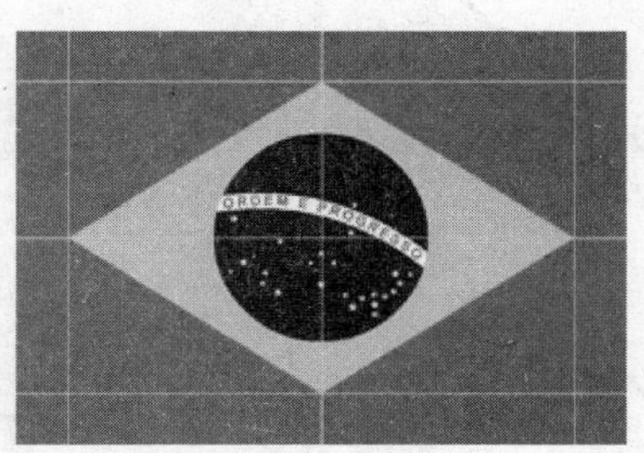

图 2-68　导入文字素材

图 2-69　时间轴中的图层顺序

2.2　案例 4　绘制时钟

2.2.1　案例效果

本案例是绘制一个矢量时钟，案例效果如图 2-70 所示。本案例包含的知识点有：

- 创建和编辑矩形、圆形。
- 颜料桶工具和墨水瓶工具。
- 颜色面板。
- 钢笔工具和转换锚点工具。
- Deco 绘画工具。

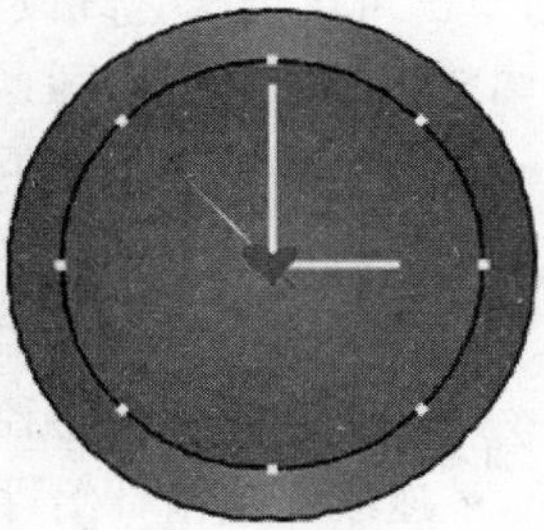

图 2-70　矢量时钟效果

2.2.2　相关知识

1. 路径工具

1) 关于路径

在 Flash 中绘制线条或形状时，将创建一个名为“路径”的线条。路径由一条或多条直线段或曲线段组成。线段的起始点和结束点由锚点标记，就像用于固定线的针。路径可以是闭合的(如圆)，也可以是开放的，有明显的终点(如波浪线)。

可以通过拖动路径的锚点、显示在锚点方向线末端的方向点或路径段本身，改变路径的形状，如图 2-71 所示。

路径可以具有角点和平滑点两种锚点。在角点，路径可改变方向。在平滑点，路径段连接为连续曲线。可以使用角点和平滑点的任意组合绘制路径。如果绘制的点类型有误，可以随时更改，如图 2-72 所示。角点可以连接任何两条直线段或曲线段，而平滑点始终连接两条曲线段，如图 2-73 所示。

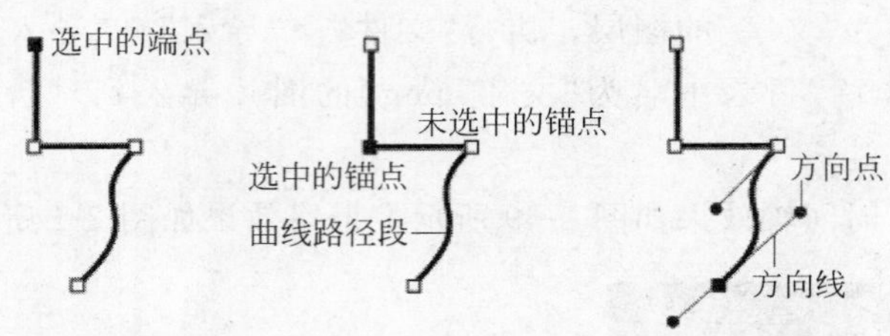

图 2-71　路径中的端点、锚点、路径段、方向线和方向点

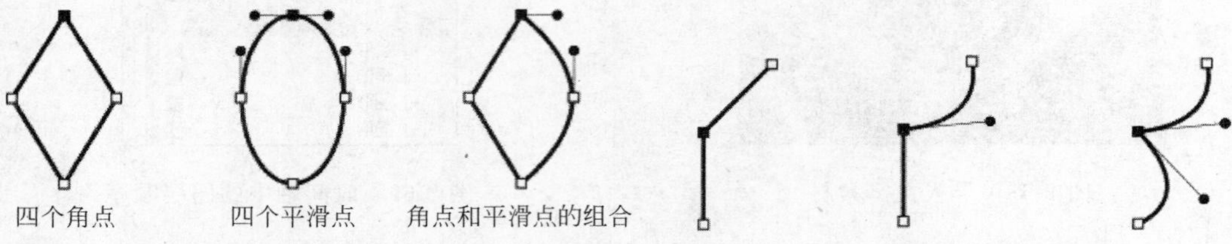

图 2-72　介绍路径中的两种锚点：角点和平滑点

图 2-73　区别角点和平滑点

路径轮廓称为笔触。应用到开放或闭合路径内部区域的颜色或渐变称为填充。笔触具有粗细、颜色和虚线图案。创建路径或形状后，可以更改其笔触和填充的特性。

2）钢笔工具

使用钢笔工具可以绘制精确的路径（如直线或平滑流畅的曲线）。使用钢笔工具绘画时，单击可以创建直线段上的点，而拖动可以创建曲线段上的点。可以通过调整线条上的点来调整直线段和曲线段。

钢笔工具显示的不同指针反映其当前绘制状态。以下指针指示各种绘制状态。

- 初始锚点指针：选中钢笔工具后看到的第一个指针。指示下一次在舞台上单击鼠标时将创建初始锚点，它是新路径的开始（所有新路径都以初始锚点开始）。终止任何现有的绘画路径。
- 连续锚点指针：指示下一次单击鼠标时将创建一个锚点，并用一条直线与前一个锚点相连接。在创建所有用户定义的锚点（路径的初始锚点除外）时，显示此指针。
- 添加锚点指针：指示下一次单击鼠标时将向现有路径添加一个锚点。若要添加锚点，必须选择路径，并且钢笔工具不能位于现有锚点的上方。根据其他锚点，重绘现有路径。一次只能添加一个锚点。
- 删除锚点指针：指示下一次在现有路径上单击鼠标时将删除一个锚点。若要删除锚点，必须用选择工具选择路径，并且指针必须位于现有锚点的上方。根据删除的锚点，重绘现有路径。一次只能删除一个锚点。
- 连续路径指针：从现有锚点扩展新路径。若要激活此指针，鼠标必须位于路径上现有锚点的上方。仅在当前未绘制路径时，此指针才可用。锚点未必是路径的终端锚点；任何锚点都可以是连续路径的位置。
- 闭合路径指针：在正绘制的路径的起始点处闭合路径。只能闭合当前正在绘制的路径，并且现有锚点必须是同一个路径的起始锚点。生成的路径没有将任何指定的填充颜色设置应用于封闭形状；单独应用填充颜色。

◆ 连接路径指针：除了鼠标不能位于同一个路径的初始锚点上方外，与闭合路径工具基本相同。该指针必须位于唯一路径的任一端点上方。可能选中路径段，也可能不选中路径段。注意，连接路径可能产生闭合形状，也可能不产生闭合形状。

◆ 回缩贝塞尔手柄指针：当鼠标位于显示其贝塞尔手柄的锚点上方时显示。单击鼠标将回缩贝塞尔手柄，并使得穿过锚点的弯曲路径恢复为直线段。

◆ 转换锚点指针：将不带方向线的转角点转换为带有独立方向线的转角点。若要启用转换锚点指针，则使用 Shift＋C 快捷键切换钢笔工具。

(1) 使用钢笔工具绘制直线

① 在工具箱中选择钢笔工具，在钢笔工具的“属性”面板设置属性，如图 2-74 所示。

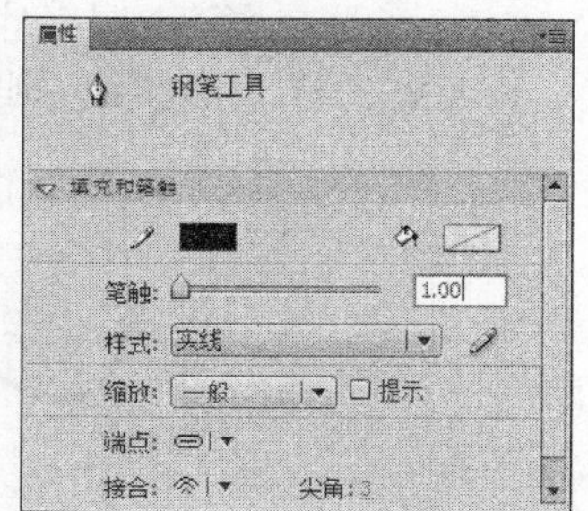

图 2-74　钢笔工具的“属性”面板

② 将钢笔工具定位在直线段的起始点并单击，以定义第一个锚点。如果出现方向线，而意外地拖动了钢笔工具，则执行“编辑”→“撤销”命令，然后再次单击。注意，单击第二个锚点后，绘制的第一条线段才可见。

③ 在该线段结束的位置处再次单击(按住 Shift 键单击，将该线段的角度限制为 45°的倍数)。

④ 继续单击，为其他的直线段设置锚点。单击钢笔工具将创建直线段。

⑤ 若要以开放或闭合形状完成此路径，如图 2-75 所示。则执行下列操作之一：

◆ 若要完成一条开放路径，则双击最后一个点，或者单击工具箱中的钢笔工具，或者按住 Ctrl 键并单击路径外的任意位置。

◆ 若要闭合路径，可将钢笔工具定位在第一个(空心)锚点上。当位置正确时，钢笔工具指针旁边将出现一个小圆圈。单击或拖动以闭合路径。

◆ 若要按现状完成形状，可执行“编辑”→“取消全选”命令或在工具箱中选择其他工具。

(2) 使用钢笔工具绘制曲线

若要创建曲线，则在曲线改变方向的位置处添加锚点，并拖动构成曲线的方向线。方向线的长度和斜率决定了曲线的形状。锚点不宜过多，否则会在曲线中造成不必要的凸起。

① 在工具箱中选择钢笔工具，并在其“属性”面板中设置属性后，将钢笔工具定位在曲线的起始点，并按住鼠标按键。此时会出现第一个锚点，同时钢笔工具指针变为箭头。

② 拖动设置要创建曲线段的斜率，然后松开鼠标按键，如图 2-76 所示。

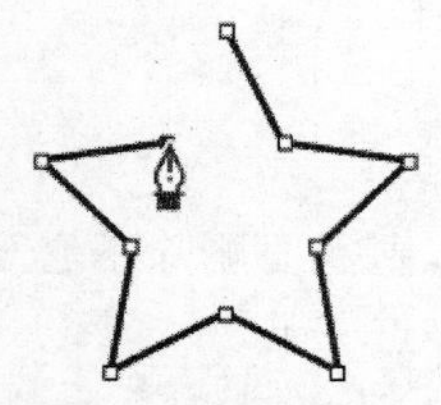
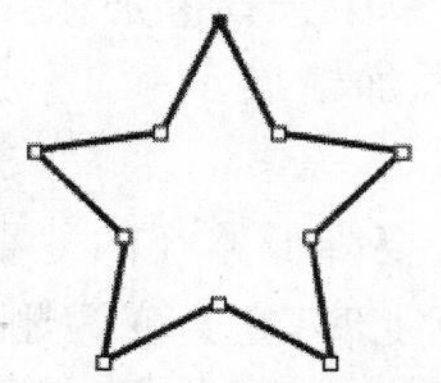

图 2-75　开放路径和闭合路径

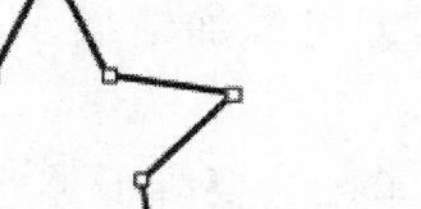

定位钢笔工具　开始拖动(按住鼠标)　拖动以延长方向线

图 2-76　钢笔工具绘制曲线的第一个锚点

一般而言，将方向线向计划绘制的下一个锚点延长约三分之一距离。(之后可以调整方向线的一端或两端。)按住 Shift 键可将工具限制为 45°的倍数。

③ 将钢笔工具定位到曲线段结束的位置，可执行下列操作之一：

◆ 若要创建 C 形曲线，则向上一方向线相反方向拖动，然后松开鼠标，如图 2-77 所示。

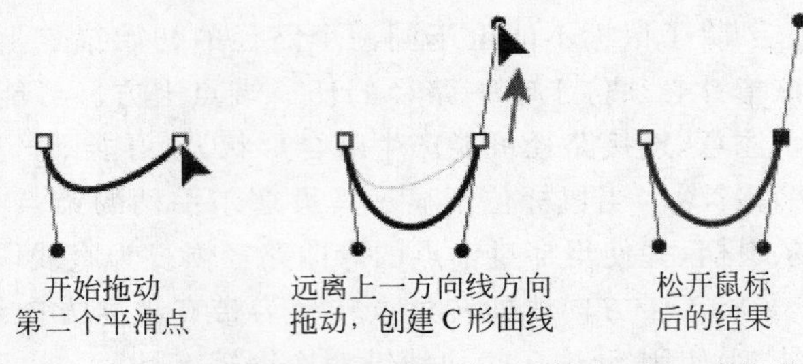

图 2-77　钢笔工具绘制曲线的第二个锚点，成 C 形曲线

◆ 若要创建 S 形曲线，则向上一方向线相同方向拖动，然后松开鼠标，如图 2-78 所示。

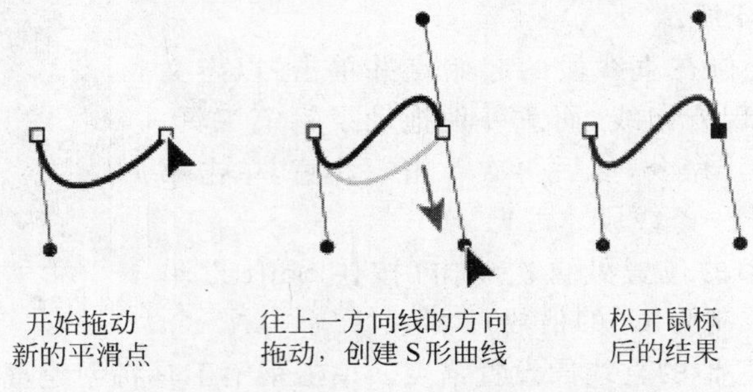

图 2-78　钢笔工具绘制曲线的第二个锚点，成 S 形曲线

④ 若要创建一系列平滑曲线，应继续从不同位置拖动钢笔工具。将锚点置于每条曲线的开头和结尾，不放在曲线的顶点。按住 Alt 键并拖动方向线可断开锚点的方向线。

⑤ 若要完成路径，可执行下列操作之一：

◆ 若要闭合路径，可将钢笔工具定位在第一个（空心）锚点上。当位置正确时，钢笔工具指针旁边将出现一个小圆圈。单击或拖动以闭合路径。

◆ 若要保持为开放路径，可按住 Ctrl 键单击所有对象以外的任何位置，然后选择其他工具或执行“编辑”→“取消全选”命令。

3）添加锚点工具

添加锚点工具可以更好地控制路径，也可以扩展开放路径。但是最好不要添加不必要的锚点。默认情况下，当使用钢笔工具定位在选定路径上时，它会变为添加锚点工具。

（1）选择要修改的路径。

（2）在钢笔工具上单击并按住鼠标，在弹出菜单中选择添加锚点工具。

（3）将鼠标定位到路径段上，然后单击，即可添加锚点。

4）删除锚点工具

锚点越少的路径越容易编辑、显示和打印。若要降低路径的复杂性，则需要删除不必要的锚点。默认情况下，当使用钢笔工具定位在锚点上时，它会变为删除锚点工具。

注意：不要使用 Delete 键、Backspace 键和 Clear 键，或者执行“编辑”→“剪切”命令或执行“编辑”→“清除”命令来删除锚点，这些键和命令会删除锚点以及与之相连的线段。

（1）选择要修改的路径。

（2）在钢笔工具上单击并按住鼠标，在弹出菜单中选择删除锚点工具。

（3）将鼠标定位到锚点上，然后单击，即可删除锚点。

5）转换锚点工具

在使用钢笔工具绘制曲线时，将创建平滑点（即连续的弯曲路径上的锚点）。在绘制直线段或连接到曲线段的直线时，将创建转角点（即在直线路径上或直线和曲线路径接合处的锚点）。

默认情况下，选定的平滑点显示为空心圆圈，选定的转角点显示为空心正方形。

（1）在钢笔工具上单击并按住鼠标，在弹出菜单中选择转换锚点工具，并单击要修改的路径。

（2）将鼠标定位到锚点上，并按住鼠标拖曳，可将路径上的转角点转换为平滑点，如图 2-79 所示。

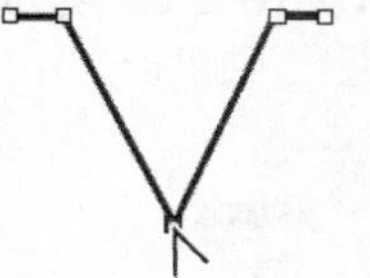
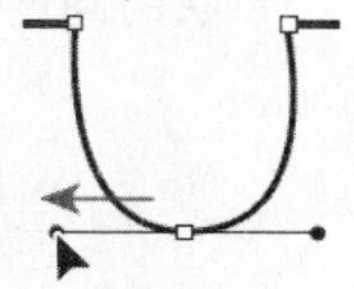

图 2-79　将方向点拖动出转角点以创建平滑点

（3）若要将平滑点转换为转角点，使用转换锚点工具，在平滑点上单击即可。

2. Deco 绘画工具

使用 Deco 绘画工具，可以对舞台上的选定对象应用效果。在选择 Deco 绘画工具后，可以从“属性”面板中选择效果。

（1）应用对称效果

使用对称效果，可以围绕中心点对称排列元件。在舞台上绘制元件时，将显示一组手柄。可以使用手柄通过增加元件数、添加对称内容或者编辑和修改效果的方式来控制对称效果。

可使用对称效果来创建圆形用户界面元素（如模拟钟面或刻度盘仪表）和旋涡图案。对称效果的默认元件是 25 像素×25 像素、无笔触的黑色矩形形状。

① 选择 Deco 绘画工具，在“属性”面板中从“绘制效果”菜单中选择“对称刷子”。

② 在 Deco 绘画工具的“属性”面板中，选择用于默认矩形形状的填充颜色。或者单击“编辑”按钮从库中选择自定义元件，如图 2-80 所示。

可以将库中的任何影片剪辑或图形元件与对称刷子效果一起使用。通过这些基于元件的粒子，可以对在 Flash 中创建的插图进行多种创造性控制。

③ 在“属性”面板中从“绘制效果”弹出菜单中选择“对称刷子”时，“属性”面板中将显示“对称刷子”高级选项。

- “绕点旋转”选项：围绕指定的固定点旋转对称的形状。默认参考点是对称的中心点。若要围绕对象的中心点旋转对象，则按圆形轨迹进行拖动，如图 2-81 所示。
- “跨线反射”选项：跨指定的不可见线条等距离翻转形状，如图 2-82 所示。

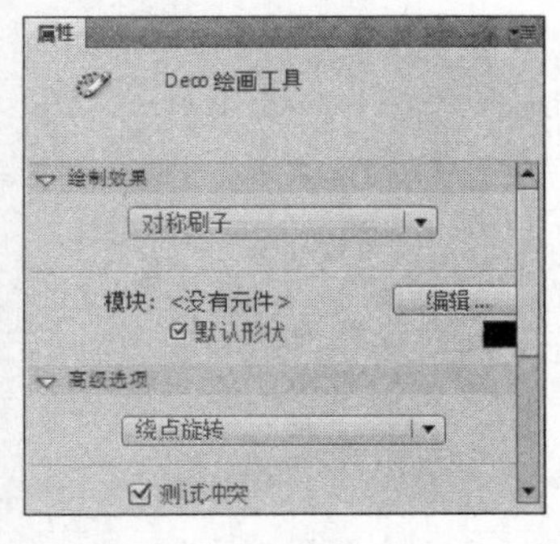

图 2-80　“对称刷子”属性

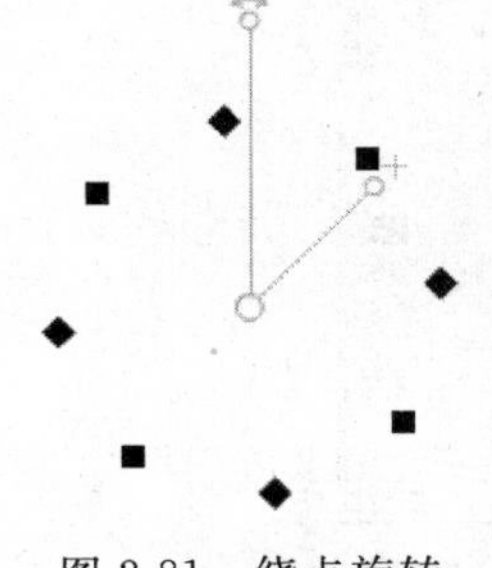

图 2-81　绕点旋转

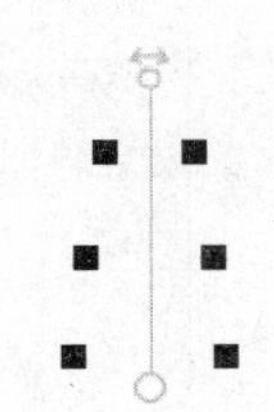

图 2-82　跨线反射

◆“跨点反射”选项：围绕指定的固定点等距离放置两个形状，如图 2-83 所示。

◆“网格平移”选项：使用按对称效果绘制的形状创建网格。每次在舞台上单击 Deco 绘画工具都会创建形状网格。使用由对称刷子手柄定义的 X 和 Y 坐标调整这些形状的高度和宽度，如图 2-84 所示。

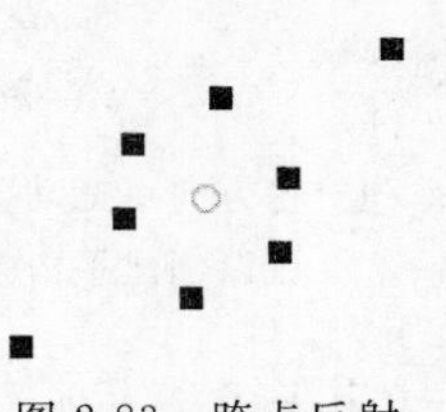

图 2-83　跨点反射

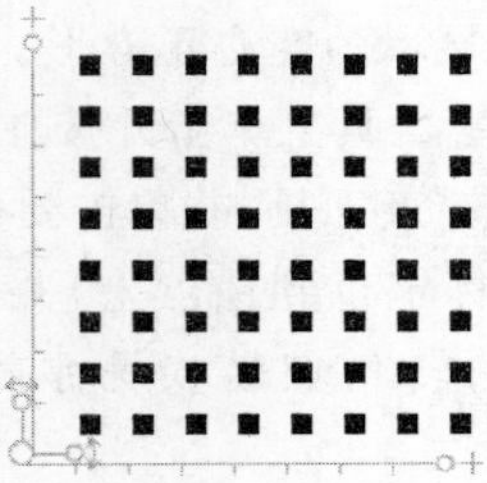

图 2-84　网格平移

◆“测试冲突”复选框：不管如何增加对称效果内的实例数，均可防止绘制的对称效果中的形状相互冲突。取消选择此选项后，会将对称效果中的形状重叠。

④ 单击舞台上要显示对称刷子插图的位置。

⑤ 使用对称刷子手柄调整对称的大小和元件实例的数量。

(2) 应用网格填充效果

使用网格填充效果，可以用库中的元件填充舞台、元件或封闭区域。将网格填充绘制到舞台后，如果移动填充元件或调整其大小，则网格填充将随之移动或调整大小。

使用网格填充效果可创建棋盘图案、平铺背景或用自定义图案填充的区域或形状。对称效果的默认元件是 25 像素×25 像素、无笔触的黑色矩形形状。

① 选择 Deco 绘画工具，在“属性”面板中从“绘制效果”菜单中选择“网格填充”。

② 在 Deco 绘画工具的“属性”面板中，选择默认矩形形状的填充颜色，或者单击“编辑”按钮从库中选择自定义元件，如图 2-85 所示。

可以将库中的任何影片剪辑或图形元件作为元件与网格填充效果一起使用。

③ 可以指定填充形状的水平间距、垂直间距和缩放比例。应用网格填充效果后，将无法更改“属性”面板中的高级选项以改变填充图案。

◆“水平间距”值：指定网格填充中所用形状之间的水平距离(以像素为单位)。

◆“垂直间距”值：指定网格填充中所用形状之间的垂直距离(以像素为单位)。

◆“图案缩放”值：可使对象同时沿水平方向(沿 X 轴)和垂直方向(沿 Y 轴)放大或缩小。

④ 单击舞台，或者在要显示网格填充图案的形状或元件内单击，如图 2-86 所示。

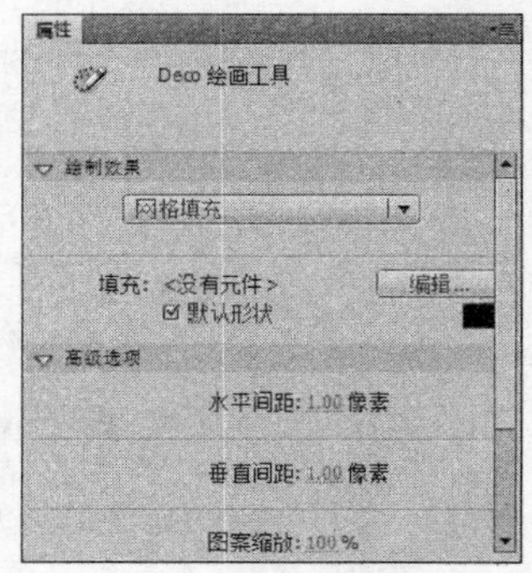

图 2-85　“网格填充”属性

图 2-86　网格填充效果

(3) 应用藤蔓式填充效果

利用藤蔓式填充效果，可以用藤蔓式图案填充舞台、元件或封闭区域。通过从库中选择元件，可以替换默认的叶子和花朵的插图。生成的图案将包含在影片剪辑中，而影片剪辑本身包含组成图案的元件。

① 选择 Deco 绘画工具，在"属性"面板中从"绘制效果"菜单中选择"藤蔓式填充"。

② 在 Deco 绘画工具的"属性"面板中，选择默认花朵和叶子形状的填充颜色。或者单击"编辑"按钮从库中选择一个自定义影片剪辑或图形元件，以替换默认花朵元件和叶子元件之一或同时替换两者，如图 2-87 所示。

③ 可以指定填充形状的水平间距、垂直间距和缩放比例。应用藤蔓式填充效果后，将无法通过更改"属性"面板中的高级选项以改变填充图案。

- "分支颜色"值：指定用于分支的颜色。
- "分支角度"值：指定分支图案的角度。
- "图案缩放"值：会使对象同时沿水平方向(沿 X 轴)和垂直方向(沿 Y 轴)放大或缩小。
- "段长度"值：指定叶子节点和花朵节点之间段的长度。
- "动画图案"复选框：指定效果的每次迭代都绘制到时间轴中的新帧。在绘制花朵图案时，此选项将创建花朵图案的逐帧动画序列。
- "帧步骤"值：指定绘制效果时每秒要横跨的帧数。

④ 单击舞台，或者在要显示网格填充图案的形状或元件内单击，如图 2-88 所示。

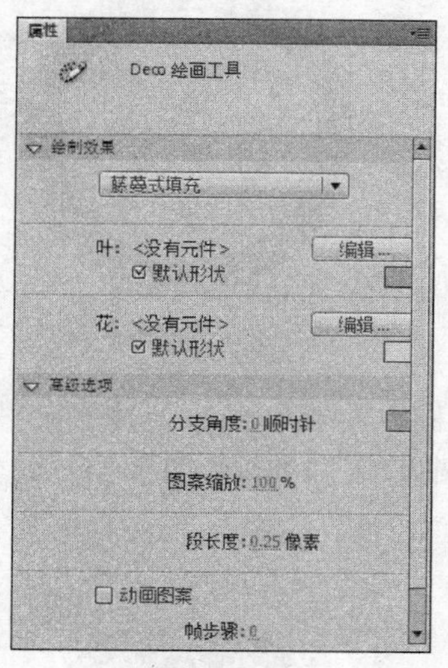

图 2-87　"藤蔓式填充"属性

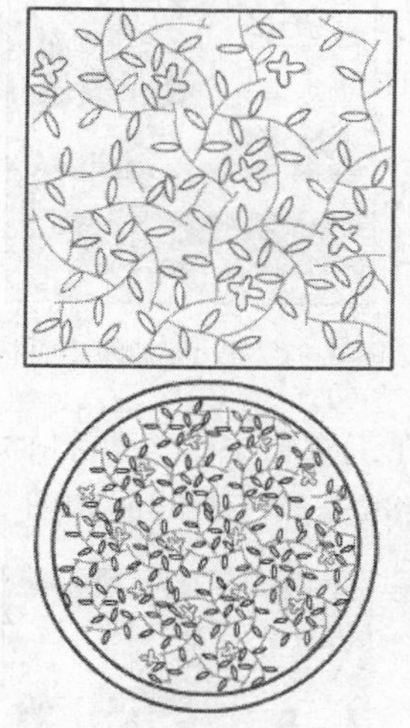

图 2-88　藤蔓式填充效果

2.2.3　设计过程

(1) 新建 Flash 文件，设置文档尺寸为 403 像素×403 像素，其他属性使用默认值。

(2) 在舞台上拖出两条辅助线，两者的交点为舞台的中心点。在舞台上右击，在弹出的菜单中执行"辅助线"→"锁定辅助线"命令。

(3) 将时间轴上的“图层 1”重命名为“钟盘”。选择工具箱中的椭圆工具，在其“属性”面板中设置属性，如图 2-89 所示。将鼠标移至两条辅助线的交点处，同时按住 Alt 键和 Shift 键绘制一个圆形，圆心正好与两条辅助线的交点重合，且圆形位于舞台中央位置。使用相同的方法再绘制一个直径为 320 像素×320 像素的圆形，如图 2-90 所示。

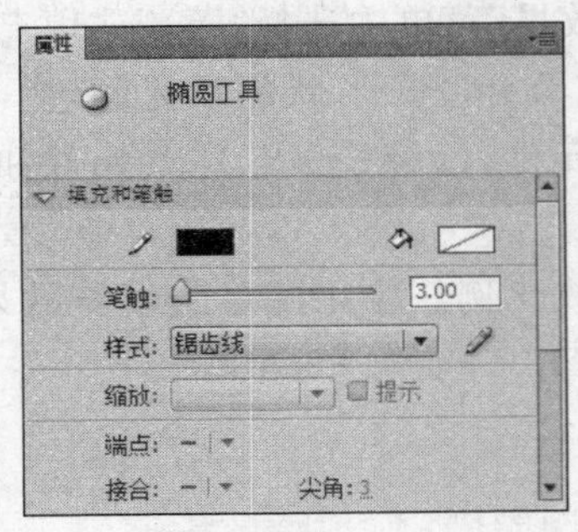

图 2-89 设置椭圆工具的属性

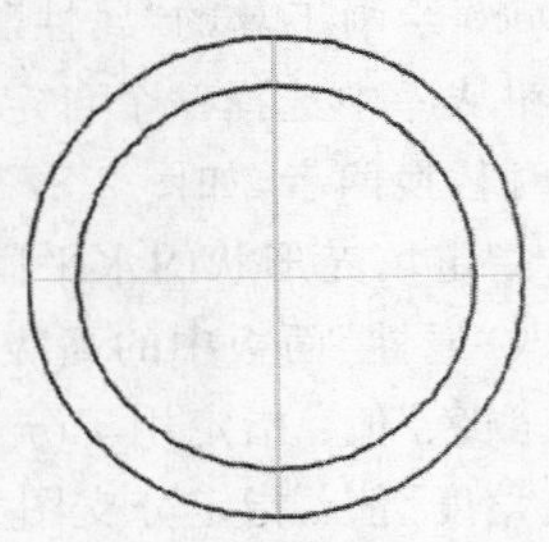

图 2-90 在舞台中央绘制两个同心圆

(4) 在工具箱中选择颜料桶工具。执行“窗口”→“颜色”命令，打开“颜色”面板设置颜料桶工具的线性填充颜色：＃C12434—＃E76F7B—＃AC202E，如图 2-91 所示。使用颜料桶工具在两个圆形之间的位置单击，效果如图 2-92 所示。

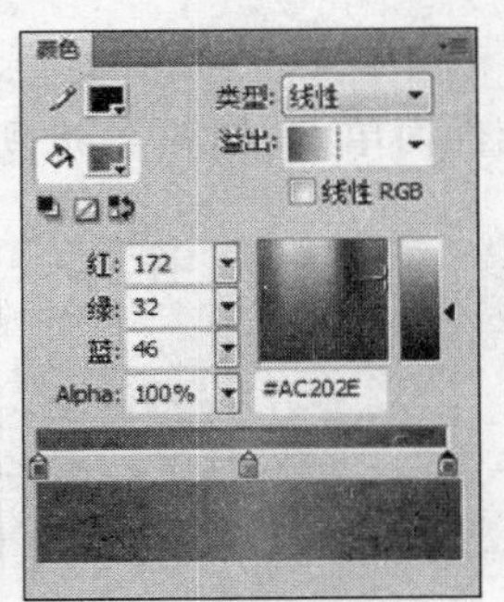

图 2-91 设置“颜色”面板

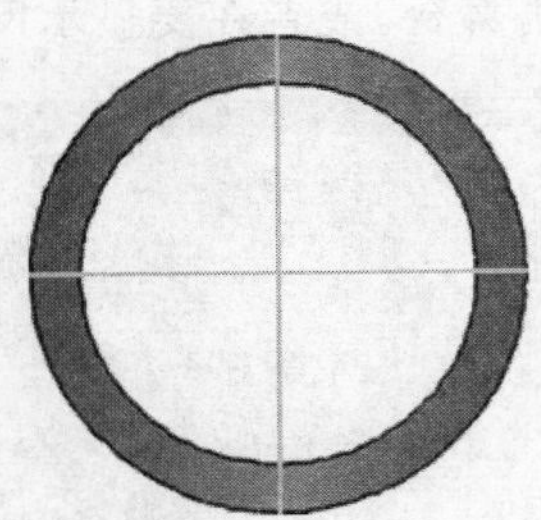

图 2-92 填充圆环颜色

(5) 在工具箱中选择颜料桶工具。在“颜色”面板中设置颜料桶工具的放射性填充颜色：＃0098C9—＃547586，如图 2-93 所示。并在小圆内单击，钟盘效果如图 2-94 所示。

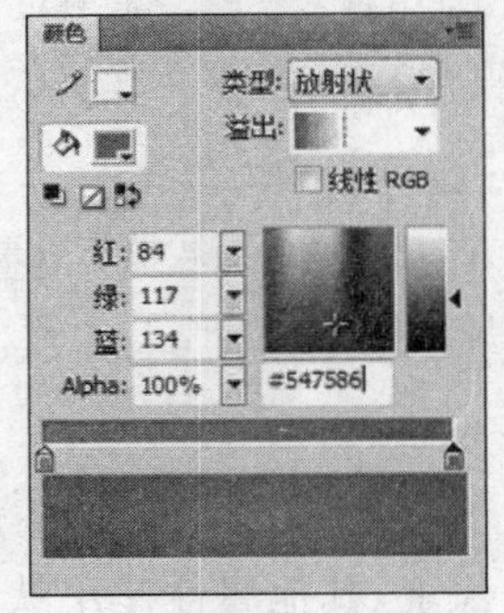

图 2-93 设置“颜色”面板

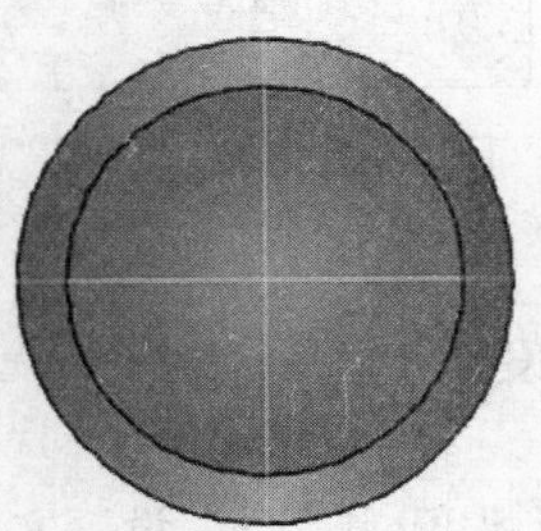

图 2-94 钟盘效果

（6）给“钟盘”图层加锁。新建一个名为“刻度”的图层。在工具箱中选择 Deco 绘画工具，在其“属性”面板中设置“绘制效果”为“对称刷子”，使用默认形状，颜色为白色，且设置为绕点旋转，如图 2-95 所示。使用 Deco 绘画工具在小圆与辅助线的任一交点处单击，如图 2-96 所示。

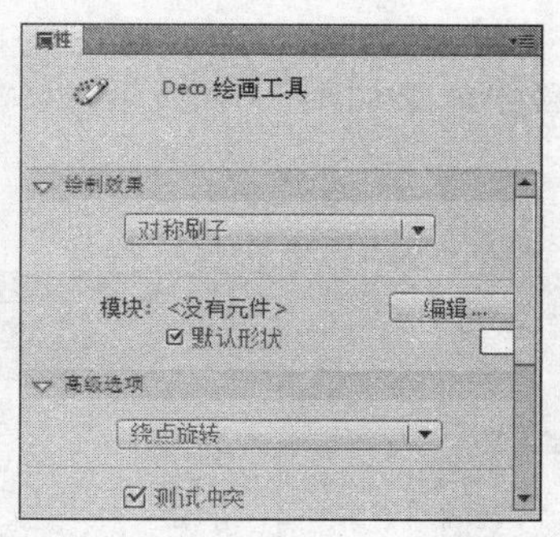

图 2-95　Deco 绘画工具属性设置

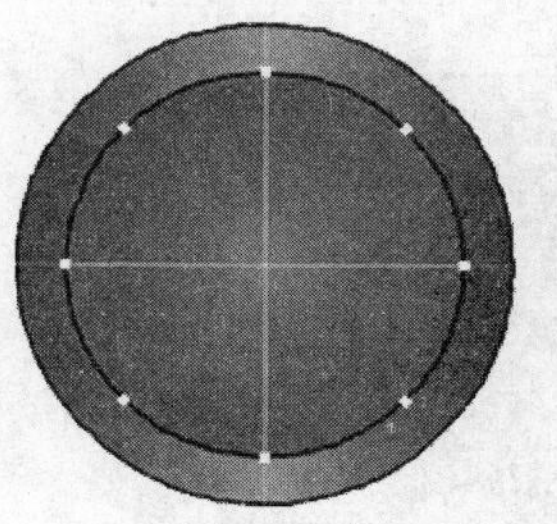

图 2-96　钟盘效果

（7）给“刻度”图层加锁。新建两个图层，分别为“时针”和“分针”。使用矩形工具在相应的位置绘制两个白色的矩形，分别作为时钟的时针和分针，效果如图 2-97 所示。分别给这两个图层加锁。

（8）新建一个名为“秒针”的图层。使用线条工具在相应位置绘制一条线作为时钟的秒针。在工具箱中选择墨水瓶工具，在“颜色”面板设置墨水瓶工具的线性填充颜色：#FF0000—#FFFFFF—#FF0000，并在线条上单击，效果如图 2-98 所示。

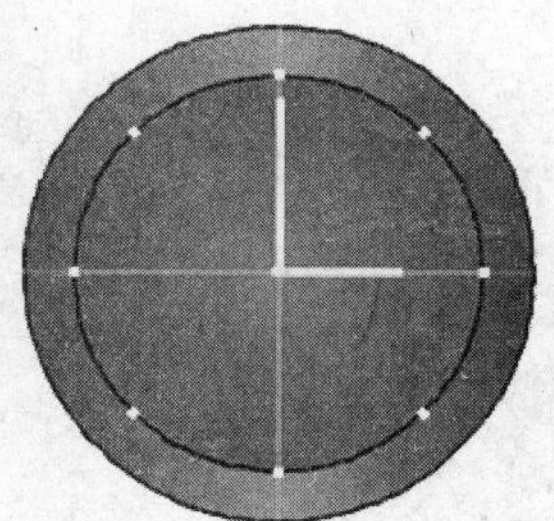

图 2-97　绘制时针和分针

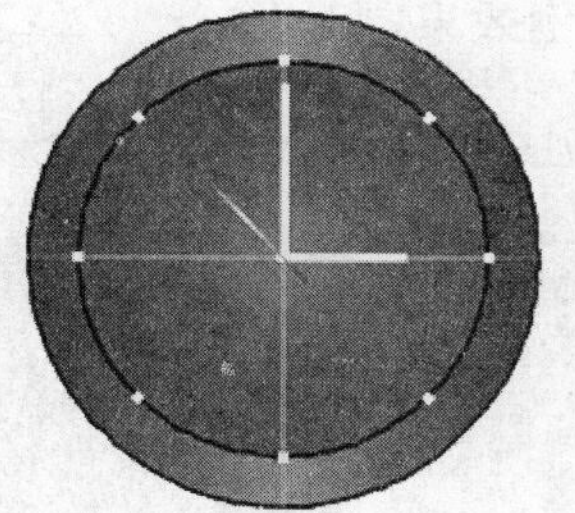

图 2-98　绘制秒针

（9）给“秒针”图层加锁，并将“时针”、“分针”和“秒针”三个图层隐藏。新建一个名为“心”的图层。在工具箱中选择钢笔工具，在两条辅助线的交点附近绘制一条封闭路径，如图 2-99 所示。在工具箱中选择转换锚点工具，在各个锚点上按住鼠标并拖曳，将转角点转换为平滑点，如图 2-100 所示。

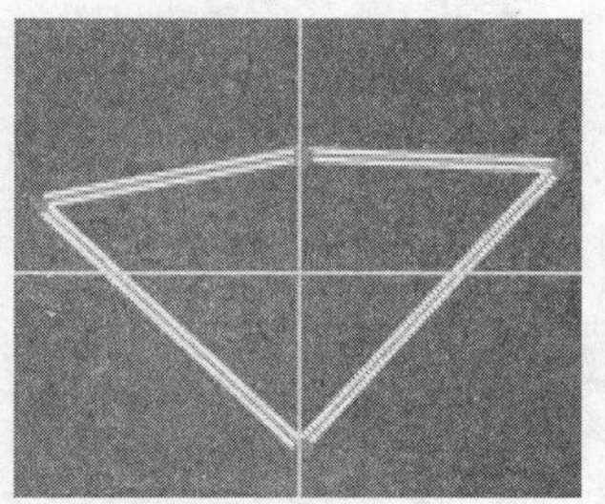

图 2-99　绘制一个封闭路径

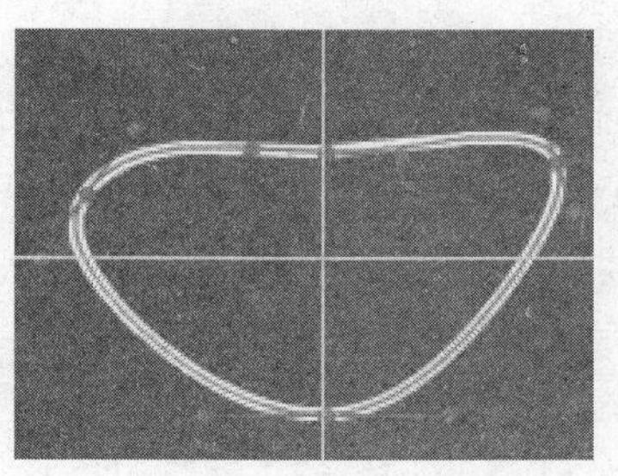

图 2-100　转角点转换为平滑点

(10) 在工具箱中选择部分选取工具，将各个平滑点上的方向线调整方向，使得封闭路径形成桃心形状，效果如图 2-101 所示。使用颜料桶工具将桃心形状填充成红色，并使用选择工具将桃心的线条选中，按 Delete 键将其删除，效果如图 2-102 所示。

(11) 显示所有图层。

(12) 保存文档。时间轴效果如图 2-103 所示。最终效果如图 2-70 所示。

图 2-101　调整方向线形成桃心形状

图 2-102　桃心效果

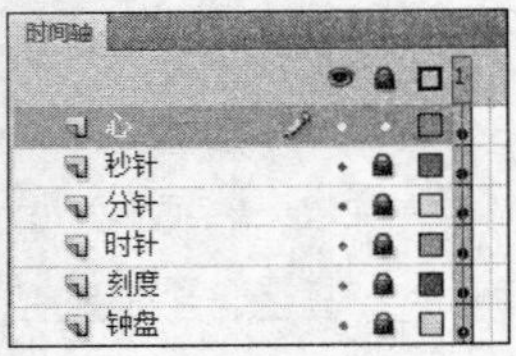

图 2-103　时间轴的图层顺序

2.3　拓展训练

2.3.1　案例 5　圣诞背景

1. 案例效果

本案例是实现一个圣诞背景效果，效果如图 2-104 所示。本案例包含的知识点有：

图 2-104　圣诞背景效果

- 线条工具、椭圆工具和多角星形工具。
- 颜料桶工具和刷子工具。
- Deco 绘画工具。
- 柔化填充边缘。
- 导入素材。

2. 设计过程

(1) 新建 Flash 文件,设置文档尺寸为 590 像素×300 像素,背景为灰色,其他属性使用默认值。

(2) 将时间轴上的"图层 1"重命名为"背景"。选择工具箱中的矩形工具,在舞台上绘制一个矩形覆盖舞台。

(3) 在工具箱中选择颜料桶工具。执行"窗口"→"颜色"命令,打开"颜色"面板,设置颜料桶工具的线性填充颜色:#DBF2F7—#2786C7—#0F286D,如图 2-105 所示。使用颜料桶工具在矩形上单击,效果如图 2-106 所示。

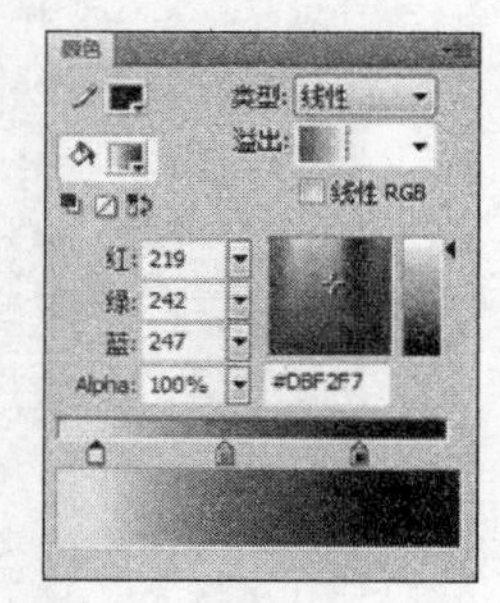

图 2-105　设置"颜色"面板

(4) 在工具箱中选择渐变变形工具,调整其控制点将矩形颜色变形,效果如图 2-107 所示。锁定"背景"图层。

图 2-106　使用颜料桶工具填充线性渐变

图 2-107　使用渐变变形工具调整线性渐变

(5) 执行"插入"→"新建元件"命令,创建一个名为"星星雪"的图形元件,"创建新元件"对话框如图 2-108 所示。确认后,进入"星星雪"的图形元件的编辑窗口。使用刷子工具和多角星形工具绘制图形,并使用任意变形工具旋转一些五角星的方向,效果参考如图 2-109 所示。

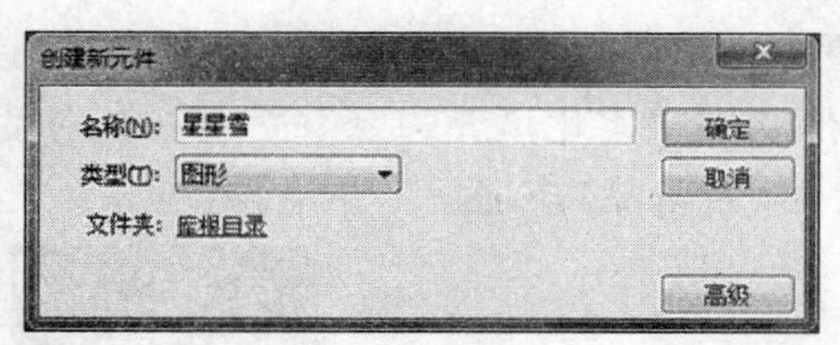

图 2-108　"创建新元件"对话框

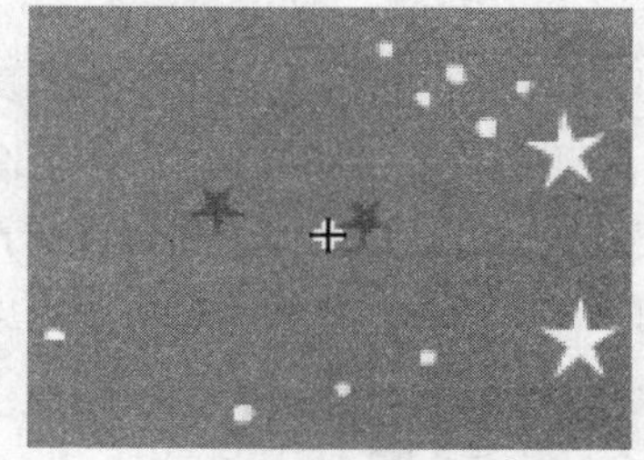

图 2-109　星星雪元件中的图形

(6) 返回场景 1。在时间轴上新建一个名为"雪天"的图层。在工具箱中选择 Deco 绘画工具,并在其"属性"面板中设置属性,如图 2-110 所示。注意适当地调整"图案缩放"属性。使用 Deco 绘画工具在舞台上单击,效果如图 2-111 所示。

(7) 给"雪天"图层加锁。新建一个名为"雪地"的图层。在工具箱中选择刷子工具,在舞台下方绘制雪地,效果如图 2-112 所示。

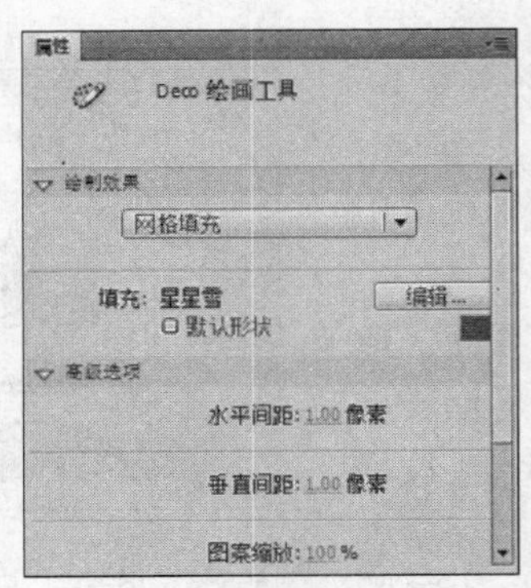

图 2-110　设置 Deco 绘画工具属性

图 2-111　使用 Deco 绘画工具网格填充

图 2-112　使用刷子工具绘制雪地

(8) 给“雪地”图层加锁。新建一个名为“星星”的图层。使用多角星形工具，在其“属性”面板中设置属性，如图 2-113 所示。在舞台的相应位置绘制一个五角星，并且使用铅笔工具绘制一条白色线条，效果如图 2-114 所示。

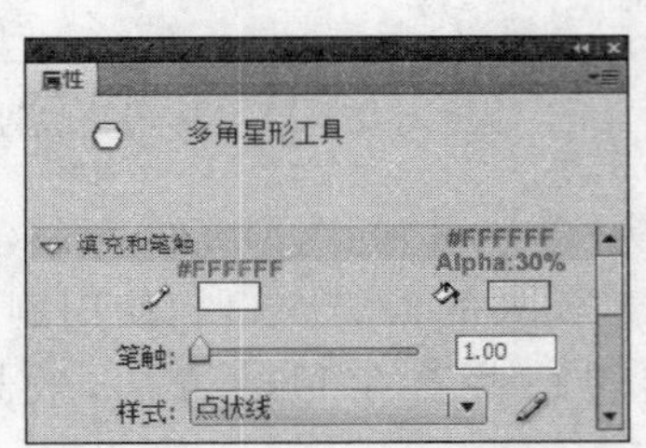

图 2-113　多角星形工具属性设置

图 2-114　第一个星星图形

(9) 在舞台上使用多角星形工具再绘制一个五角星。在“颜色”面板中设置线性填充颜色为＃FFFFFF—＃FFFFCC—＃B9EBEB，如图 2-115 所示，使用颜料桶工具给五角星设置此填充颜色。然后选中五角星，执行“修改”→“形状”→“柔化填充边缘”命令，在其对话框中设置如图 2-116 所示，使得五角星边缘有模糊效果，如图 2-117 所示。

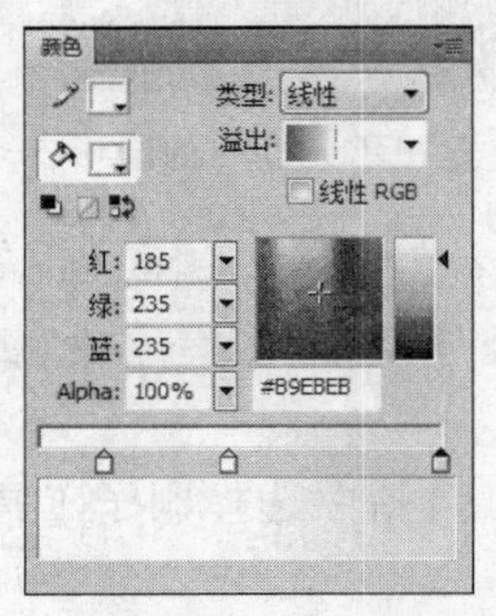

图 2-115　“线性渐变颜色”设置

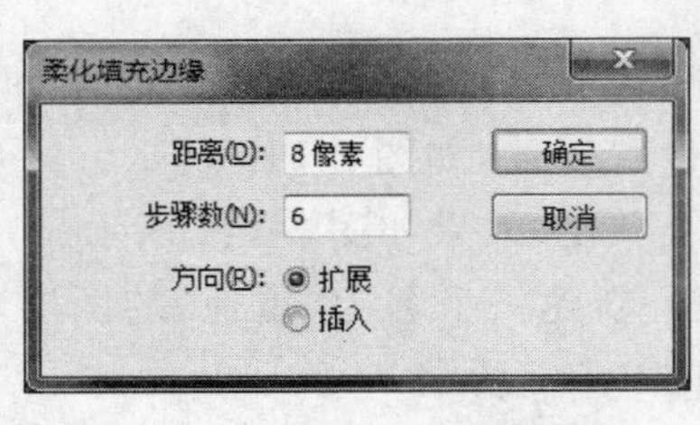

图 2-116　“柔化填充边缘”设置

图 2-117　第二个星星图形

(10) 给“星形”图层加锁。新建一个名为“月亮”的图层。在舞台上使用椭圆工具绘制一个白色圆形。选中该圆形,执行“修改”→“形状”→“柔化填充边缘”命令,在其对话框中设置如图 2-118 所示,使得圆形边缘有模糊效果如图 2-119 所示。

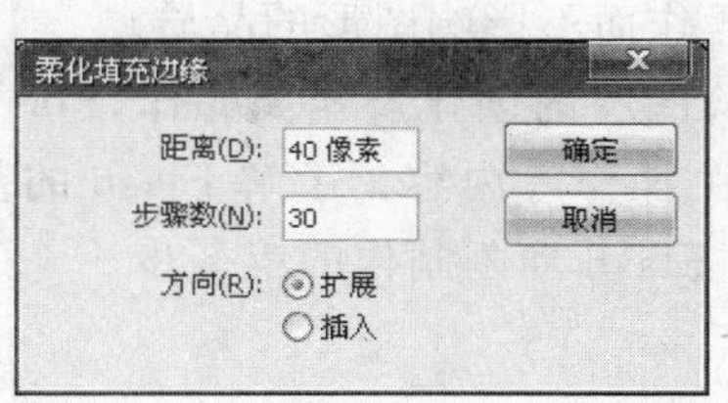

图 2-118 “柔化填充边缘”设置

图 2-119 月亮效果

(11) 给“月亮”图层加锁。新建一个名为“雪花”的图层。在舞台上使用多角星形工具和线条工具绘制雪花效果,如图 2-120 所示。并选中雪花图形,使用选择工具并按住 Alt 键拖曳出多个雪花对象放置在舞台上。使用颜料桶工具和任意变形工具调整各个雪花的 Alpha 值和方向,效果如图 2-121 所示。

图 2-120 雪花效果

图 2-121 舞台上雪花效果

(12) 给“雪花”图层加锁。新建一个名为“麋鹿”的图层。执行“文件”→“导入”→“导入到舞台”命令,将源文件中的“素材\第 2 章”目录中名为“麋鹿. png”的图片导入舞台中,并调整位置,如图 2-122 所示。

(13) 给“麋鹿”图层加锁。新建一个名为“字”的图层。在工具箱选择文本工具,在舞台上输入文本“Merry Christmas”,字体设置为 AlaskanNights,大小设置为 50 点。

(14) 保存文档。时间轴效果如图 2-123 所示,最终效果如图 2-104 所示。

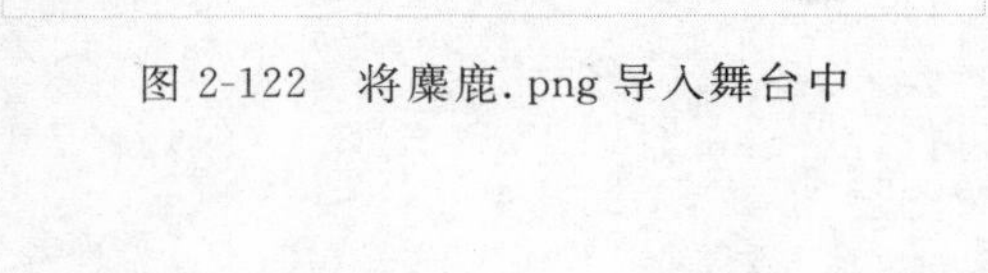

图 2-122 将麋鹿. png 导入舞台中

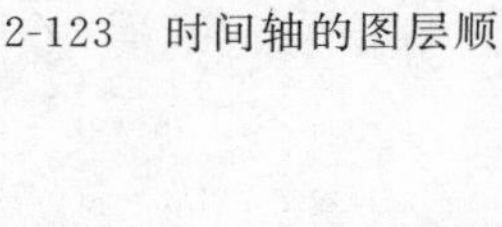

图 2-123 时间轴的图层顺序

2.4 本章小结

利用 Flash 中的绘制工具绘制素材是 Flash 动画素材的一个主要来源。绘制的图形是矢量图,可以对其进行移动、调整大小、更改颜色等操作而不影响图形的品质。

本章主要介绍了 Flash 中图形图像的基础知识、图层的创建及相关操作,Flash 绘制图形的主要工具的使用及其属性设置、编辑图形的相关操作等内容。了解 Flash 的基本绘图功能,初步掌握常用绘图工具的使用方法和技巧,是 Flash 动画制作的第一步。

第3章 文本的创建和编辑

文字是 Flash 影片中很重要的组成部分，一个完整而精彩的动画或多或少地需要一定的文字来修饰，而文字的表现形式又非常丰富，因此熟练使用文本工具也是掌握 Flash 的一个关键。Flash CS4 的文本工具可以创作出静止而漂亮的文字，也可以制作出激活和交互的文字，合理使用文本工具，可以增加 Flash 动画的整体完美效果，使动画显得更加丰富多彩。

3.1 案例6 彩图文字

3.1.1 案例效果

本案例是将一幅绚丽背景图像填充到文字的内部，文字轮廓线是红色，案例效果如图 3-1 所示。本案例包含的知识点有：

- 导入图片素材。
- 分离位图。
- 创建文本。
- 编辑文本。
- 文本属性的设置。
- 分离文本。
- 柔化填充边缘。

彩图文字

图 3-1 彩图文字效果

3.1.2 相关知识

1. 关于文本字段

Flash CS4 可以创建三种类型的文本字段：静态文本、动态文本和输入文本。一般情况下默认的是静态文本。

- 静态文本：显示不会动态更改字符的文本。
- 动态文本：显示动态更新的文本，如股票报价或天气预报。
- 输入文本：使用户可以在表单或调查表中输入文本。

三种文本创建后，在不被选中的情况下，文本的外观显示也有所不同，静态文本只显示文本内容，而动态文本和输入文本在显示文本内容的同时其外围呈现点状线框，如图 3-2 所示。

(a) 静态文本

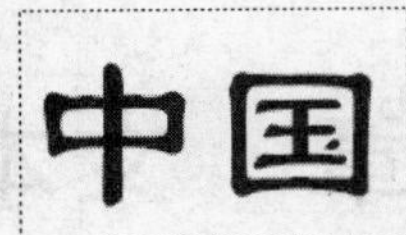

(b) 动态和输入文本

图 3-2　不同文本类型的外观

用户可以在 Flash 中创建水平文本（从左到右）或垂直文本（从右到左或从左到右）。默认情况下，文本以水平方向创建。

创建静态文本时，可以将文本放在单独的一行中，该行会随着用户输入的文本而扩展，也可以将文本放在定宽字段（适用于水平文本）或定高字段（适用于垂直文本）中，这些字段会自动扩展并自动换行。在创建动态文本或输入文本时，用户可以将文本放在单独的一行中，也可以创建定宽和定高的文本字段。

Flash 在文本字段的一角显示一个手柄，用于标识该文本字段的类型。

- 对于扩展的静态水平文本，会在该文本字段的右上角出现一个圆形手柄，如图 3-3 所示。
- 对于具有固定宽度的静态水平文本，会在该文本字段的右上角出现一个方形手柄，如图 3-4 所示。
- 对于文本流向为从右到左并且扩展的静态垂直文本，会在该文本字段的左下角出现一个圆形手柄，如图 3-5 所示。
- 对于文本流向为从右到左并且高度固定的静态垂直文本，会在该文本字段的左下角出现一个方形手柄，如图 3-6 所示。

图 3-3　可扩展的静态水平文本

图 3-4　固定宽度的静态水平文本

图 3-5　从右到左可扩展的静态垂直文本

图 3-6　从右到左高度固定的静态垂直文本

- 对于文本流向为从左到右并且扩展的静态垂直文本，会在该文本字段的右下角出现一个圆形手柄。
- 对于文本流向为从左到右并且高度固定的静态垂直文本，会在该文本字段的右下角出现一个方形手柄。
- 对于扩展的动态或输入文本字段，会在该文本字段的右下角出现一个圆形手柄。

◆ 对于具有定义的高度和宽度的动态或输入文本，会在该文本字段的右下角出现一个方形手柄，如图 3-7 所示。

◆ 对于动态可滚动文本字段，圆形或方形手柄会变成实心黑块而不是空心手柄，如图 3-8 所示。

图 3-7　固定高度和宽度的动态或输入文本

图 3-8　动态可滚动文本

2. 创建和编辑文本字段

1）向舞台中添加文本

（1）单击工具箱中的文本工具按钮 T 后，即可打开文本工具的“属性”面板，如图 3-9 所示。

（2）在文本工具的“属性”面板中，从弹出的菜单中选择一种文本类型来指定文本字段的类型，如图 3-10 所示。

（3）在“属性”面板中，单击“改变文本方向”下拉列表框，然后选择一种文本方向和流向，如图 3-11 所示。（仅限静态文本，默认设置为“水平”。）

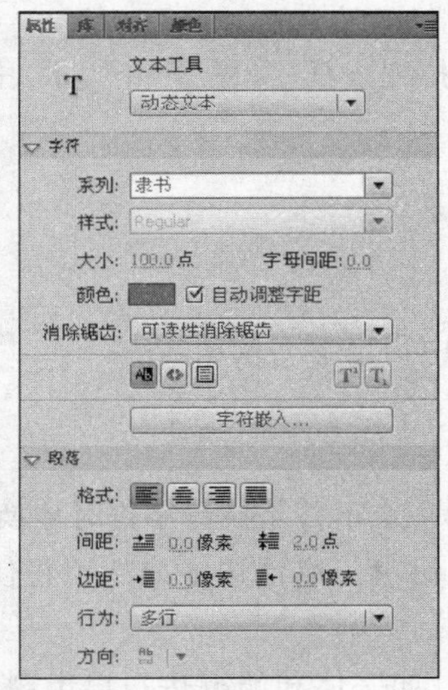

图 3-9　文本工具的“属性”面板

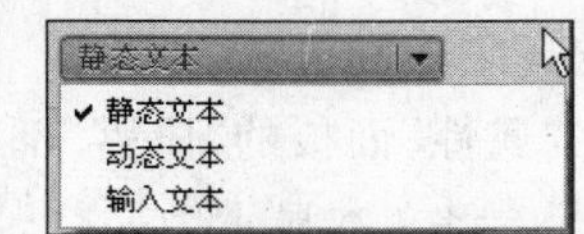

图 3-10　文本类型下拉列表框

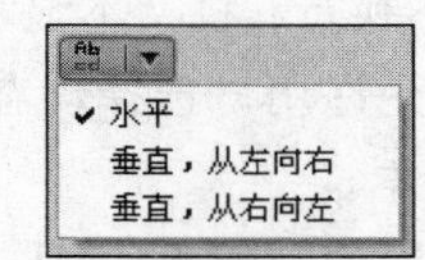

图 3-11　文本方向快捷菜单

（4）在舞台上，执行下列操作之一：

① 单击文本的起始位置，可以创建在一行中显示文本的文本字段。

② 将指针放在文本的起始位置，然后拖到所需的宽度或高度，可以创建定宽（对于水平文本）或定高（对于垂直文本）的文本字段。

（5）在文本工具的“属性”面板中选择文本属性。

选中文本后，会出现一个蓝色边框，用户可以通过拖动其中一个手柄来调整文本字段的

大小。静态文本字段有 4 个手柄，使用它们可沿水平方向调整文本字段的大小，如图 3-12 所示。动态文本字段有 8 个手柄，使用它们可沿垂直、水平或对角线方向调整文本字段的大小，如图 3-13 所示。

图 3-12 静态文本调整手柄

图 3-13 动态文本调整手柄

2）选择文本字段中的字符

(1) 选择文本工具T。

(2) 执行下列操作之一：

① 通过拖动选择字符。

② 双击选择一个单词。

③ 单击指定选定内容的开头，然后按住 Shift 键单击指定选定内容的末尾。

④ 按 Ctrl＋A 快捷键选中字段中的所有文本。

3）选择文本字段

使用选择工具选择一个文本字段。按住 Shift 键并单击可选择多个文本字段。

4）设置动态和输入文本选项

(1) 在一个现有动态文本字段中单击。

(2) 在文本工具的"属性"面板中，确保文本类型下拉列表框（如图 3-10 所示）中选中了"动态"或"输入"。

(3) 输入文本字段的实例名。

(4) 指定文本的高度、宽度和位置。

(5) 选择字体和样式。

(6) 在"属性"面板的"段落"部分中，从"行为"菜单中指定下列选项之一。

① 单行：将文本显示为一行。

② 多行：将文本显示为多行。

③ 多行不换行：将文本显示为多行，并且仅当最后一个字符是换行字符时才换行。

(7) 若要允许用户选择动态文本，可单击"可选"按钮。取消选中此选项将使用户无法选择动态文本。

(8) 若要用适当的 HTML 标签保留丰富文本格式（如字体和超链接），单击"将文本呈现为 HTML"按钮。

(9) 若要为文本字段显示黑色边框和白色背景，单击"在文本周围显示边框"按钮。

(10) 单击"字符嵌入"按钮，选择嵌入的字体轮廓选项。

① 不嵌入：指定不嵌入字体。

② 自动填充：单击"自动填充"按钮以嵌入选定文本字段中的所有字符。

5）为垂直文本设置首选参数

(1) 执行"编辑"→"首选参数"命令，然后在"首选参数"对话框中选择"文本"类别。

(2) 在“垂直文本”下,设置下列任意选项。

① 默认文本方向:自动将新的文本字段设置为垂直方向。

② 从右至左的文本流向:使垂直文本行按从右至左的方向填充页面。

③ 不调整字距:不对垂直文本应用字距微调。(字距微调依然可用于水平文本。)

6) 分离文本

分离文本,可以将每个字符放在单独的文本字段中。然后可以快速地将文本字段分布到不同的图层,并使每个字段具有动画效果。(不能分离可滚动文本字段中的文本。)

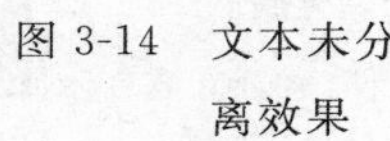

图 3-14　文本未分离效果

(1) 使用选择工具选中一个文本字段,如图 3-14 所示。

(2) 执行“修改”→“分离”命令(快捷键为 Ctrl+B),选定文本中的每个字符都会放入一个单独的文本字段中,文本在舞台上的位置保持不变,如图 3-15 所示。

(3) 再次执行“修改”→“分离”命令,将舞台上的字符转换为形状,如图 3-16 所示。

7) 将水平文本链接到 URL

(1) 选择文本或文本字段。

① 使用文本工具T选择文本字段中的文本。

② 要链接文本字段中的所有文本,使用选择工具选择文本字段。

(2) 在“属性”面板的“选项”部分的“链接”文本字段中,输入文本字段要链接到的 URL,如图 3-17 所示。

图 3-15　文本执行第 1 次分离命令后效果

图 3-16　文本执行第 2 次分离命令后效果

图 3-17　将水平文本链接到 URL

注意:要创建指向电子邮件地址的链接,应使用 mailto:URL。例如,输入 mailto:adamsmith@example.com。

3. 替换缺少的字体

如果使用的文档包含系统上未安装的字体,Flash 会使用系统上可用的字体。用户可以选择用系统已安装的字体来替换缺少的字体,也可以用 Flash 系统设定的默认字体来替换缺少的字体。

1) 指定字体替换

当出现缺少字体的情况时,将会弹出“字体映射”对话框(见图 3-18),用户可根据实际情

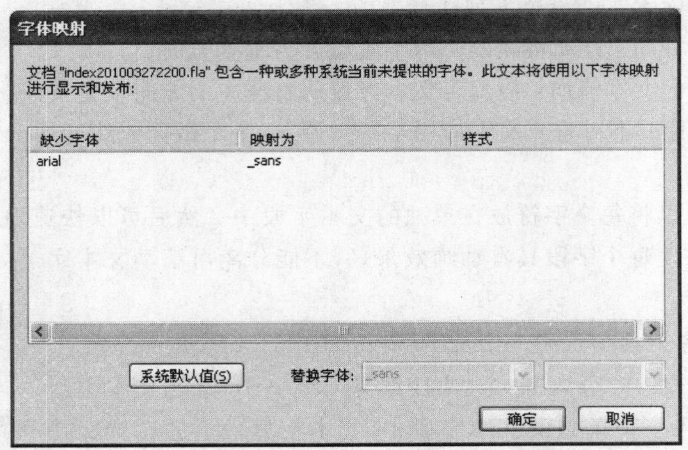

图 3-18 "字体映射"对话框

况,执行下列操作之一:

(1) 单击"系统默认值"按钮,使用 Flash 系统默认字体来替换所有缺少的字体。

(2) 单击"缺少字体"列中的某种字体,从"替换字体"下拉列表框中选择一种字体。

2) 查看文档中所有缺少的字体并重新选择替换字体

(1) 在 Flash 中激活文档后,执行"编辑"→"字体映射"命令,打开"字体映射"对话框。

(2) 单击"缺少字体"列中的一种字体来选中它。按住 Shift 键单击选择多种缺少的字体,将它们全部映射为同一种替换字体。在用户选择替换字体之前,默认替换字体会一直显示在"映射为"列中。

(3) 从"替换字体"下拉列表框中选择一种字体。

(4) 对所有缺少的字体重复步骤(2)和步骤(3)。

3) 查看或删除字体映射

(1) 关闭 Flash 中的所有文档。

(2) 执行"编辑"→"字体映射"命令。

(3) 选定某项字体映射后,按 Delete 键,可删除该字体映射。

4. 设置文本属性

1) 关于文本属性

用户可以设置文本的字体和段落属性。字体属性包括字体系列、磅值、样式、颜色、字母间距、自动字距微调和字符位置。段落属性包括对齐、边距、缩进和行距。

2) 设置字体、磅值、样式和颜色

(1) 使用选择工具 选择舞台上的一个或多个文本字段。

(2) 在文本工具的"属性"面板中,从"系列"下拉列表框中选择一种字体,或者输入字体名称。

注意：_sans、_serif、_typewriter 和设备字体只能用于静态水平文本。

(3) 输入字体大小的值。

(4) 若要应用粗体或斜体样式，可从“样式”菜单中选择样式。

(5) 从“消除锯齿”下拉列表框中选择一种字体呈现方法以优化文本。

(6) 若要选择文本的填充颜色，可执行下列操作之一：

① 打开“属性”面板的“字符”选项，从“颜色”弹出框中选择颜色，如图 3-19 所示。

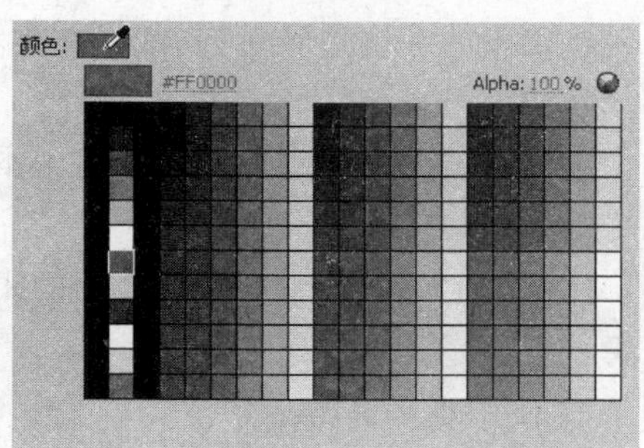

图 3-19　“颜色”弹出框

② 打开“属性”面板的“字符”选项，在“颜色”弹出框左上角的框中输入颜色的十六进制值，如图 3-20 所示。

③ 打开“颜色”面板，然后从系统颜色选择器中选择一种颜色，如图 3-21 所示。（设置文本颜色时，只能使用纯色，而不能使用渐变。要对文本应用渐变，应分离文本，将文本转换为组成它的线条和填充。）

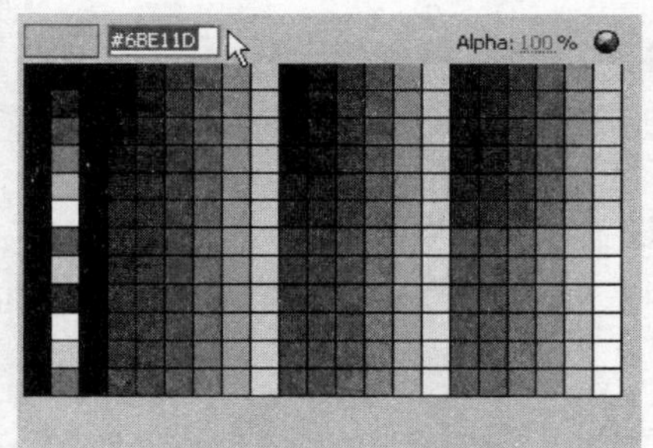

图 3-20　输入十六进制值

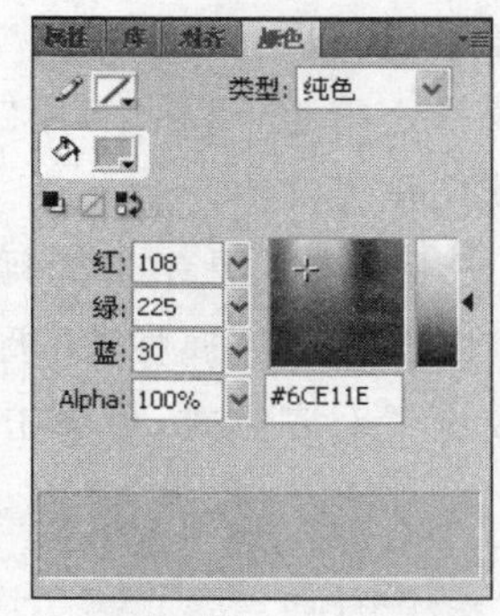

图 3-21　颜色选择器

3）设置字母间距、字距微调和字符位置

字母间距功能会在字符之间插入统一数量的空格。使用字母间距可以调整选定字符或整个文本块的间距。

字距微调控制字符对之间的距离。许多字符都有内置的字距微调信息。例如，A 和 V 之间的距离通常比 A 和 D 之间的距离短。

(1) 使用文本工具 T 选择舞台上一个或多个句子、短语或文本字段。

(2) 在文本工具“属性”面板的“字符”部分，设置以下选项。

① 若要指定字母间距（间距和字距调整），可在“字母间距”字段中输入值。

② 若要使用字体的内置字距调整信息，可选中“自动调整字距”。

③ 若要指定上标或下标字符位置，可“切换上标”按钮 T' 或“切换下标”按钮 T,。默认位置是“正常”。“正常”将文本放置在基线上，“上标”将文本放置在基线之上（水平文本）或基线的右侧（垂直文本），“下标”将文本放置在基线之下（水平文本）或基线的左侧（垂

直文本)。

4) 设置对齐、边距、缩进和行距

对齐方式决定了段落中的每行文本相对于文本字段边缘的位置。水平文本相对于文本字段的左侧和右侧边缘对齐,垂直文本相对于文本字段的顶部和底部边缘对齐。文本可以与文本字段的一侧边缘对齐,或者在文本字段中居中对齐,或者与文本字段的两侧边缘对齐(两端对齐)。

边距决定了文本字段的边框与文本之间的间隔量。缩进决定了段落边界与首行开头之间的距离。

行距决定了段落中相邻行之间的距离。对于垂直文本,行距将调整各个垂直列之间的距离。

5) 使用水平文本

(1) 使用文本工具T选择舞台上的一个或多个文本字段。

(2) 在文本工具"属性"面板的"段落"部分,设置以下选项。

① 要设置对齐方式,可单击"左对齐"、"居中"、"右对齐"或"两端对齐"按钮,如图 3-22 所示。

② 要设置左边距或右边距,可在"边距"文本字段中输入值。

③ 要指定缩进,可在"缩进"文本字段中输入值。

④ 要指定行距,可在"行距"文本字段中输入值。

6) 使用垂直文本

(1) 使用文本工具T选择舞台上的一个或多个文本字段。

(2) 在文本工具"属性"面板的"段落"部分,设置以下选项。

① 要设置对齐方式,可单击"上对齐"、"居中"、"下对齐"或"两端对齐"按钮,如图 3-23 所示。

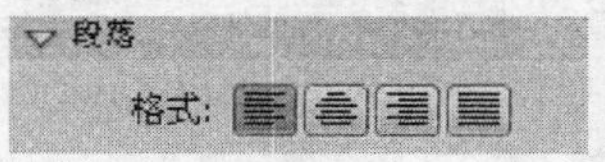

图 3-22 水平文本对齐方式

图 3-23 垂直文本对齐方式

② 要设置上边距或下边距,可在"边距"字段中输入值。

③ 要指定缩进,可在"缩进"文本字段中输入值。

④ 要指定行距,可在"行距"文本字段中输入值。

3.1.3 设计过程

(1) 新建 Flash 文件,设置文档尺寸为 410 像素×110 像素,执行"文件"→"导入"→"导入到舞台"命令,将源文件中的"素材\第 3 章"目录中名为"炫彩背景.jpg"的图片导入舞台中。

(2) 调整图片的位置,使其相对于舞台水平、垂直居中对齐,如图 3-24 所示。

图 3-24　导入"炫彩背景.jpg"到舞台

(3) 按 Ctrl+B 快捷键把图片打散。

(4) 选择工具栏文字工具 T ,将文本工具"属性"面板中的"字符"选项区中的"系列"设置为"隶书","大小"设置为"100 磅","颜色"设置为"红色",如图 3-25 所示;在工作区中单击,然后输入文字"彩图文字",如图 3-26 所示。

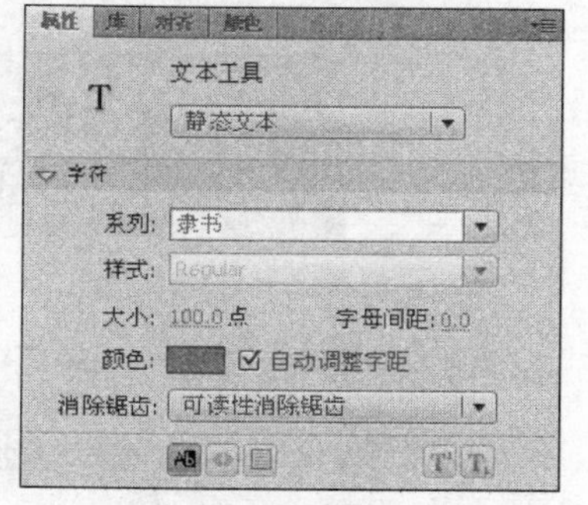

图 3-25　文本工具"属性"面板中的"字符"选项区

(5) 使用选择工具 ,把文字移动到舞台工作区的上方,如图 3-27 所示。

(6) 执行两次 Ctrl+B 快捷键,将文字两次打散。

(7) 执行"修改"→"形状"→"柔化填充边缘"命令,弹出"柔化填充边缘"对话框,"距离"设置为"5 像素","步骤数"设置为"4","方向"设置为"扩展",参数如图 3-28 所示。

(8) 单击"确定"按钮,这时文字的周围出现柔化的边框,如图 3-29 所示。

(9) 使用选择工具 在舞台的空白处单击,取消对文字的选择。按住 Shift 键,依次单击文字中的填充部分,将它们全部选中,按 Delete 键,将文字填充部分删除,此时文字只剩下柔化边框,如图 3-30 所示。

(10) 使用选择工具 将文字全部选中,再将它们拖到图片中,如图 3-31 所示。

(11) 按住 Shift 键,单击文字外的部分,将它们全部选中,按 Delete 键,将选中的图片删除,得到彩图文字,最终效果如图 3-32 所示。

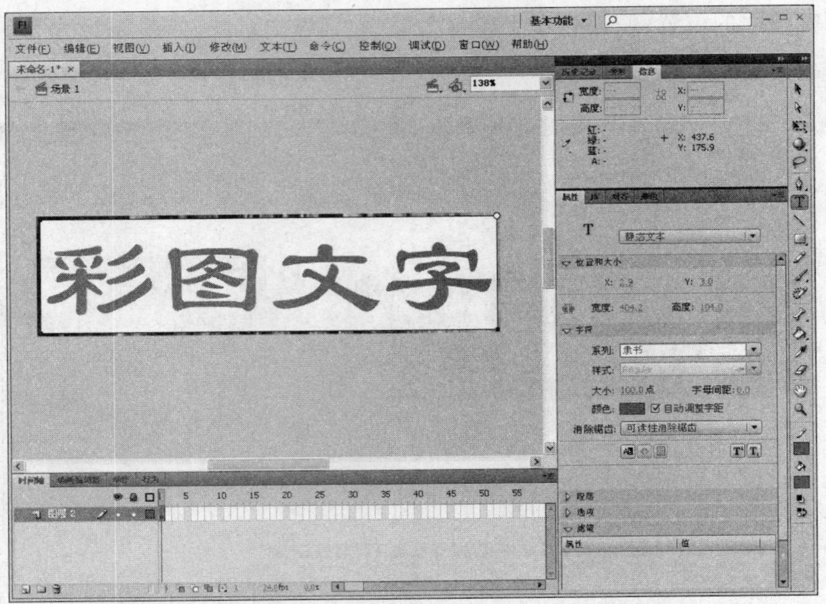

图 3-26 输入文字“彩图文字”

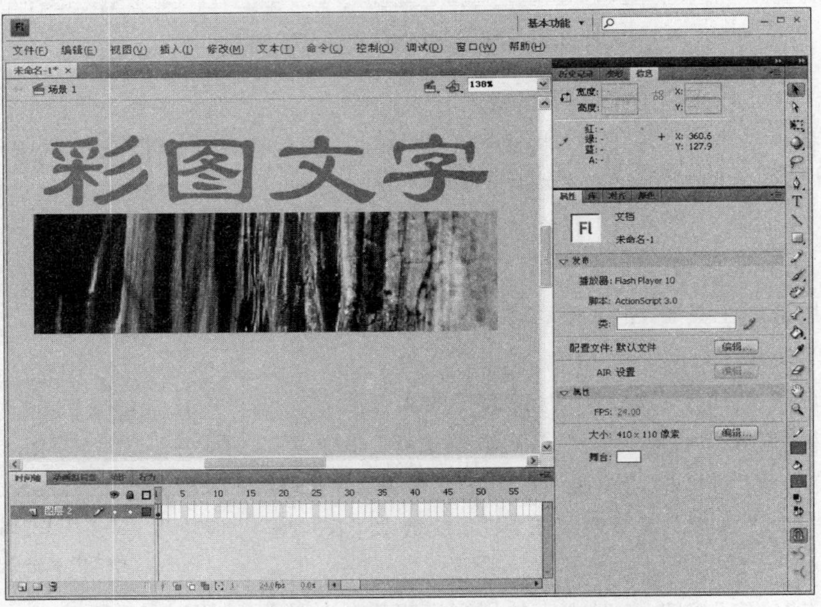

图 3-27 把文字移动到舞台工作区的上方

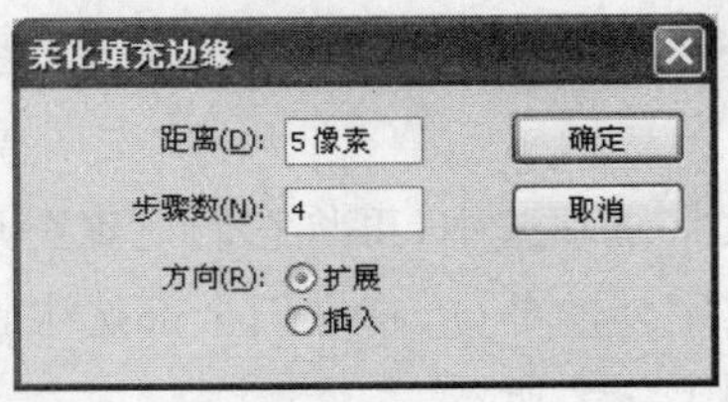

图 3-28 “柔化填充边缘”设置对话框

图 3-29　“柔化填充边缘”后的文字效果

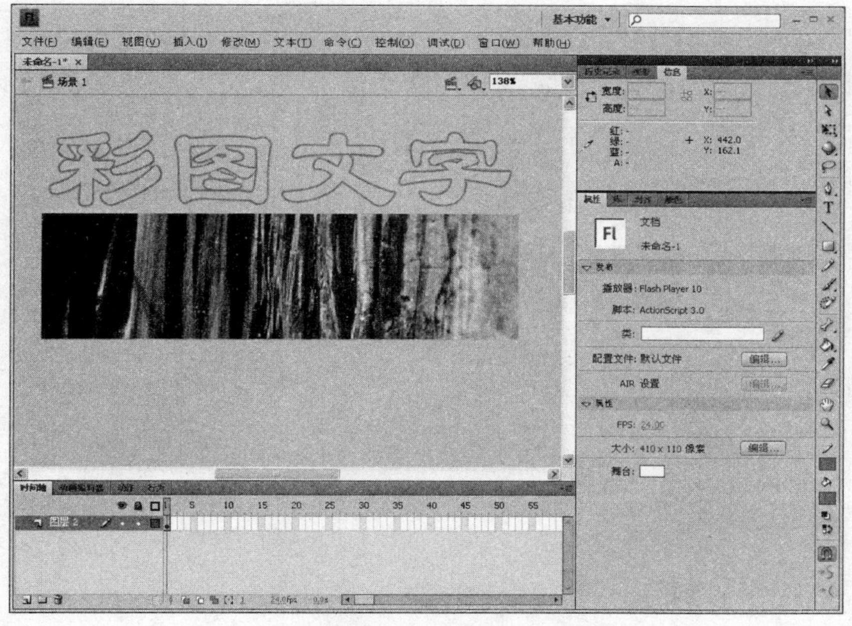

图 3-30　将文字填充部分删除后的效果

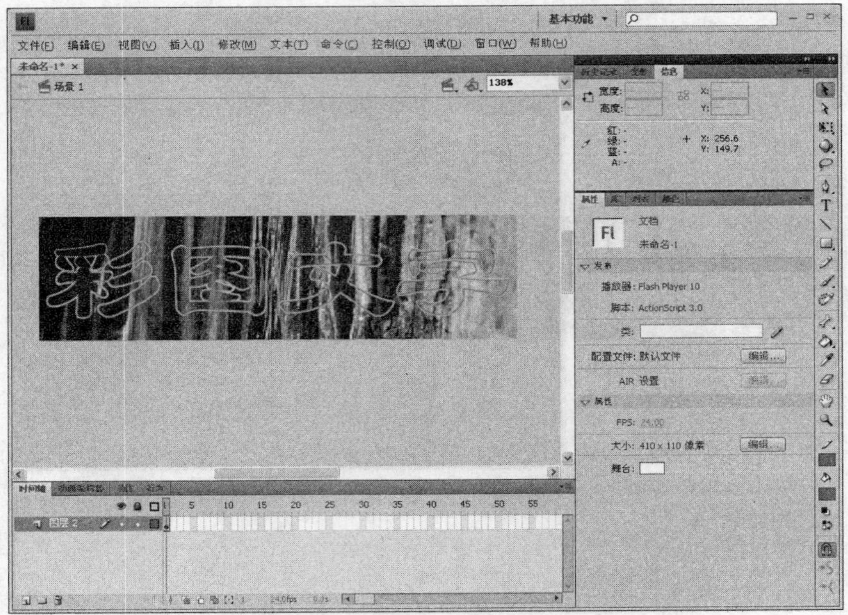

图 3-31　将文字柔化边框拖到图片中

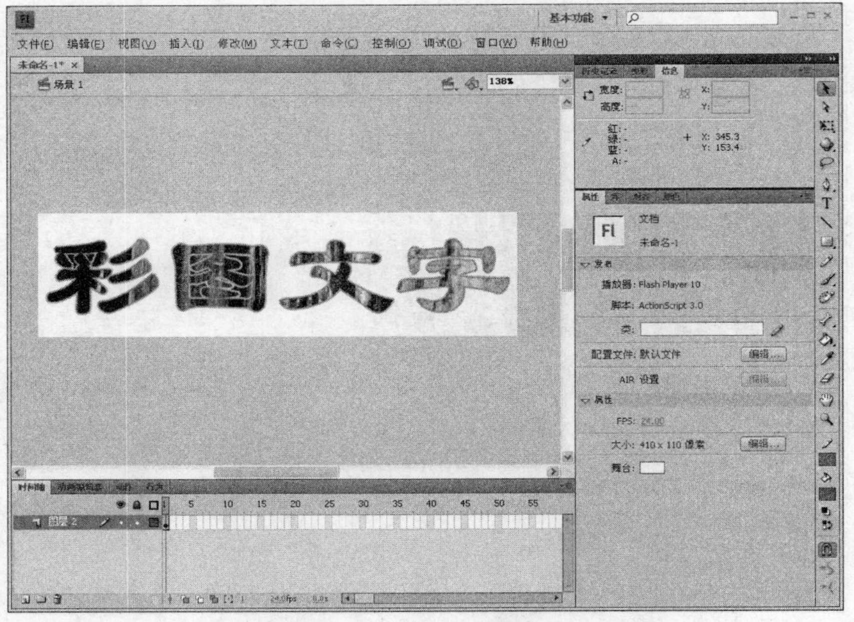

图 3-32　彩图文字最终效果

3.2　拓展训练

3.2.1　案例 7　制作空心外框文字

1. 案例效果

本案例是实现漂亮的空心外框文字效果，要求文字和外框之间是空的，效果如图 3-33 所示。本案例包含的知识点有：

- 创建文字。
- 设置文字属性。
- 分离文字。
- 描边。
- 将线条转换为填充。

图 3-33　空心外框文字效果

2. 设计过程

(1) 新建 Flash 文件，设置文档尺寸为 350 像素×120 像素。

(2) 选择工具栏文字工具 T，将文本工具“属性”面板中的“字符”选项区中的“系列”设置为“隶书”，“大小”设置为“80 点”，“颜色”设置为“蓝色”，如图 3-34 所示；在工作区中单击，然后输入文字“空心外框”。

(3) 将文字执行两次 Ctrl＋B 快捷键，将文字打散成形状。

(4) 选择墨水瓶工具，将笔触的厚度设置为 2.5，颜色设置与文字颜色不同，在这里使用黑色，如图 3-35 所示。单击文字边缘，可以看到文字被描上了一道边，如图 3-36 所示。

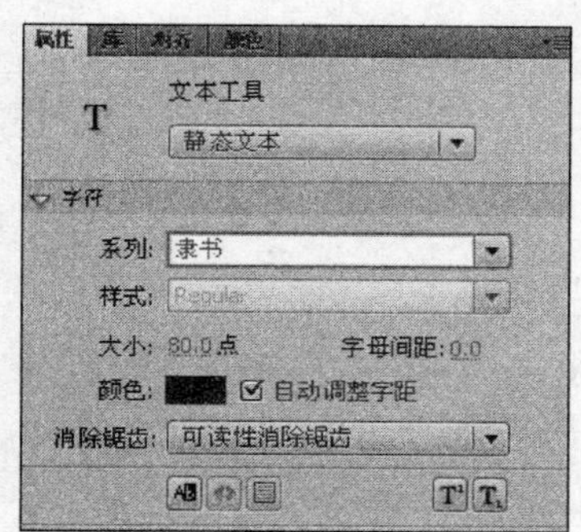

图 3-34　文本工具“属性”面板中的“字符”选项区

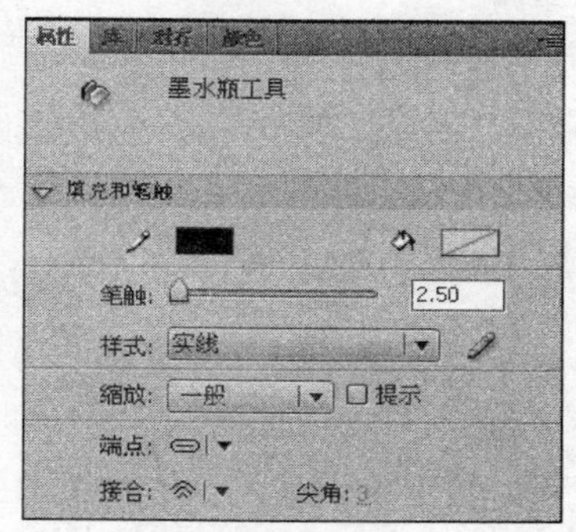

图 3-35　墨水瓶工具“属性”面板设置

(5) 用鼠标选中新描的边，如图 3-37 所示，再执行“修改”→“形状”→“将线条转换为填充”命令，转换线条为填充。

(6) 再选择墨水瓶工具，选择和文字相同的颜色，给文字重新描边，如图 3-38 所示。

(7) 选择黑色的线条，按 Delete 键删除所选内容，如图 3-39 所示。

图 3-36 给文字描边

图 3-37 选中新描的边

图 3-38 给文字重新描边

图 3-39 删除所选内容

3.3 本章小结

本章主要介绍了文本工具的使用及其属性设置、字符映射的创建及编辑，以及介绍了系统缺少字体的替换方法等内容。修改文本属性的操作，可以在输入文本前修改，也可以在输入完成之后再进行修改。在后面的学习中，还将详细介绍如何创建文本动画、为文本添加滤镜效果等内容，使 Flash 动画更加丰富生动。

第4章　导入外部对象和基本动画的制作

Flash 有强大的文件导入功能，为用户使用各种素材提供了广阔的选择空间，在 Flash 中可以方便地导入多种格式的文件，如位图、声音、视频等并将它们应用到动画制作中，使得 Flash 的动画作品更加绘声绘色。

Flash 在基本动画有逐帧动画、形状补间动画、动作补间动画三种类型，使用这三种动画可以演绎出千变万化的动画效果。

4.1　案例 8　蝴蝶飞飞

4.1.1　案例效果

本案例是伴随着“蝴蝶飞飞”的音乐声，一只粉红色的蝴蝶在白色的荷花中扇动着翅膀，案例效果如图 4-1 所示。本案例包含的知识点有：

◆ 导入图像文件。
◆ 设置图片属性。
◆ 导入序列图片。
◆ 编辑多个帧。
◆ 修改绘图纸标记。
◆ 以导入序列图的方式创建逐帧动画。
◆ 导入声音文件。
◆ 声音属性的设置。

图 4-1　蝴蝶飞飞效果

4.1.2　相关知识

1. 元件、实例和库

Flash CS4 可导入和创建多种资源来填充 Flash 文档，这些资源在 Flash 中作为元件、实例和库资源进行管理，在使用这些资源的时候能方便地调用。

◆ 元件：指在 Flash 创作环境中创建的图形、按钮或影片剪辑。创建的任何元件都会自动成为当前文档的库的一部分，元件只需创建一次，就可以在整个文档或其他文档中重复使用。

- 实例：指位于舞台上或嵌套在另一个元件内的元件副本。实例可以与它的元件在颜色、大小和功能上有差别。编辑元件会更新它的所有实例，但对元件的一个实例应用效果则只更新该实例。

元件的类型可以分为三类。

- 图形元件：这是可反复使用的图形，它构成动画主时间轴上的内容。图形元件是含一帧的静止图片，是制作动画的基本元素之一，但它不能添加交互行为和声音控制。
- 按钮元件：用于创建动画的交互控制按钮，以响应鼠标事件（如单击、释放和滑过等）。按钮有四个状态，“弹起”（表示鼠标指针没有移到按钮之上时的状态）、“鼠标经过”（表示鼠标指针移到按钮上面，但没有单击时的状态）、“按下”（鼠标单击按钮时按钮的状态）、“单击”（在此状态下可以定义鼠标事件响应的范围和鼠标事件的动作）。
- 影片剪辑：这是构成 Flash 动画的一个片段，它能独立于主动画进行播放，它又是主动画的一个组成部分，当播放主动画时，影片元件也在循环播放。

2. 导入外部素材

Flash 可以导入的外部素材类型有：矢量图形、位图图像、视频和声音等。主要格式如下。

- 图形格式：.esp、.ai、.bmp、.dip、.gif、.jpg、.jpeg、.png 等。
- 声音格式：.asnd、.wav（仅限 Windows）、.aiff（仅限 Macintosh）、.mp3（仅限 Windows 或 Macintosh）。
- 视频格式：若要将视频导入 Flash 中，必须使用 FLV 格式或 F4V 格式，如果操作系统安装了 QuickTime 6 或更高版本，或安装了 DirectX 9.0C 或更高版本，则可以导入各种文件格式的嵌入视频剪辑。包括 MOV、AVI 和 MPG/MPEG 等格式。

导入外部素材，可执行“文件”→“导入”→“导入到舞台”（或“导入到库”）命令，选择需要导入的外部素材，即可将素材导入舞台或 Flash 的资源库中，如图 4-2 和图 4-3 所示。

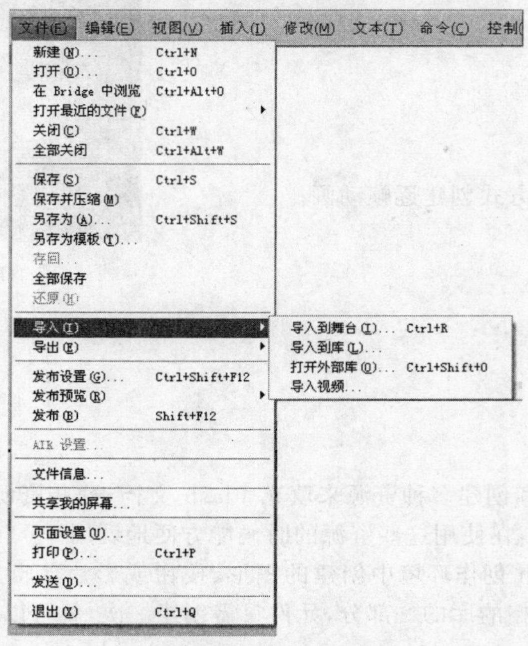

图 4-2 “导入”命令

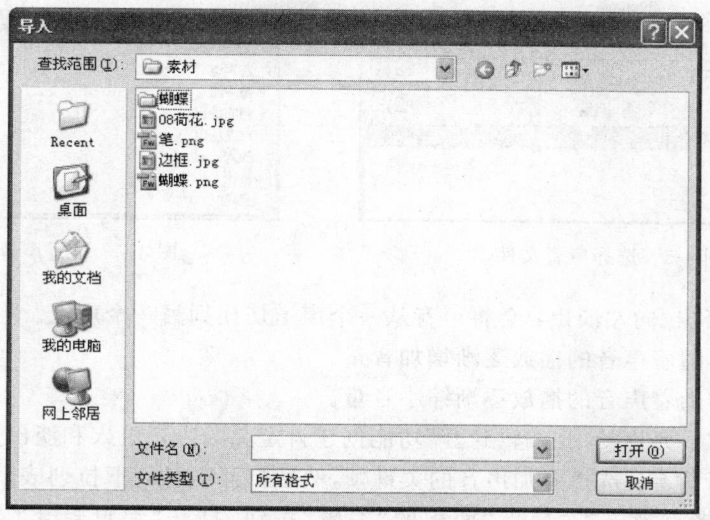

图 4-3 “导入”对话框

3. 位图属性的设置

在 Flash 舞台上选中位图实例，可在“属性”面板中设置位图的属性，如图 4-4 所示。

- 编辑：单击“编辑”按钮，可调用图形图像处理软件如 Fireworks、Photoshop 等对位图进行编辑。
- 交换：可将当前选中的位图实例替换成指定的位图实例。
- 位置和大小：可改变位图在舞台上的位置和大小。

4. 声音属性的设置

在时间轴上选择“声音”图层，可在声音“属性”面板中设置声音的属性，如图 4-5 所示。

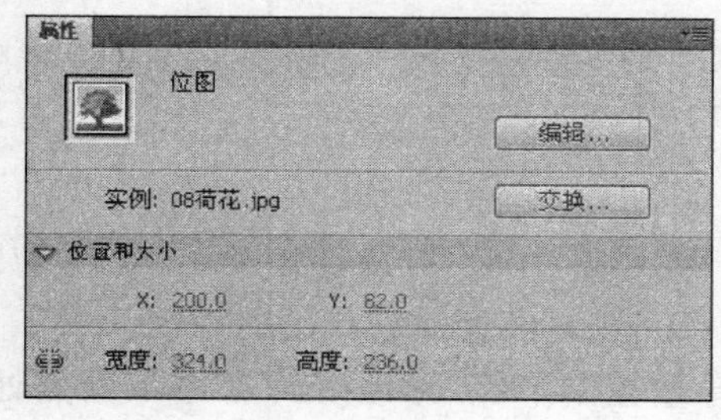

图 4-4 位图属性设置

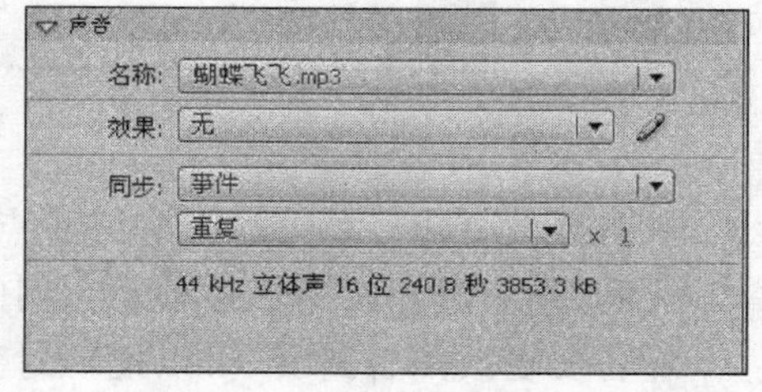

图 4-5 声音属性设置

- 选择声音文件：从“名称”下拉列表框中可以选择或改变播放的声音文件，如图 4-6 所示。
- 设置声音效果：在“时间轴”面板上选择添加了声音的关键帧，然后打开“属性”面板，并在“效果”下拉列表框中选择要使用的声音效果设置选项，如图 4-7 所示。
  - 无：不对声音文件应用效果。选中此选项，将删除声音以前应用的效果。
  - 左声道/右声道：只在左声道或右声道中播放声音。

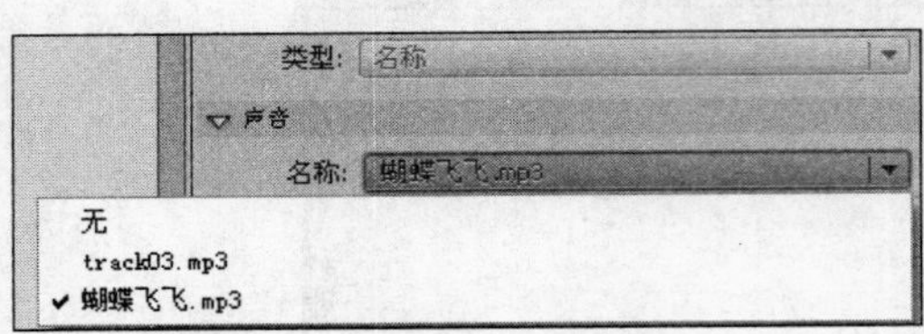

图 4-6 选择声音文件

图 4-7 设置声音效果

- 向右淡出/向左淡出：会将声音从一个声道切换到另一个声道。
- 淡入：随着声音的播放逐渐增加音量。
- 淡出：随着声音的播放逐渐缩小音量。
- 自定义：允许使用“编辑封套”功能创建自定义的声音淡入和淡出点。

◆ 编辑声音封套：选择添加声音的关键帧，然后打开“效果”下拉列表框，选择“自定义”选项，或者直接单击“属性”面板的“编辑”按钮，打开“编辑封套”对话框，如图 4-8 所示。

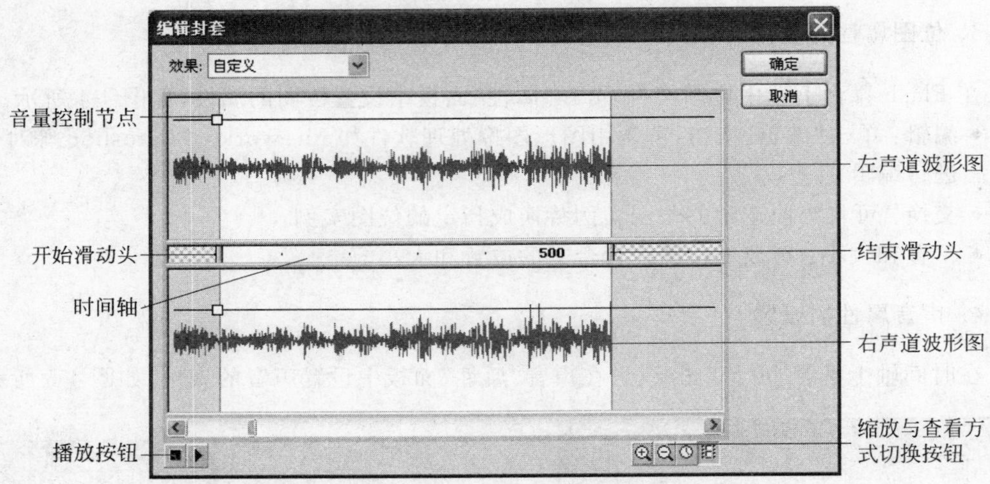

图 4-8 “编辑封套”对话框

- 若要改变声音的起始点和终止点，可以拖动“编辑封套”对话框中的“开始滑动头”和“结束滑动头”，通过移动它们的位置可以完成对声音播放长度的控制。
- 若要更改声音封套，可以拖动封套中的“音量控制节点”来改变声音中不同点处的级别。封套线显示声音播放时的音量。
- 若要创建封套手柄，可以单击封套线；若要删除“音量控制节点”，将其拖出窗口即可。Flash 最多可以允许添加 8 个封套手柄。
- 若要改变窗口中显示声音的多少，可以单击“放大”按钮或“缩小”按钮。
- 要在秒和帧之间切换时间单位，可以单击“秒”按钮和“帧”按钮。
- 单击“播放”按钮，可以预听编辑后的效果。

◆ 设置同步声音：将声音添加到动画后，可以使用“属性”面板的“同步”下拉列表框中

的选项设置声音的同步方式，如图 4-9 所示。

➢ 事件：使用这种方式会将声音和一个事件的发生合拍。当动画播放到时间的开始关键帧时，音频开始独立于时间轴播放，即使动画停止，声音也要继续播放到完毕。

➢ 开始：与“事件”选项的功能相近，选择该选项，即使当前声音文件正在播放，也会有一个新的相同声音文件开始播放。

➢ 停止：使指定的声音静音。

➢ 数据流：自动调整动画和音频，使它们同步。

5. 视频属性的设置

在舞台上选择嵌入视频剪辑或链接视频剪辑的实例，可在“属性”面板中设置视频属性，如图 4-10 所示。

图 4-9　设置声音同步方式

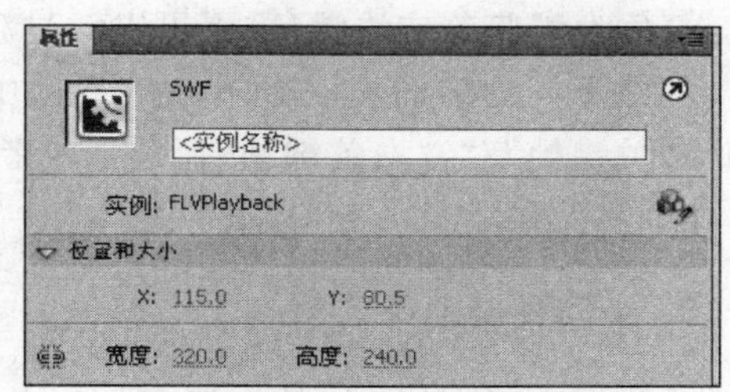

图 4-10　设置视频属性

◆ 在“属性”检查器的“名称”文本字段中，输入实例名称给指定的视频实例命名。

◆ 在“位置和大小”中输入 W 和 H 值以更改视频实例的尺寸，输入 X 和 Y 值以更改实例左上角在舞台上的位置。

6. 动画的种类

◆ 帧帧动画：帧帧动画的每一帧都由制作者确定，而不是由 Flash 通过计算得到，然后连续依次播放这些画面，即可生成动画效果。帧帧动画适于制作非常复杂的动画，GIF 格式的动画就是属于这种动画。与过渡动画相比，通常帧帧动画的文件字节数较大。为了使一帧的画面显示的时间长一些，可以在关键帧后边添加几个与关键帧内容一样的普通帧。

◆ 补间动画：它也叫过渡动画。制作若干个关键帧画面，由 Flash 计算生成各关键帧之间的各个帧，使画面从一个关键帧过渡到另一个关键帧。补间动画又分为动作动画和形状动画。

7. 时间轴特点

“时间轴”面板有许多图层和帧单元格(简称帧)，每一行表示一个图层，每一列表示一帧。各个帧的内容会不相同，不同的帧表示了不同的含义。

◆ 空白帧：也叫帧，该帧内是空的，没有任何对象，也不可以在其内创建对象。

◆ 空白关键帧：也叫白色关键帧。帧单元格内有一个空心的圆圈，则表示它是一个没有内容的关键帧。如果新建一个 Flash 文件，则会在第 1 帧自动创建一个空白关键

帧。空白关键帧可以创建各种对象。单击选中某一个空白帧，再按 F7 键，即可将它转换为空白关键帧。

- 关键帧：帧单元格内有一个实心的圆圈，表示该帧内有对象，可以进行编辑。单击选中一个空白帧，再按 F6 键，即可创建一个关键帧。
- 普通帧：在关键帧右边的浅灰色帧单元格是普通帧，表示它的内容与左边的关键帧内容一样。单击选中关键帧右边的一个空白帧，再按 F5 键，则从关键帧到选中的帧之间的所有帧均变成普通帧。
- 动作帧：该帧本身也是一个关键帧，其中有一个字母 a，表示这一帧中分配有动作脚本。当影片播放到这一帧时会执行相应的脚本程序。要加入动作需调出“动作帧”面板。
- 过渡帧：它是两个关键帧之间，创建补间动画后由 Flash 动画计算生成的帧，它的底色为浅蓝色或浅绿色，不可以对过渡帧进行编辑。

创建不同的帧的方法还有：单击选中某一个帧单元格，再执行“插入”→“时间轴”→“帧”/“关键帧”/“空白关键帧”命令。或者将鼠标指针移到要插入关键帧的帧单元格处，右击，在弹出菜单中选择相应的命令。

8. 不同种类动画的帧

- 动作动画：在关键帧之间有一条水平指向右边的箭头，该帧为浅蓝色背景。
- 形状动画：在关键帧之间也有一条水平指向右边的箭头，该帧为浅绿色背景。
- 虚线：表示在创建补间动画中存在错误，无法正确完成动画的制作。

9. 逐帧动画介绍

逐帧动画是利用人的视觉暂留特性，像电影一样虽然每格胶片内容都不同却能形成连续的画面。它在 Flash 时间轴上的每一帧按照一定的规律都有所变化。

10. 逐帧动画的特点

逐帧动画是在时间帧上逐帧绘制帧内容，由于是一帧一帧的画，所以逐帧动画具有非常大的灵活性，几乎可以表现任何想表现的内容。

由于逐帧动画的帧序列内容不一样，不仅增加制作负担而且最终输出的文件量也很大，但它的优势也很明显：因为它相似于电影播放模式，很适合于表演很细腻的动画，如 3D 效果、人物或动物急剧转身等效果。

11. 创建逐帧动画

要创建逐帧动画，需要将每个帧都定义为关键帧，然后给每个帧创建不同的图像。每个新关键帧最初包含的内容和它前面的关键帧是一样的，因此可以递增地修改动画中的帧。

具体方法总结如下：

(1) 用导入的静态图片建立逐帧动画：用 JPG、PNG 等格式的静态图片连续导入 Flash 中，就会建立一段逐帧动画。

(2) 绘制矢量逐帧动画：用鼠标或压感笔在场景中一帧帧的画出帧内容。

(3) 文字逐帧动画：用文字作帧中的元件，实现文字跳跃、旋转等特效。

(4) 指令逐帧动画：在时间帧面板上，逐帧写入动作脚本语句来完成元件的变化。

(5) 导入序列图像：可以导入 GIF 序列图像、SWF 动画文件或者利用第三方软件(如 Swish、Swift 3D 等)产生的动画序列。

4.1.3　设计过程

(1) 新建 Flash 文件，设置文档尺寸为 550 像素×400 像素，执行“文件”→“导入”→“导入到舞台”命令，将源文件中的“素材\第 4 章”目录中名为“荷花.jpg”的图片导入到舞台中，并将图层 1 更名为“背景”，锁定“背景”图层。

(2) 将荷花图片的大小调整为 550 像素×400 像素，位置相对于舞台水平、垂直居中对齐，在该图层第 15 帧处按 F5 键，使该图层延长至第 15 帧。

(3) 在“背景”图层上方增加一个图层，将该图层更名为“蝴蝶”。

(4) 选中“蝴蝶”图层的第 1 帧，执行“文件”→“导入”→“导入到舞台”命令，选择源文件中的“素材\第 4 章”目录中名为“1.png”的图片，如图 4-11 所示。单击“打开”按钮，出现如图 4-12 所示提示，单击“是”按钮，将“1.png”～“15.png”导入到舞台上，可观察到每幅图在时间轴上都形成一个帧，即形成了一个逐帧动画，如图 4-13 所示。

图 4-11　导入图像文件

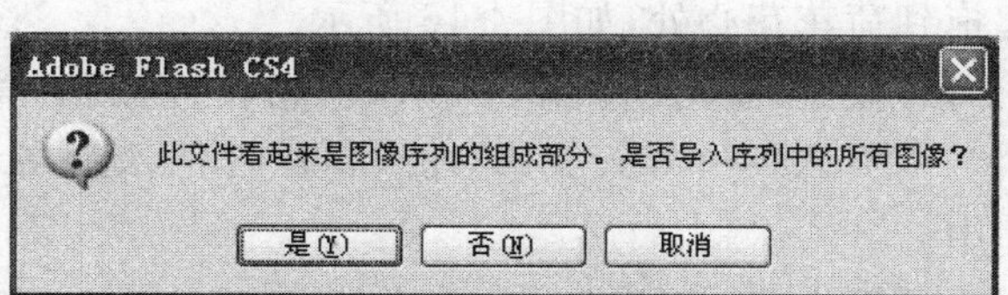

图 4-12　导入序列图提示

图 4-13　导入序列图形成逐帧动画

(5) 选中“蝴蝶”图层，单击“编辑多个帧”按钮，再单击“修改绘图纸”标记按钮，弹出如图 4-14 所示的菜单，在菜单中选择“所有绘图纸”命令，即可选中“蝴蝶”图层所有帧进行操作，如图 4-15 所示。

图 4-14　选择“所有绘图纸”命令

(6) 将蝴蝶图一起拖到荷花花心处，如图 4-16 所示。

(7) 单击“编辑多个帧”按钮，撤销编辑多个帧，在“蝴蝶”图层上增加一个图层，将其更名为“音乐”，执行“文件”→“导入”→“导入到库”命令，将“素材\第 4 章”目录中名为“蝴蝶飞飞.mp3”的文件导入库中。

(8) 选择“音乐”图层的第 1 帧，将刚才导入库中的“蝴蝶飞飞.mp3”拖放到舞台上。

(9) 在声音“属性”面板中设置同步方式为“开始”，按 Ctrl＋Enter 快捷键测试动画效果。

图 4-15　选中"蝴蝶"图层所有的帧

图 4-16　将蝴蝶图一起拖到荷花花心

4.2　案例 9　四季更替

4.2.1　案例效果

本案例制作的是一个四季不断更替的动画，通过制作形状补间动画，实现"春"、"夏"、"秋"、"冬"四个文字不断更替的动画，案例效果如图 4-17 所示。

本案例包含的知识点有：

◆ 导入外部素材。

图 4-17　四季更替效果

◆ 位图属性的设置。

◆ 形状补间动画的创建和应用。

4.2.2　相关知识

1. 形状补间动画介绍

形状补间动画(或称补间形状),可以创建类似于形变的动画效果,即从一个“形状”逐渐变成另一个“形状”。利用补间形状,可以制作窗帘飘动、人物头发飘动等动画效果。

在形状补间动画中,在时间轴中的一个特定帧上绘制一个矢量形状然后更改该形状,或在另一个特定帧上绘制另一个形状。Flash CS4 将内插中间的帧的中间形状,创建一个形状变形为另一个形状的动画。过渡帧中的内容是依靠两个关键帧上的形状进行计算得到的。

形状补间动画不能应用到实例上,只有被打散的形状图形之间才能产生形状补间动画。若要对组、实例或位图图像应用形状补间,要先分离这些元素。若要对文本应用形状补间,要将文本分离两次,从而将文本转换为对象。

2. 创建形状补间动画

形状补间动画的基本制作方法是:在一个关键帧上绘制一个形状,然后在另一个关键帧更改该形状或绘制另一个形状,在这两个关键帧之间创建形状补间动画,Flash CS4 就会自动补上中间的形状渐变过程。

下面制作一个圆变成五角星的形状补间动画。具体操作步骤如下:

(1) 新建一个 Flash 文档,文档属性为默认设置。

(2) 选择椭圆工具,在舞台上绘制一个无边框的圆,填充色为蓝色,如图 4-18 所示。

(3) 选择同一图层的第 30 帧,然后通过执行“插入”→“时间轴”→“空白关键帧”命令或按 F7 键来添加一个空白关键帧。在舞台上,使用多角星形工具在第 30 帧处绘制一个无边框的五角星,填充色为红色,如图 4-19 所示。

(4) 在时间轴上,从位于包含两个形状的图层中的两个关键帧之间的多个帧中选择一个帧。执行“插入”→“补间形状”命令,这时,第 1～30 帧之间出现了一条带箭头的实线,并且第 1～30 帧之间的帧格变成绿色,如图 4-20 所示。

图 4-18　绘制一个蓝色的圆

图 4-19　绘制一个红色的五角星

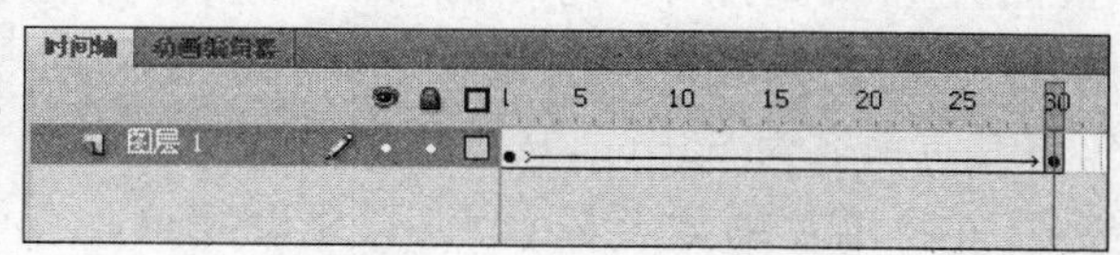

图 4-20　补间形状的"时间轴"面板

这样，一个形状补间动画就制作完成了。按 Enter 键，可以预览一个圆逐渐变化成五角星的动画效果。

3. **形状提示**

(1) 关于形状提示

在创建形状补间动画的时候，如果完全由 Flash CS4 自动完成创建动画的过程，很可能创建出的动画效果并不能令人满意。因此，若要控制更加复杂或罕见的形状变化，可以使用形状提示。形状提示在"起始形状"和"结束形状"中添加相对应的"参考点"，使 Flash CS4 在计算变形过渡时依一定的规则进行，从而较有效地控制变形过程。

形状提示是用字母(A～Z)来标识起始形状和结束形状中相对应的点，一个形状补间动画最多可以使用 26 个形状提示。

(2) 使用形状提示

① 选择补间形状序列中的第一个关键帧。

② 执行"修改"→"形状"→"添加形状提示"命令，起始形状提示会在该形状的某处显示为一个带有字母 a 的红色圆圈，将形状提示移动到要标记的点。

③ 选择补间序列中的最后一个关键帧。结束形状提示，会在该形状的某处显示为一个带有字母 a 的绿色圆圈，将形状提示移动到结束形状中与标记的第一点对应的点。

④ 用同样的方法可添加其他的形状提示，所带的字母紧接之前字母的顺序(b、c 等)。

(3) 查看所有形状提示

执行"视图"→"显示形状提示"命令，即可查看所有形状提示。仅当包含形状提示的图层和关键帧处于活动状态下时，"显示形状提示"才可用。

(4) 删除形状提示

只需将要删除的形状提示拖离舞台即可。执行"修改"→"形状"→"删除所有提示"命令，即可删除所有形状提示。

然而，即使添加了形状提示，Flash 的形状变形仍然难以控制，变化过程往往莫名其妙，在这里，对形状提示只简单提一下，不做详细介绍。

4.2.3 设计过程

(1) 新建一个 Flash 文件，文档尺寸为默认值 550 像素×400 像素，“背景颜色”设置为“白色”，“帧频”设置为“8fps”。

(2) 执行“文件”→“导入”→“导入到库”命令，将源文件中的“素材\第 4 章”目录中名为 Spring. jpg、Summer. jpg、Autumn. jpg、Winter. jpg 的 4 张图片导入到库中，此时的“库”面板如图 4-21 所示。

图 4-21 “库”面板

(3) 双击“图层 1”，将其重命名为 Spring，从“库”面板中拖曳 Spring. jpg 图片至舞台中，并将图片缩放至舞台大小，并设置相对于舞台水平居中、垂直居中，如图 4-22 所示。

图 4-22 将 Spring. jpg 图片拖曳至舞台中

(4) 选中刚才拖入舞台中的图片，将其转换为名为 Spring 的图形元件，如图 4-23 所示。

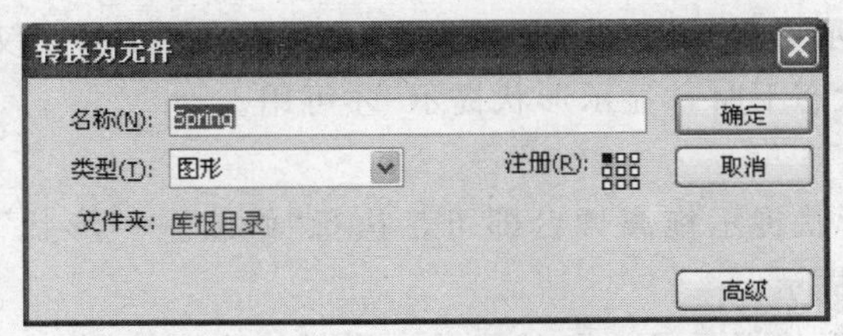

图 4-23 转换为图形元件

(5) 在Spring图层的第6帧处插入关键帧，选择第1～6帧之间的任意一帧，右击，在弹出的快捷菜单中选择"创建传统补间"命令。在第11帧和第16帧处插入关键帧，并用同样的方法设置其他关键帧之间的补间动画，如图4-24所示。

(6) 设置第1帧的图形元件的Alpha值为40%，设置第16帧的图形元件的Alpha值为20%，如图4-25所示。

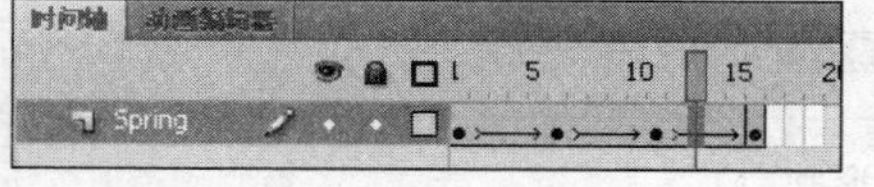

图4-24　创建传统补间(1)

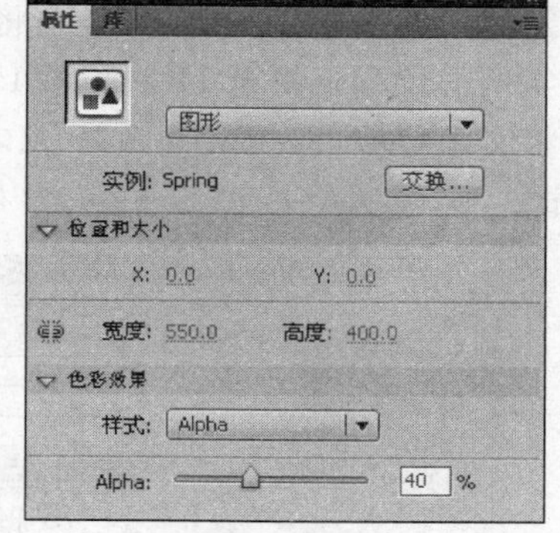

图4-25　设置图形元件的Alpha值为40%

(7) 在Spring图层的上面新建一个名为Summer的新图层，在第15帧上插入一个空白关键帧，从"库"面板中将Summer.jpg拖曳至舞台中，将其调整为舞台大小后居中放置，并将其转换为名为Summer的图形元件。

(8) 在Summer图层的第20帧、第25帧和第30帧插入关键帧，并在关键帧之间创建传统补间动画，效果如图4-26所示。

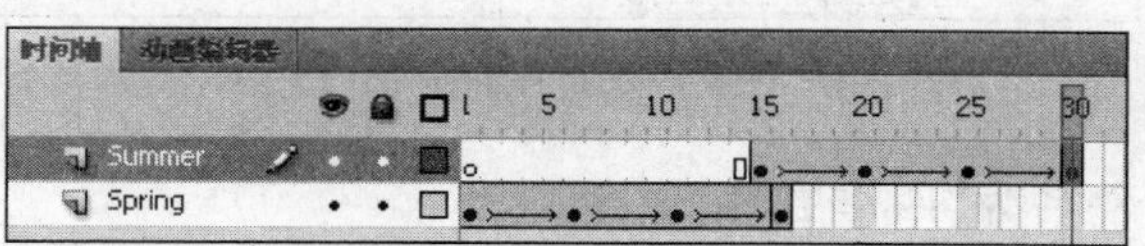

图4-26　创建传统补间(2)

(9) 设置Summer图层的第15帧的Alpha值为40%，设置第30帧的图形元件的Alpha值为20%。

(10) 用同样的方法，在Summer图层上方新建名为Autumn和Winter的两个图层。在Autumn图层的第29帧、第34帧、第39帧和第44帧插入关键帧，在Winter图层的第43帧、第48帧、第53帧和第58帧插入关键帧，并进行与前面所述相同的操作。具体设置如图4-27所示。

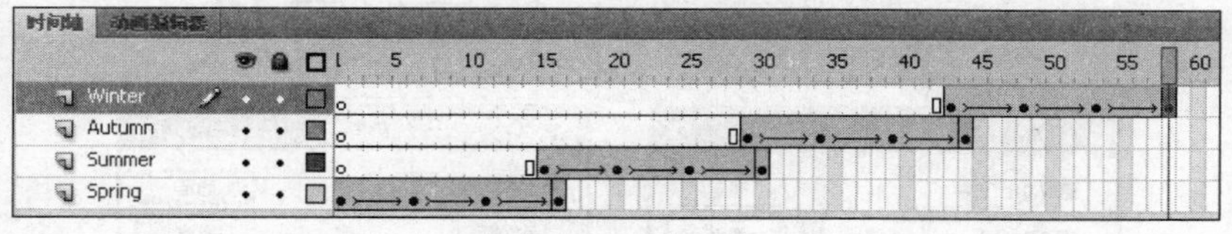

图4-27　创建传统补间(3)

(11) 新建一个名为"春"的图形元件,单击文本工具在编辑区中输入文字"春",设置"字体"为"隶书","文字大小"为"100","颜色"为"#009900"。用同样的方法新建"夏"、"秋"、"冬"的图形元件,分别在编辑区中输入文字"夏"、"秋"、"冬",文字颜色分别为#FF0000、#FF9900、#CCCCCC。

(12) 切换到场景,在Winter图层上面新建一个名为"文字更换"的图层,从"库"面板中将"春"字图形元件拖曳至舞台左上角,在第11帧和第15帧处插入关键帧。选择第15帧,将舞台左上角的"春"字实例删掉,并将"库"面板中的"夏"字元件拖曳至舞台,放置在原来"春"字实例的位置。将第11帧和第15帧的"春"字实例和"夏"字实例,分别按两次Ctrl+B快捷键将文字打散,选择第11~15帧之间的任意一帧,右击,在快捷菜单中选择"创建补间形状"命令,实现"春"字向"夏"字的形状变化,如图4-28所示。

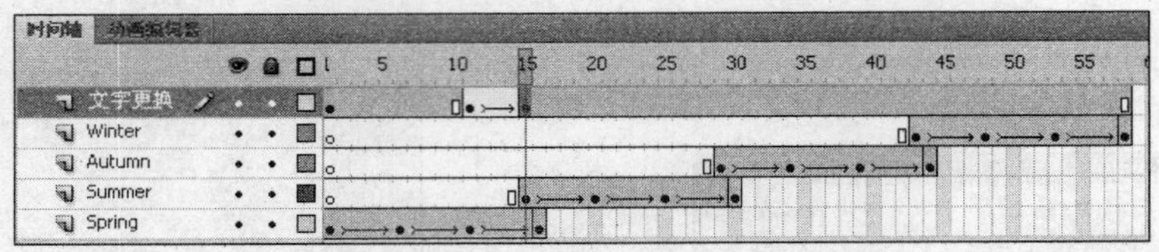

图4-28 创建补间形状(1)

(13) 用同样的方法设置"夏"字变"秋"字、"秋"字变"冬"字的形状补间动画,具体设置如图4-29所示。

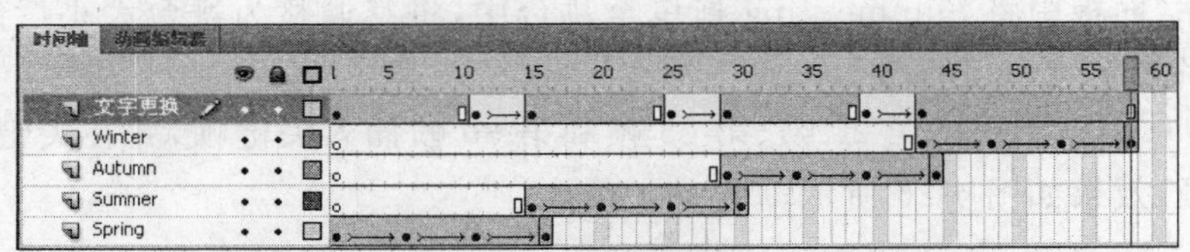

图4-29 创建补间形状(2)

(14) 将文档以文件名为"四季更替"保存。

4.3 案例10 文字的缩放

4.3.1 案例效果

本案例是将一组文字进行缩放,文字先变大,再缩小,案例效果如图4-30所示。本案例包含的知识点有:

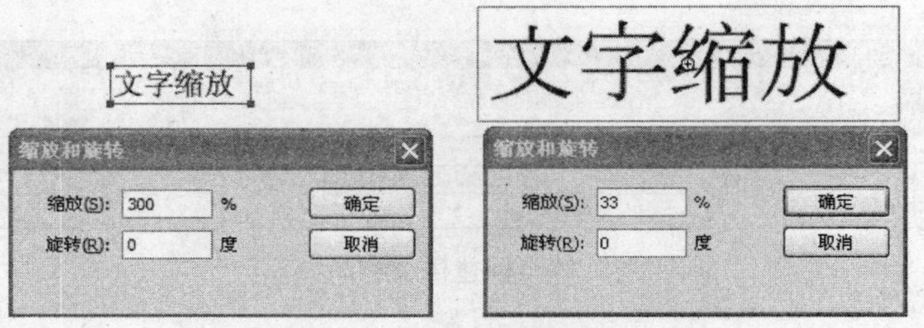

图4-30 文字缩放效果

◆ 输入文字及设置文字属性。

◆ 转换元件。

◆ 文字的变形缩放。

◆ 创建动作补间动画。

4.3.2　相关知识

动作补间动画是 Flash 中非常重要的表现手段之一，与“形状补间动画”不同的是，动作补间动画的对象必须是“元件”或“群组对象”。运用动作补间动画，可以设置元件的大小、位置、颜色、透明度、旋转等属性，充分利用动作补间动画这些特性，可以制作出缤纷多彩的动画效果。

1. 动作补间动画简介

在一个关键帧上放置一个元件，然后在另一个关键帧改变这个元件的大小、颜色、位置、透明度等，Flash 根据两者之间的帧的值创建的动画被称为动作补间动画。

(1) 构成动作补间动画的元素

构成动作补间动画的元素是元件，包括影片剪辑、图形元件、按钮、文字、位图、组合等，但不能是形状，只有把形状“组合”或者转换成“元件”后才可以做“动作补间动画”。

(2) 动作补间动画在“时间帧”面板上的表现

动作补间动画建立后，“时间帧”面板的背景色变为淡紫色，在起始帧和结束帧之间有一个长长的箭头。

(3) 动作补间动画和形状补间动画的区别

动作补间动画和形状补间动画都属于补间动画。前后都各有一个起始帧和结束帧，两者之间的区别如表 4-1 所示。

表 4-1　动作补间动画和形状补间动画的区别

区 别 之 处	动作补间动画	形状补间动画
在时间轴上的表现	淡紫色背景加长箭头	淡绿色背景加长箭头
组成元素	影片剪辑、图形元件、按钮、文字、位图等	形状，如果使用图形元件、按钮、文字，则必须先打散再变形
完成的作用	实现一个元件的大小、位置、颜色、透明度等的变化	实现两个形状之间的变化，或一个形状的大小、位置、颜色等的变化

2. 创建动作补间动画的方法

在“时间轴”面板上动画开始播放的地方创建或选择一个关键帧并设置一个元件，一帧中只能放一个项目，在动画要结束的地方创建或选择一个关键帧并设置该元件的属性，再单击起始帧。在“属性”面板上单击“补间”旁边的“小三角”，在弹出的菜单中选择“动作”命令，或右击，在弹出的菜单中选择“创建传统补间”命令，就建立了动作补间动画。

1）动作补间动画简单实例

（1）利用工具栏中的线条工具画一条直线。

（2）选择箭头工具，在直线上右击，在弹出的菜单中选择“转换为元件”命令，出现“转换为元件”对话框，选择“图形”选项，单击“确定”按钮。

（3）利用箭头工具选择刚才输入的直线，然后单击工具栏中的任意变形工具，利用鼠标拖动直线中心点到直线底端，如图 4-31 所示。

（4）在时间轴内第 30 帧右击，在弹出的菜单中选择“插入关键帧”命令，再执行“修改”→“变形”→“旋转与倾斜”命令，鼠标指向直线顶端控制点，拖动鼠标使直线旋转到适当位置，如图 4-32 所示。

图 4-31　调整直线的中心点到右侧　　　　图 4-32　对直线进行旋转

（5）在时间轴内第 1～30 帧之间右击，在弹出的菜单中选择“创建传统补间”命令。按 Enter 键开始播放。

注意：在创建动作补间动画中，必须将对象首先转换为元件，否则补间是断的或不完整的虚线，如图 4-33 所示。

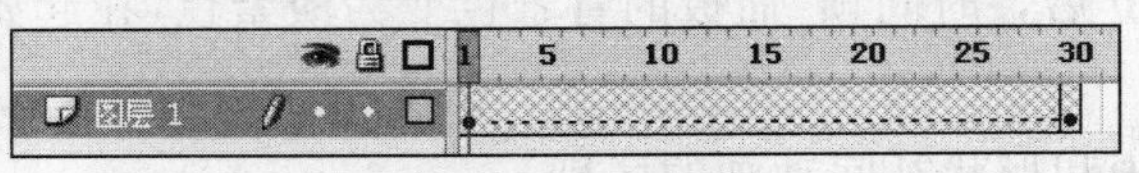

图 4-33　补间失败

2）设置动作补间属性

在 Flash 中还可以利用渐变“属性”面板设置运动渐变的属性，从而得到更为复杂的动画，例如对象加速运动、运动时播放音乐等。

当选中“时间轴”面板中两个关键帧之间的某帧（尚未创建渐变动画的帧）后，“属性”面板即显示为帧“属性”面板，如图 4-34 所示。

3）“帧”面板各项参数说明

（1）帧：该项用于为帧设置标签或注释。标签用于标识该帧，而注释则用于对该帧进行解释。当在该框中输入标签内容后，会有一个小红旗标志显示在当前帧上，如图 4-35 所示。

如果在文字前加两个斜杠“//”，则表示添加的是注释。在“时间轴”面板中，帧上的两个斜杠会以绿色显示。

（2）缓动：表示动画的快慢。在默认情况下，补间帧

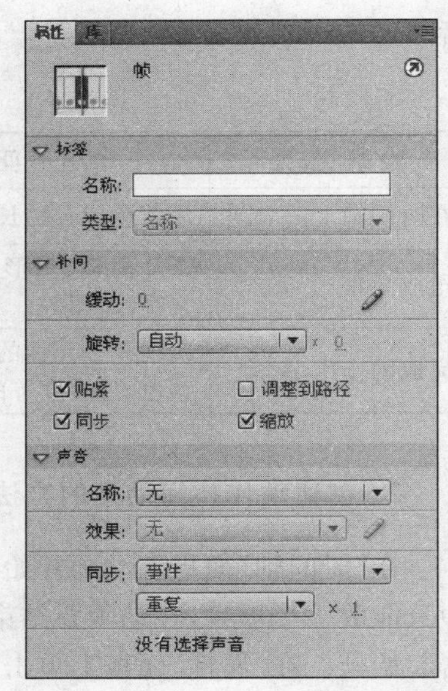

图 4-34　帧“属性”面板

以固定的速度播放。利用缓动值，可以创建更逼真的加速度和减速度。正值以较快的速度开始补间，越接近动画的末尾，补间的速度越慢。负值以较慢的速度开始补间，越接近动画的末尾，补间的速度越快。

图 4-35　设置帧标签

（3）旋转：用于设置运动对象的旋转方式，其下拉列表框中有 4 个选项。

- 无：表示对象在运动过程中不旋转。
- 自动：表示按最小角度进行旋转。
- 顺时针：表示旋转方向为顺时针方向。
- 逆时针：表示逆时针方向旋转。

注意：当选择了“顺时针”或“逆时针”后，其后面的输入框被激活，在该框中输入的数值会被作为旋转圈数。

（4）“贴紧”复选框：如果使用运动路径，根据其注册点将补间元素附加到运动路径。

（5）“调整到路径”复选框：如果使用运动路径，将补间元素的基线调整到运动路径。

（6）“同步”复选框：当选择了该选项后，可以使元件实例中的动画播放与舞台中的动画播放同步。此属性只影响图形元件。

（7）“缩放”复选框：如果组合体或元件的大小发生渐变，可以选中这个复选框。

本节只介绍与运动渐变有关的选项，其他选项如声音设置、效果设置等，将在以后介绍。

（8）自定义缓入/缓出：单击该图标，打开“自定义缓入/缓出”对话框，显示表示随时间推移动画变化程度的图形。帧由水平轴表示，变化的百分比由垂直轴表示。第一个关键帧表示为 0，最后一个关键帧表示为 100%，如图 4-36 所示。

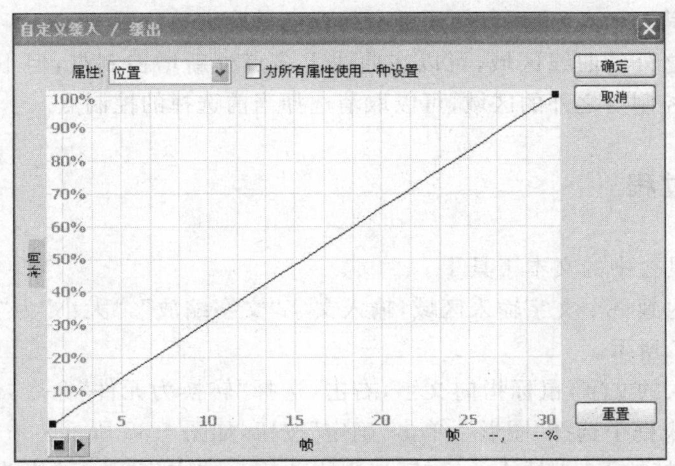

图 4-36　“自定义缓入/缓出”对话框

对象的变化速率用曲线图的曲线斜率表示。曲线水平时（无斜率），变化速率为零；曲线垂直时，变化速率最大，一瞬间完成变化。

该对话框提供的部分控件功能如下：

①“为所有属性使用一种设置”复选框：该复选框的默认状态是选中，这意味着所显示的曲线适用于所有属性，并且“属性”下拉列表框是禁用的。该复选框没有选中时，“属性”下

拉列表框是启用的，每个属性都有定义其变化速率的单独的曲线。

②“属性”下拉列表框：只有当“为所有属性使用一种设置”复选框没有选中时，此下拉列表框才会启用。在此下拉列表框中选择一个属性，则会显示该属性的曲线。这些属性为：

- 位置：为舞台上动画对象的位置指定自定义缓入/缓出设置。
- 旋转：为动画对象的旋转指定自定义缓入/缓出设置。例如，可以微调舞台上的动画字符转向用户时的速度的快慢。
- 缩放：为动画对象的缩放指定自定义缓入/缓出设置。例如，可以更轻松地通过自定义对象的缩放实现以下效果：对象好像渐渐远离查看者，再渐渐靠近，然后再次渐渐离开。
- 颜色：为应用于动画对象的颜色转变指定自定义缓入/缓出设置。
- 滤镜：为应用于动画对象的滤镜指定自定义缓入/缓出设置。例如，可以控制模拟光源方向变化的投影缓动设置。

③“播放”和“停止”按钮■ ▶：这些按钮允许使用“自定义缓入/缓出”对话框中定义的所有当前速率曲线预览舞台上的动画。

④“重置”按钮：此按钮允许将速率曲线重置成默认的线性状态。

所选控制点的位置在该对话框的右下角，一个数值显示所选控制点的关键帧和位置。如果没有选择控制点，则不显示数值。

要在线上添加控制点，应单击对角线，这样就在线上添加了一个新控制点。通过拖动控制点的位置，可以实现对对象动画的精确控制。

使用帧指示器(用方形手柄表示)，单击要减缓或加速对象的位置。单击控制点的手柄(方形手柄)，可选择该控制点，并显示其两侧的正切点。正切点用空心圆表示。可以使用鼠标拖动控制点或其正切点，也可以使用键盘的方向键确定其位置。

单击控制点之外的曲线区域，可以在曲线上该点处新增控制点，但不会改变曲线的形状。单击曲线和控制点之外的区域，可以取消选择当前选择的控制点。

4.3.3 设计过程

(1) 选择工具栏中的文本工具T。

(2) 在舞台内画一个文字输入区域，输入文字“文字缩放”，“大小”为“20 点”，“颜色”为“蓝色”，如图 4-37 所示。

(3) 选定输入的文字，鼠标指向文字，右击，选择“转换为元件”命令，出现一个对话框，在“类型”下拉列表框中选择“图形”，单击“确定”按钮，如图 4-38 所示。

(4) 在第 30 帧按 F6 键插入关键帧，选中刚才输入的文字，执行“修改”→“变形”→“缩放和旋转”命令，出现如图 4-39 所示的对话框，在“缩放”文本框中输入 300。

(5) 在第 31 帧处插入关键帧。

(6) 在第 1～30 帧之间右击，在弹出的菜单中选择“创建传统补间”命令；在第 60 帧插入一个关键帧，利用选择工具选择输入的文字；再执行“修改”→“变形”→“缩放和旋转”命令，出现一个对话框，在“缩放”文本框中输入 33。在第 31～60 帧之间右击，在弹出的菜单中选择“创建传统补间”命令，可观察到在帧面板中的显示，如图 4-40 所示。

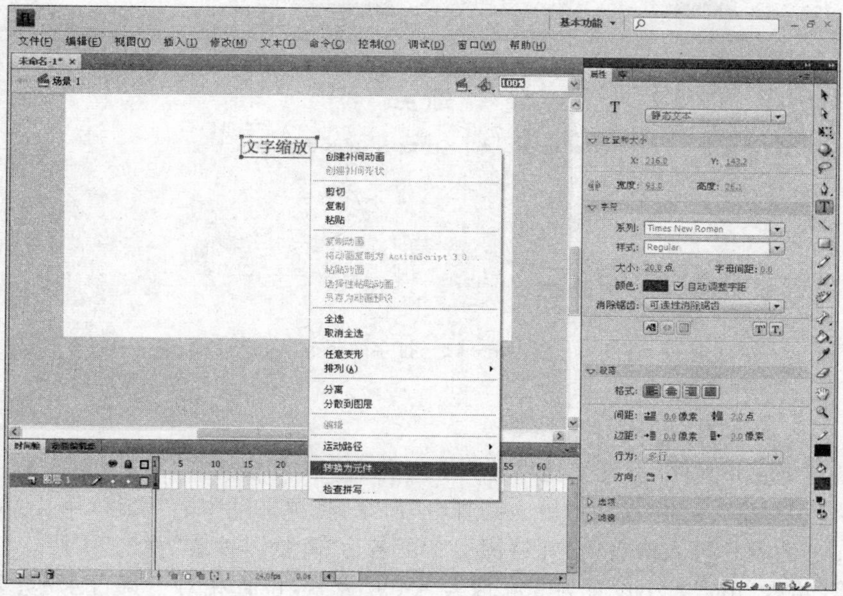

图 4-37 在舞台中输入文字

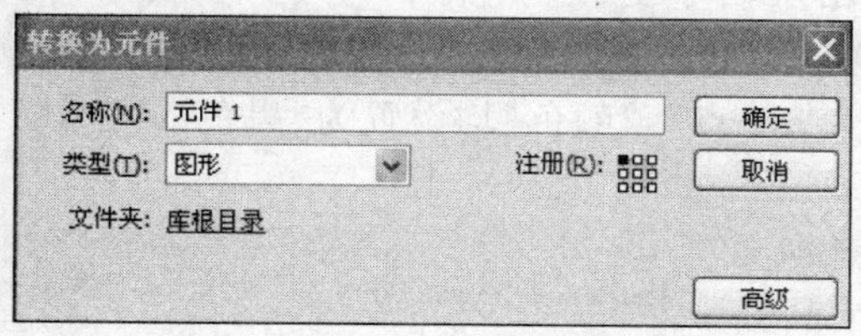

图 4-38 "转换为元件"对话框

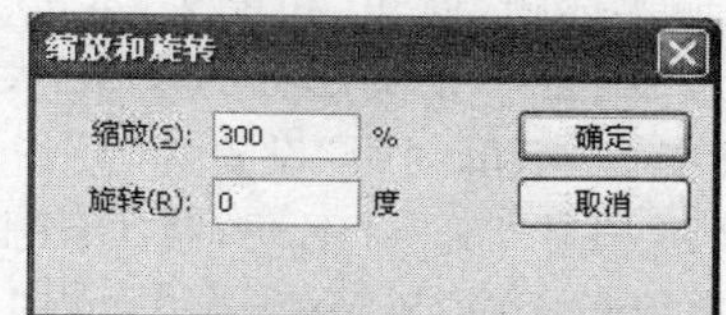

图 4-39 "缩放和旋转"对话框

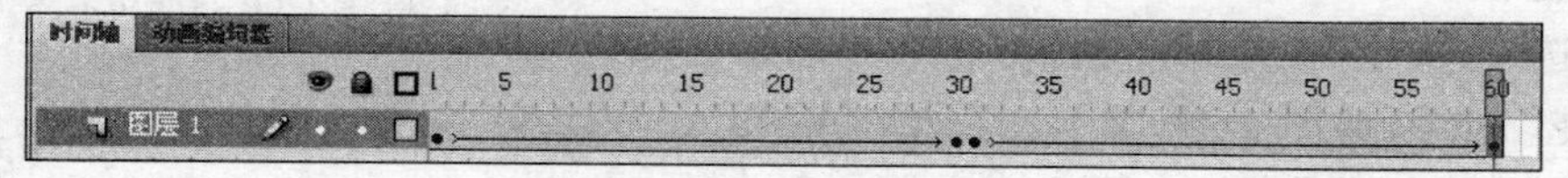

图 4-40 帧面板

(7) 按 Ctrl+Enter 快捷键测试动画效果。

4.4 拓展训练

4.4.1 案例 11 打字效果

1. 案例效果

本案例是用逐帧动画实现打字效果，效果如图 4-41 所示。本案例包含的知识点有：

- ◆ 分离文字。
- ◆ 翻转帧。

图 4-41　打字效果

2. 设计过程

(1) 新建 Flash 文件,设置文档尺寸为 550 像素×400 像素。

(2) 执行"文件"→"导入"→"导入到舞台"命令,将源文件中的"素材\第 4 章"目录中名为"边框.jpg"的图片导入舞台中,并将图层 1 更名为"背景",锁定"背景"图层。

(3) 将"边框.jpg"大小设置为 550 像素×400 像素,位置相对于舞台水平、垂直居中对齐,在该图层第 36 帧处按 F5 键,使该图层延长至第 36 帧。

(4) 在"背景"图层上增加一个图层,将图层名字更改为"文字"。选中"文字"图层第 1 帧,输入标题"通知"和正文"本班于 3 月 10 日到青山春游赏花"。标题文字的字体"大小"设置为"40 点",正文部分的字体"大小"设置为"25 点","颜色"均设置为"黑色","字体"设置为"隶书","字母间距"设置为"5"。

(5) 选中"文字"图层,按 Ctrl＋B 快捷键将文字分离成单个文字,分别在"文字"图层的第 3、5、7、9、11、13、17、19、21、23、25、27、29、31、33、36 帧处插入关键帧。

(6) 选中"文字"图层第 1 帧,将正文中的最后一个字"花"删除,如图 4-42 所示。在第 3 帧插入一个关键帧,删除"赏"字。在第 5 帧插入一个关键帧,删除"游"字。以此类推,在第 7、9、11、13、17、19、21、23、25、27、29、31、33、36 帧处插入关键帧,并在插入关键帧后将最后一个字删除。

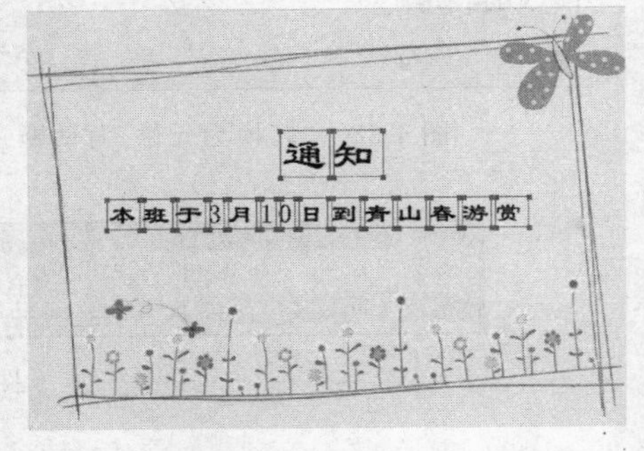

图 4-42　分离文字并删除最后一个字

(7) 选中"文字"图层的所有帧,右击,在弹出的菜单中选择"翻转帧"命令,将"文字"图层的帧翻转过来。

(8) 按 Ctrl＋Enter 快捷键测试动画效果。

4.4.2　案例 12　恭贺新禧

1. 案例效果

本案例制作的是一个以春节为主题的动画,利用简单的形状补间动画,实现灯笼变文字的效果。案例效果如图 4-43 所示。

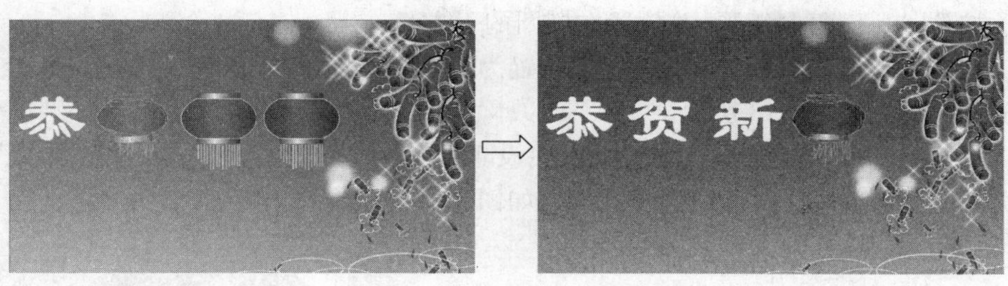

图 4-43　恭贺新禧案例效果

2. 设计过程

(1) 新建一个 Flash 文件，设置文档尺寸为 800 像素×452 像素，执行"文件"→"导入"→"导入到舞台"命令，将源文件中的"素材\第 4 章"目录中名为"背景.jpg"的图片导入舞台中，并设置相对于舞台水平居中、垂直居中对齐，如图 4-44 所示。

(2) 将图层 1 重命名为"背景"，在第 70 帧处插入延长帧。

(3) 执行"插入"→"新建元件"命令，新建一个名为"灯笼"的图形元件，如图 4-45 所示。

图 4-44　将"背景.jpg"图片导入舞台中

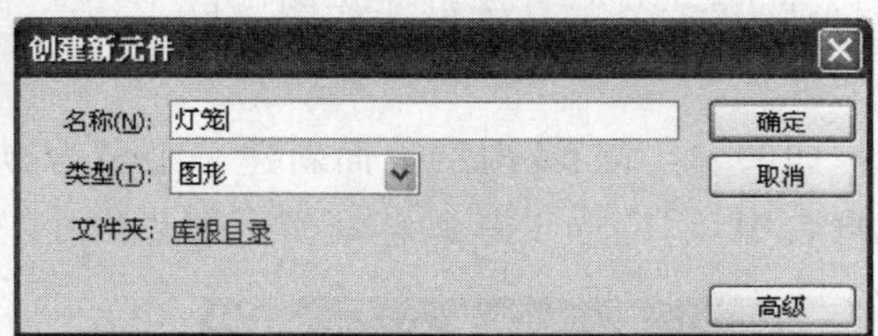

图 4-45　新建一个名为"灯笼"的图形元件

(4) 绘制灯笼。选择椭圆工具，设置"笔触颜色"为"无"，填充颜色"类型"为"线性"，设置颜色 RGB(153、51、0)到颜色 RGB(255、0、0)再到颜色 RGB(153、0、0)的渐变填充颜色，颜色具体设置如图 4-46 所示，然后绘制一个椭圆。

(5) 选择矩形工具，笔触颜色设置为"无"，在"颜色"面板中设置颜色 RGB(109、105、22)到颜色 RGB(255、255、0)到颜色 RGB(190、146、29)的渐变填充颜色，然后绘制一个矩形，放置在椭圆的上方，具体颜色设置如图 4-47 所示。

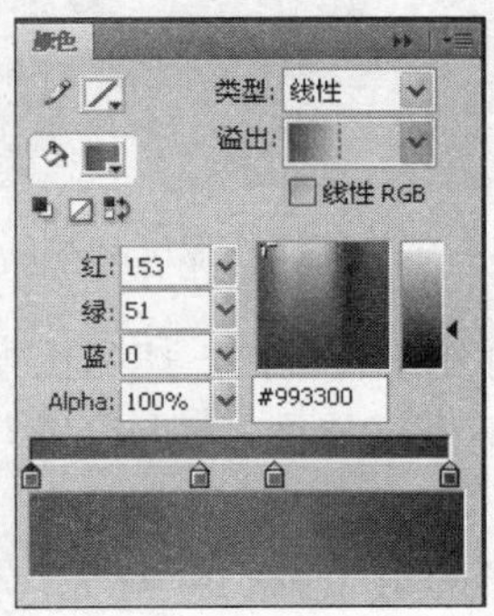

图 4-46　"颜色"面板(1)

图 4-47　"颜色"面板(2)

(6) 按住 Alt 键复制矩形,并放置在椭圆的下方。

(7) 选择墨水瓶工具,将“笔触颜色”设置为“黄色”,单击椭圆和矩形的边框,给椭圆和矩形的边框着色,如图 4-48 所示。

(8) 选择铅笔工具,在其“属性”面板中设置“笔触颜色”为“黄色”、“笔触样式”为“极细”,在矩形下方绘制一些长短不一的线条,如图 4-49 所示。

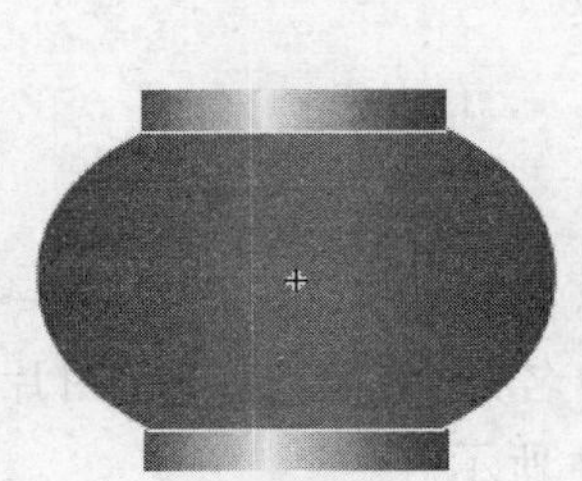

图 4-48 用墨水瓶工具给边框着色

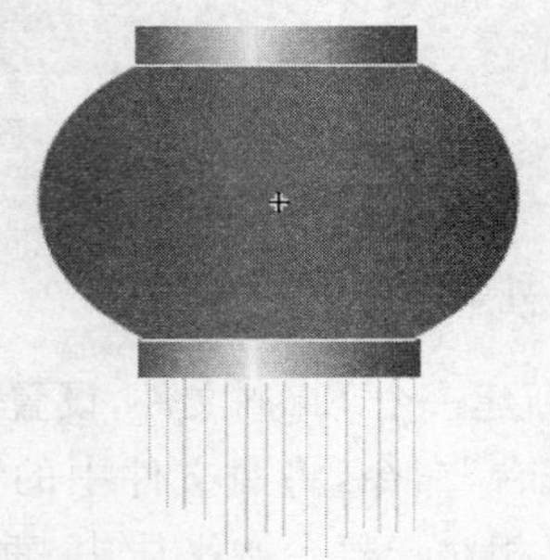

图 4-49 绘制一些长短不一的线条

(9) 新建文字元件。选择“插入”→“新建元件”命令,新建一个名为“恭”字的图形元件。选择文本工具,在编辑区中输入文字“恭”,设置“字体”为“隶书”,文字“大小”为“100.0 点”,“颜色”为“黄色”,具体设置如图 4-50 所示。用同样的方法新建并设置“贺”、“新”、“禧”的图形元件。

(10) 在“背景”图层上面新建一个名为“灯笼 1”的图层,将“灯笼”元件从“库”面板拖曳至舞台中,用变形工具调整灯笼至适当大小,如图 4-51 所示。

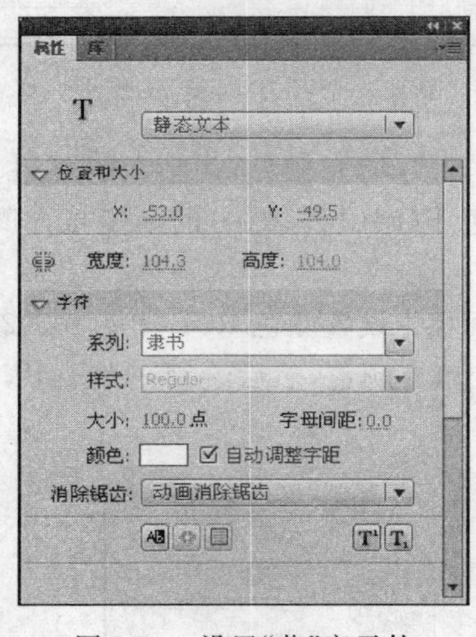

图 4-50 设置“恭”字元件

图 4-51 将灯笼元件拖曳至舞台

(11) 在“灯笼 1”图层上面新建 3 个名为“灯笼 2”、“灯笼 3”、“灯笼 4”的图层,选择“灯笼 2”图层的第 1 帧,将“灯笼”元件从“库”面板拖曳至第 1 个灯笼旁,大小设置与第 1 个灯笼相同,如图 4-52 所示。

(12) 分别选择“灯笼 3”图层的第 1 帧和“灯笼 4”图层的第 1 帧,将“灯笼”元件从“库”面板拖曳至舞台,并放置在相应位置,如图 4-53 所示。

图 4-52　放置第 2 个灯笼

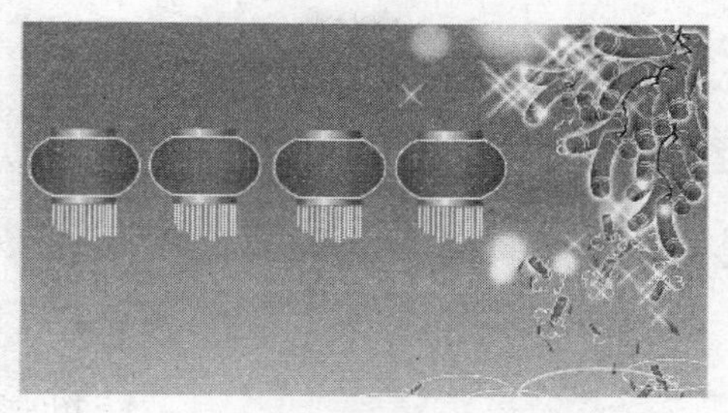
图 4-53　放置第 4 个灯笼

(13) 选择"灯笼 1"图层的第 15 帧，插入关键帧，将第 1 个灯笼删掉，并从"库"面板中将"恭"字元件拖曳到舞台，放置在原来第 1 个灯笼的位置，设置"恭"字实例为适当大小。选择第 1 帧和第 15 帧，分别按 Ctrl＋B 快捷键将灯笼和"恭"字打散，并在第 1～15 帧之间创建形状补间动画，如图 4-54 所示。

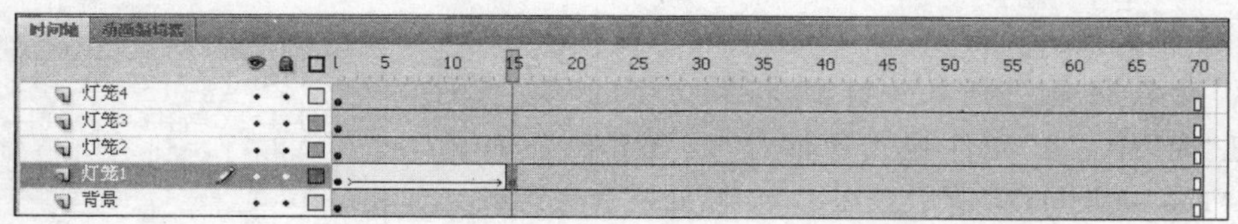

图 4-54　设置第 1 个灯笼的形状补间动画

(14) 选择"灯笼 2"图层的第 15 帧和第 30 帧，各插入一个关键帧，在第 30 帧处将第 2 个灯笼删掉，从"库"面板中将"贺"字元件拖曳到舞台，创建第 2 个灯笼的形状补间动画。用同样的方法设置其他 3 个灯笼的形状补间动画，此时时间轴如图 4-55 所示。

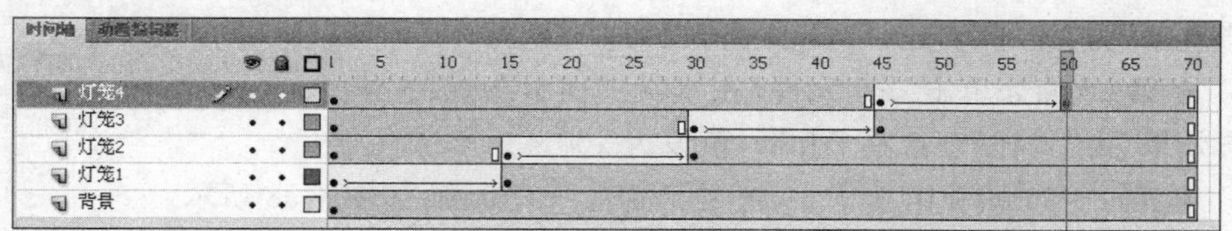

图 4-55　设置其他 3 个灯笼的形状补间动画

(15) 将文档以文件名为"恭贺新禧"保存。

4.4.3　案例 13　变脸效果

1. 案例效果

本案例是实现不同元件之间的变换，效果如图 4-56 所示。本案例包含的知识点有：

- ◆ 导入元件。
- ◆ 元件定位。
- ◆ 创建关键帧。
- ◆ 使用色彩效果 Alpha。
- ◆ 创建补间动画。

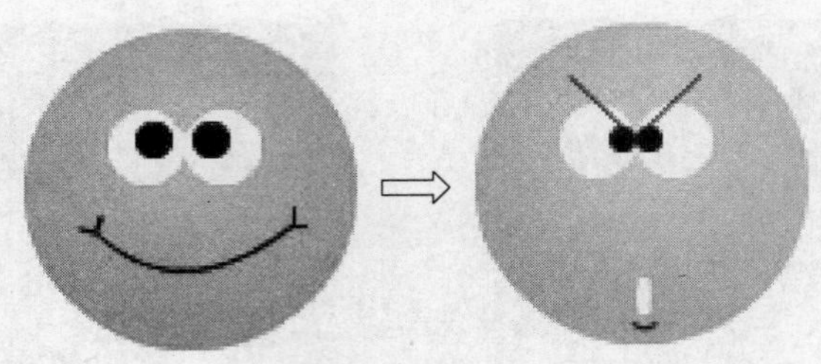

图 4-56　变脸效果

2. 设计过程

(1) 新建一个 Flash 文档，尺寸用默认 550 像素×400 像素，将“素材\第 4 章\01.jpg”及“素材\第 4 章\02.jpg”文件导入库，并将它们转成图形元件，分别取名为“笑”和“怒”。

(2) 把“库”中“笑”元件拖到舞台，在“属性”面板中设置其位置为 X：230，Y：150，按 F6 键在第 30 帧处插入关键帧。

(3) 在第 31 帧处插入关键帧，将舞台上的“笑”元件删除，把“库”中“怒”元件拖放到舞台，设置其位置为 X：230，Y：150，如图 4-57 所示。在第 60 帧处插入关键帧。

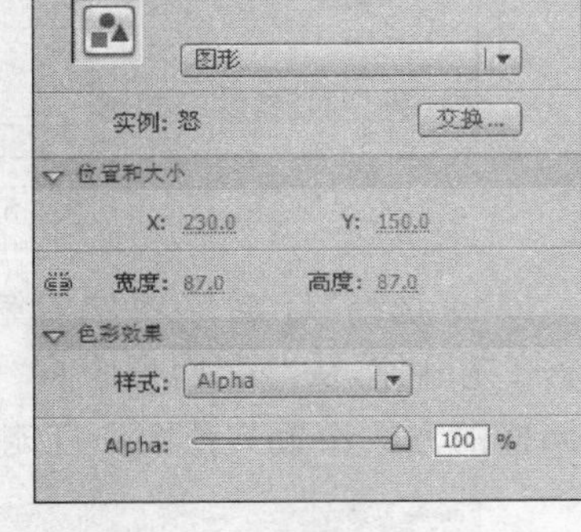

图 4-57　设置“怒”元件位置

(4) 在第 1 帧处单击“笑”元件，在“属性”面板中，设置“色彩效果”为“式样”。选择 Alpha，值设为 100%。

(5) 在第 30 帧处单击“笑”元件，在“属性”面板中，设置“色彩效果”为“式样”。选择 Alpha，值设为 20%。

(6) 在第 31 帧处单击“怒”元件，在“属性”面板中，设置“色彩效果”为“式样”。选择 Alpha，值设为 20%。

(7) 在第 60 帧处单击“怒”元件，在“属性”面板中，设置“色彩效果”为“式样”。选择 Alpha，值设为 100%。

(8) 在第 1～30 帧和第 31～60 帧之间创建补间动画，如图 4-58 所示。

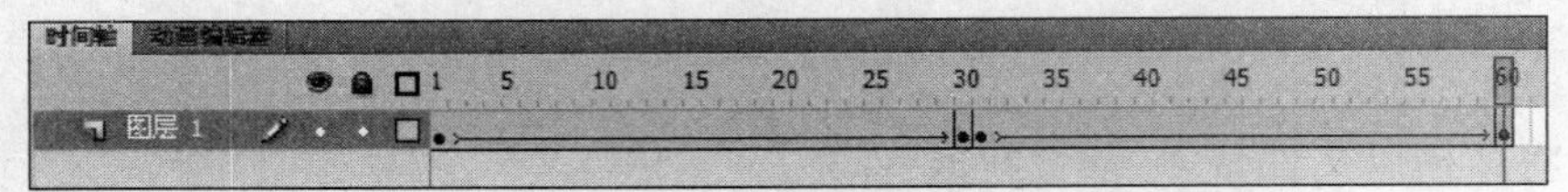

图 4-58　创建“笑”和“怒”元件的补间动画

(9) 按 Ctrl+Enter 快捷键测试动画效果。

4.4.4　案例 14　跳动的小球

1. 案例效果

本案例是实现跳动小球的弹性效果，效果如图 4-59 所示。本案例包含的知识点有：

- 导入元件。
- 创建关键帧。

图 4-59　跳动的小球效果

- 创建补间动画。
- 创建图层。
- 自定义缓入/缓出功能。

2. **设计过程**

(1) 打开"素材\第 4 章\跳动的小球素材.fla"文件。

(2) 在"背景"图层上将"库"面板中的"背景"图形元件拖放到舞台上，并设置其相对舞台居中对齐。

(3) 在图层"球"上将"库"中的"球"元件拖放到舞台正上方，如图 4-60 所示。

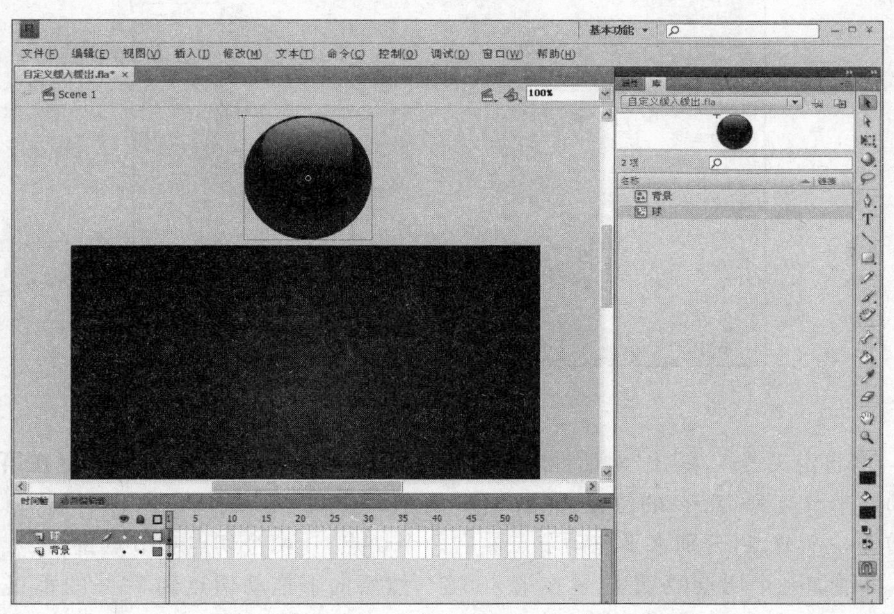

图 4-60　将小球元件拖放到舞台并设置好位置

(4) 在"背景"图层的第 60 帧插入一个关键帧，在"球"图层的第 60 帧插入一个关键帧，并将第 60 帧中的球移动到舞台中，在第 1～60 帧之间创建补间动画，如图 4-61 所示。

(5) 单击"属性"面板中"缓动"右边的"编辑"按钮，弹出"自定义缓入/缓出"对话框，如图 4-62 所示。

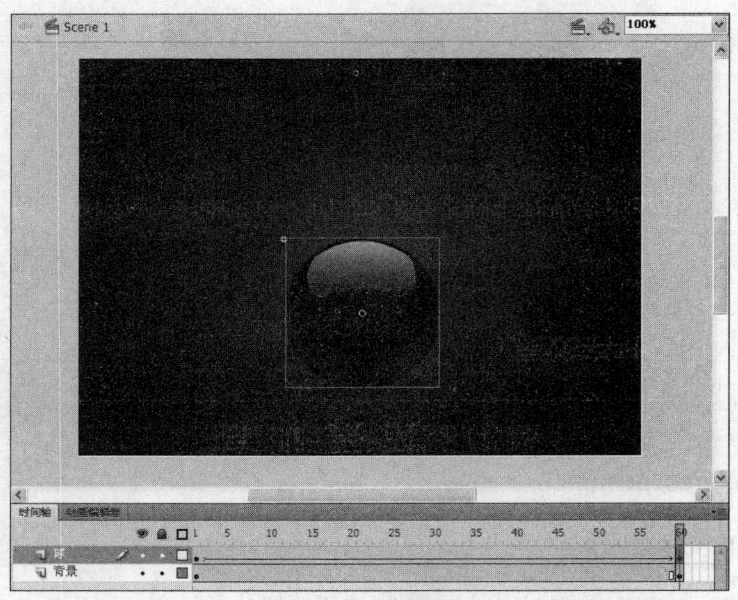

图 4-61 将小球移到舞台中央

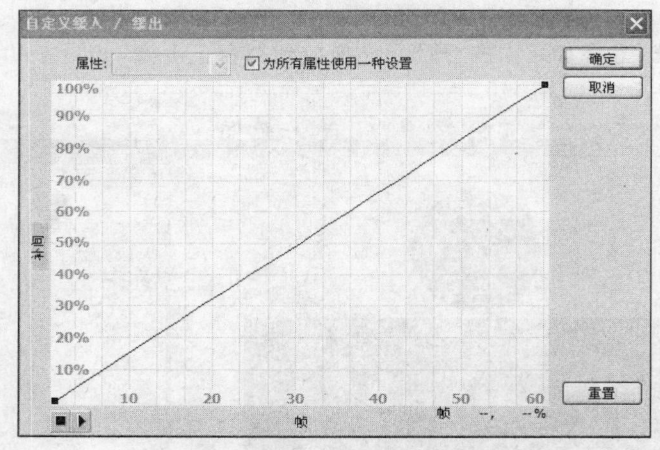

图 4-62 "自定义缓入/缓出"对话框

(6) 在"自定义缓入/缓出"对话框的对角线上单击,添加一个节点(水平位置在第 20 帧)。向上拖动这个节点到 100%的位置,如图 4-63 所示。

再增加一个节点,分别水平拖动节点左右两个切点,让两个切点和节点重合。

(7) 再增加一个切点(水平位置在第 30 帧),然后向下拖动切点到 70%的垂直位置,如图 4-64 所示。

(8) 按照第(6)步的方法再添加第三个节点,如图 4-65 所示。

(9) 按照前面的方法,再添加第四个节点,如图 4-66 所示。

至此,缓动曲线就设置好了,最后单击"确定"按钮。

(10) 按 Ctrl+Enter 快捷键测试影片,可以看到球来回弹跳的动画效果。

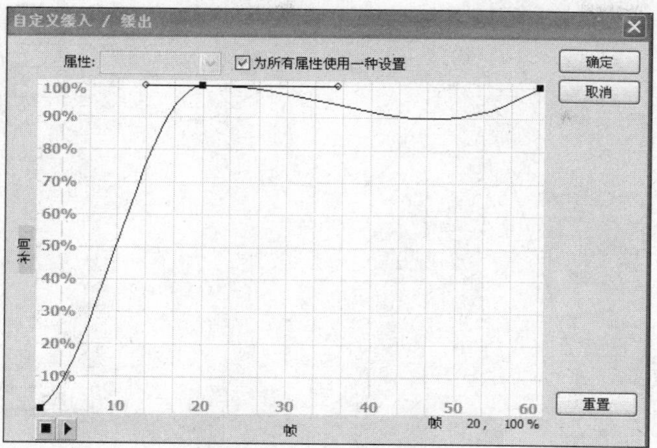

图 4-63　设置第一个节点

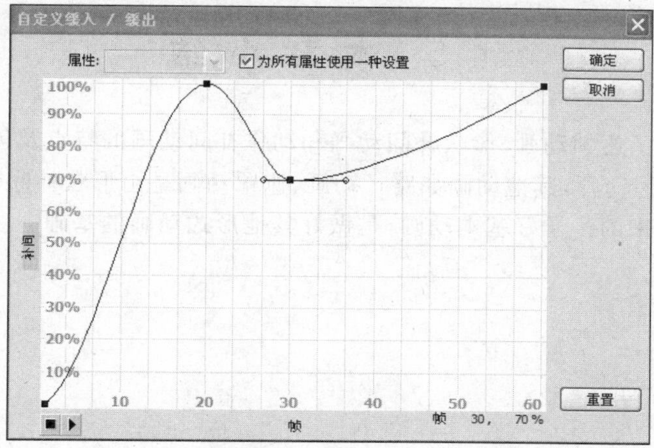

图 4-64　设置第二个节点

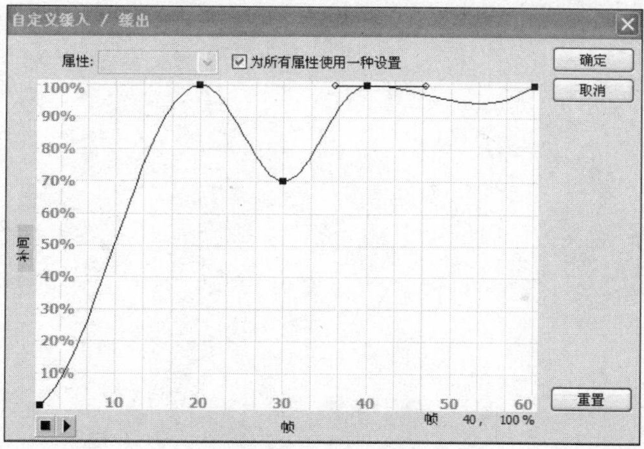

图 4-65　设置第三个节点

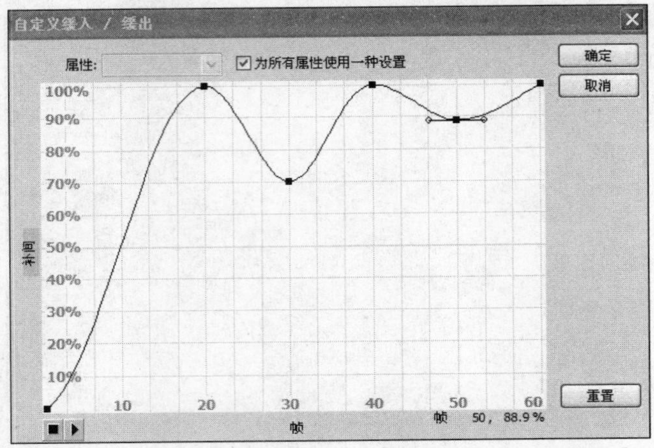

图 4-66　设置第四个节点

4.5　本章小结

本章主要介绍了逐帧动画、形状补间动画和动作补间动画的特点及创建方法，这三种动画是 Flash 最基本的动画，其他动画如路径动画、遮罩动画是由形状补间动画和动作补间动画这两大类派生而来的。学好基本动画，是做好其他形式动画的基础。

第5章　特殊动画的制作

5.1　案例 15　滚落山坡的丑小鸭

5.1.1　案例效果

本案例是一个简单的动画小品，表现的是一只丑小鸭不小心摔了一跤，从坡上滚落下来的情节。案例效果如图 5-1 所示。本案例包含的知识点有：

◆ 图形的绘制。
◆ 导入外部素材。
◆ 位图属性的设置。
◆ 运动补间动画的创建和应用。
◆ 引导层动画的创建和应用。

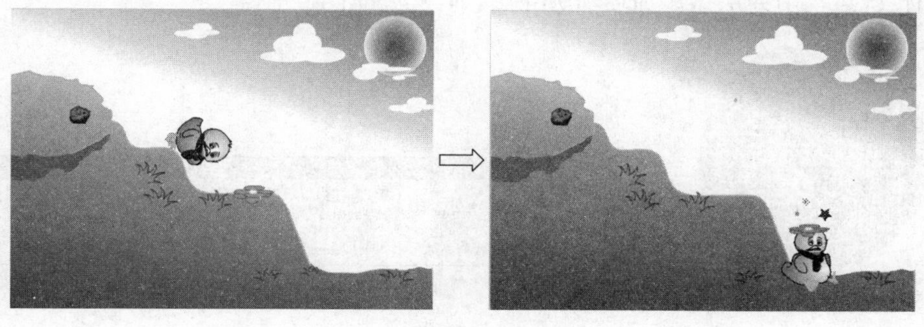

图 5-1　滚落山坡的丑小鸭效果

5.1.2　相关知识

1. 引导层动画简介

第 4 章学习了运动补间动画，操作比较简单，采用设置关键帧的方法就能完成。可是在生活中，有很多运动的路径是弧线或不规则的，如飞舞的蝴蝶、月亮围绕地球旋转等。设置有一定运动轨迹的动画时，单纯靠设置关键帧来实现显然是不太现实的。在 Flash CS4 中

利用引导层动画就可以制作出这样的效果。

运动引导层使用户可以创建特定路径的补间动画效果，实例、组或文本块都可沿着创建的特定路径运动。

2. 引导层与被引导层

一个最基本的引导层动画由两个图层组成：引导层和被引导层，且引导层必须位于被引导层之上。引导层不会导出，因此不会显示在发布的SWF文件中。任何图层都可以作为引导层。引导层的图层图标为 ，被引导层的图层图标为 。引导层用于绘制引导线，被引导层用于放置沿路径运动的元件实例，如图5-2所示。

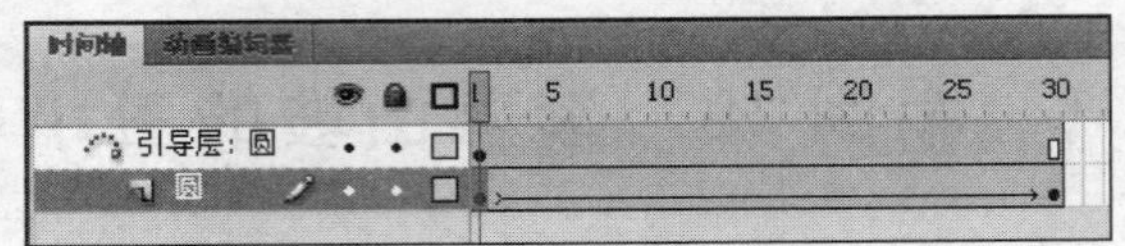

图5-2 引导层和被引导层

3. 创建引导层动画

下面制作一个圆沿着路径运动的动画，具体操作步骤如下：

(1) 新建一个Flash文档，文档属性为默认设置。

(2) 选择椭圆工具，在舞台上绘制一个无边框的圆，“填充色”为“蓝色”，如图5-3所示。

(3) 选中绘制的圆，将其转换为图形元件，并将图层1重命名为“圆”。

(4) 在“圆”图层的第30帧处插入一个关键帧。选中“圆”图层，右击，在快捷菜单中选择“添加传统运动引导层”，添加运动引导层，如图5-4所示。

图5-3 绘制一个蓝色的圆

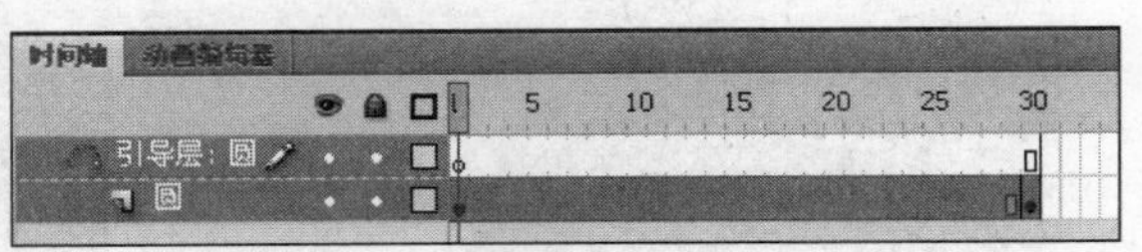

图5-4 添加运动引导层

(5) 绘制引导线。单击引导层，选择线条工具绘制一条直线，再用选择工具将直线调整为一条弧线，如图5-5所示。

(6) 移动圆实例。选择选择工具，单击 图标，开启并贴紧至对象功能。选中“圆”图层的第1帧，将圆实例移动至引导线的开始点。

(7) 选中“圆”图层的第30帧，将圆实例移至引导线的结束点，如图5-6所示。

(8) 选中“圆”图层的第1～30帧之间的任意一帧，右击，在弹出的快捷菜单中选择“创建传统补间”命令，如图5-7所示。

(9) 使用Ctrl＋Enter快捷键测试影片，将看到圆沿着路径运动的动画效果。

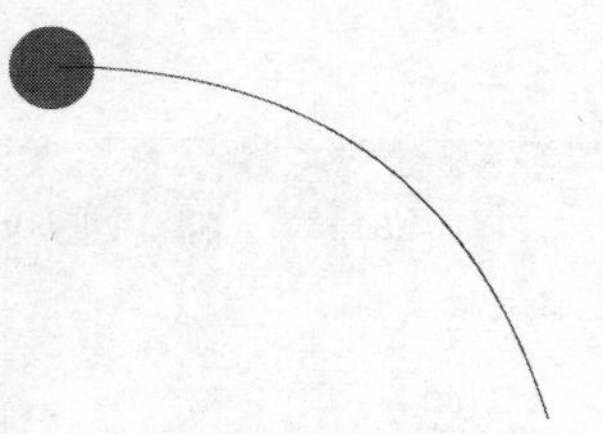

图 5-5 绘制引导线

图 5-6 将圆实例移至引导线的结束点

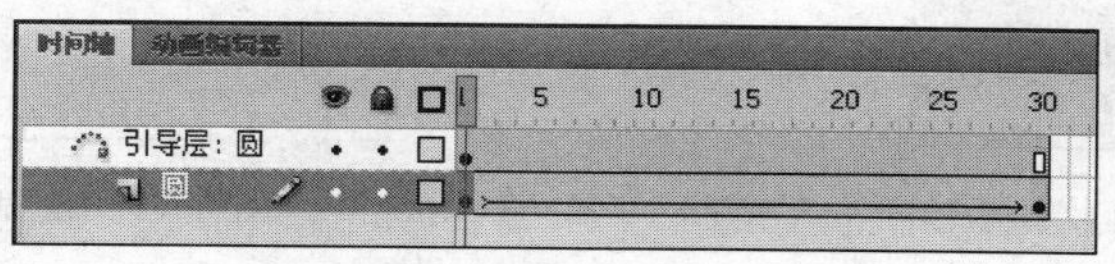

图 5-7 添加运动引导层

5.1.3 设计过程

（1）打开源文件中的“素材\第 5 章”目录中的“丑小鸭素材.fla”文件。

（2）绘制天空。将图层 1 重命名为“天空”。在舞台上绘制一个宽度为 550 像素、高度为 200 像素的无边框矩形，将其“填充色”设置为蓝色（＃3993FF）到白色的线性渐变，具体颜色设置如图 5-8 所示。用渐变变形工具对填充的渐变色进行调整，效果如图 5-9 所示。

图 5-8 “颜色”面板

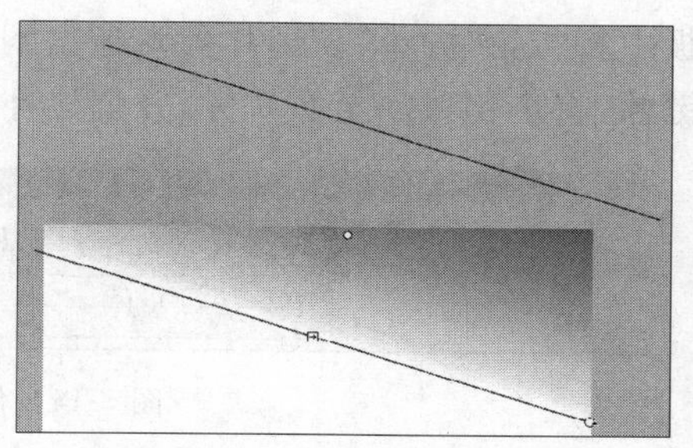

图 5-9 调整天空的渐变色

（3）绘制太阳。选择椭圆工具，设置“笔触颜色”为“无”，“填充色”为“放射状”，颜色具体设置如图 5-10 所示，绘制一个太阳，用变形工具调整太阳至适当大小并放置在舞台的右上角，效果如图 5-11 所示。

（4）绘制云朵。选择椭圆工具，“笔触颜色”为“无”，设置“填充色”为“白色”，在蓝色的天空上绘制一个由几个椭圆组成的云朵。用同样的方法再绘制其他云朵，效果如图 5-12 所示。

（5）按 F5 键，在“天空”图层第 70 帧处插入延长帧。

（6）在“天空”图层上面新建一个名为“草地”的图层。将“草地”图形元件从“库”面板中拖曳到舞台上，并调整其大小和位置，效果如图 5-13 所示。

（7）按 F5 键，在“草地”图层第 70 帧处插入延长帧。

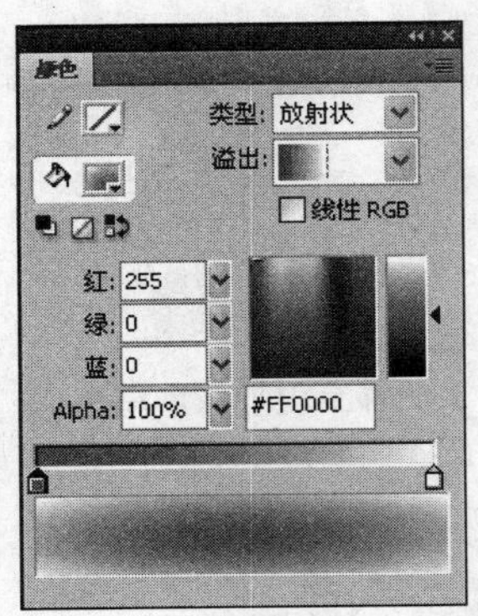

图 5-10 “颜色”面板

图 5-11 绘制太阳

图 5-12 绘制云朵

图 5-13 调整草地的大小和位置

(8) 在“草地”图层上面新建一个名为“鸭子”的图层。选中“鸭子”图层的第 1 帧，从“库”面板中将“走路的小鸭”影片剪辑拖曳到舞台，并适当设置实例的大小。选中第 10 帧，插入关键帧，将小鸭移动至石块旁，并创建补间动画，如图 5-14 所示。

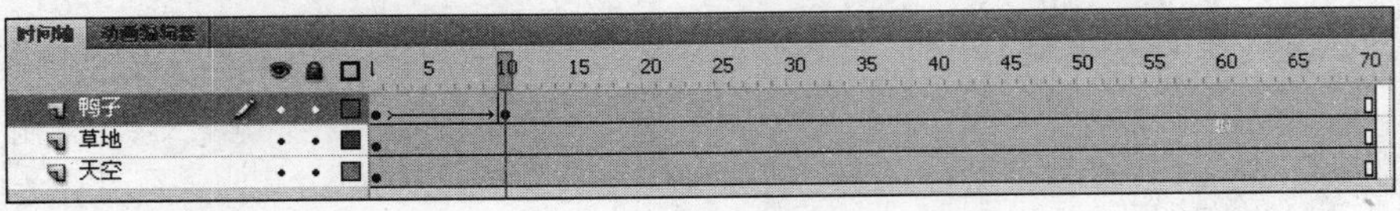

图 5-14 创建补间动画

(9) 选中第 15 帧，插入关键帧，将舞台上的鸭子实例删掉。从“库”面板中将“受惊的小鸭”影片剪辑拖曳到舞台，并适当设置实例的大小。在“鸭子”图层的上面添加引导层，并绘制引导线，即丑小鸭摔倒的线路，如图 5-15 所示。

(10) 选中第 15 帧，将小鸭移动至引导线的起点，并对其方向进行调整。在第 50 帧处插入关键帧，将起点处的小鸭删除。从“库”面板中将“摔倒的小鸭”元件拖曳至舞台，调整其大小，并将其移至引导线的终点，再创建运动补间动画，如图 5-16 所示。

图 5-15 绘制引导线

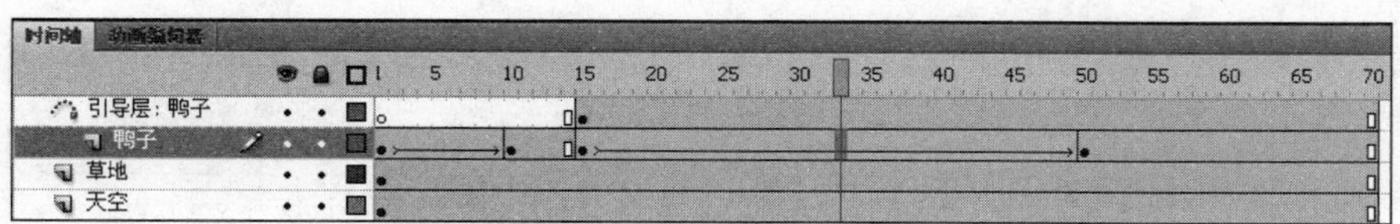

图 5-16 创建运动补间动画

(11) 调整方向。在“鸭子”图层的第 20 帧处插入关键帧,将丑小鸭的摔倒方向进行调整,使其与路径方向相协调。创建第 15～20 帧之间的补间动画,并设置帧的属性为按顺时针方向旋转,旋转次数为 1 次,如图 5-17 所示。

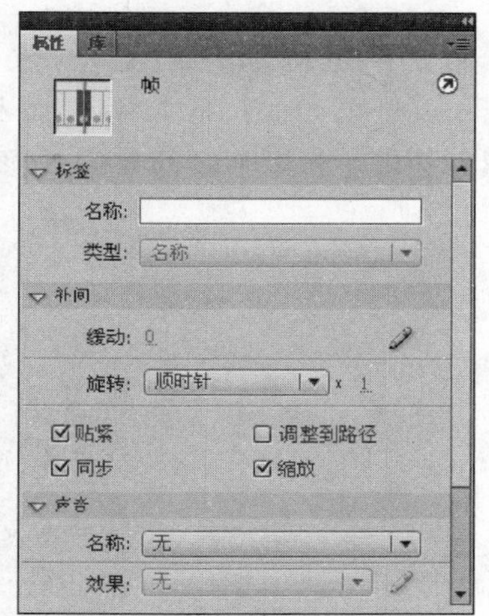

图 5-17 设置帧的属性

(12) 用同样的方法在第 25 帧、第 30 帧、第 35 帧、第 40 帧处插入关键帧,并调整丑小鸭的摔倒方向,使其与路径方向相协调,并设置补间动画和帧属性(其中第 40～50 帧之间的帧属性设置为顺时针旋转 2 次),如图 5-18 所示。

(13) 在引导层的上面新建一个名为“鲜花”的图层。选中“鲜花”图层的第 1 帧,从“库”面板中将“鲜花”元件拖曳到舞台,适当设置实例的大小并放置在如图 5-19 所示位置。

(14) 在“鲜花”图层的第 35 帧和第 41 帧处插入关键帧,调整第 41 帧的鲜花的位置,如图 5-20 所示。在第 35 帧和第 41 帧之间创建补间动画。

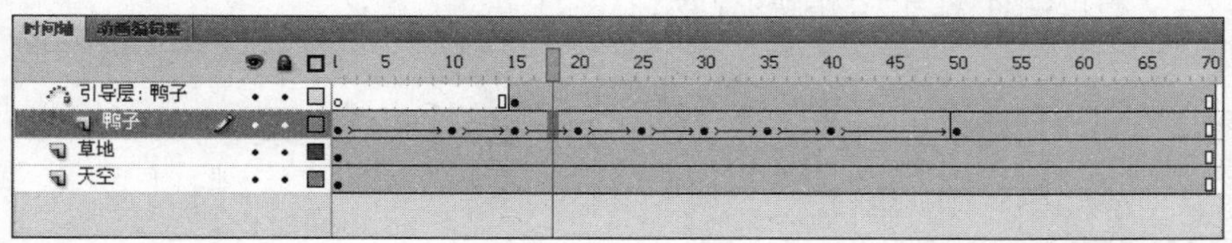

图 5-18 调整丑小鸭的摔倒方向

图 5-19 放置鲜花

图 5-20 第 41 帧处鲜花的位置

(15) 在“鲜花”图层的第 55 帧处插入关键帧,将鲜花移动到摔倒的丑小鸭的头上,并在第 41～55 帧之间设置补间动画,如图 5-21 所示。

(16) 在“鲜花”图层的上面新建一个名为“星星”的图层,在第 55 帧处用多角星形工具

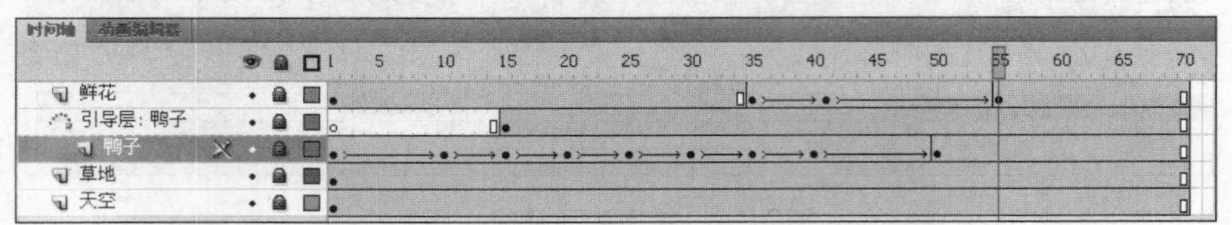

图 5-21　设置鲜花的补间动画

绘制 3 颗不同颜色的星星，放置在摔倒的丑小鸭头上。分别在第 59 帧、第 62 帧、第 66 帧、第 68 帧、第 70 帧处插入关键帧，变换丑小鸭头上的星星的颜色和位置，形成丑小鸭摔倒以后头晕目眩的效果，如图 5-22 所示。

图 5-22　设置丑小鸭摔倒以后头晕目眩的效果

(17) 将文档以文件名为“丑小鸭”保存。

5.2　案例 16　水波涌动效果

5.2.1　案例效果

先准备一张带有湖面风景的图片，如图 5-23 所示，然后使画面中原本静止的水面产生的从左往右波动的效果，如图 5-24 所示。具体动画效果参见源文件中的“水波效果.swf”。

图 5-23　湖面风景

图 5-24　产生水波涌动效果的区域

5.2.2　相关知识

1. 遮罩动画的概念

(1) 什么是遮罩

遮罩动画是 Flash 中的一个很重要的动画类型,很多效果丰富的动画都是通过遮罩动画来完成的。在 Flash 的图层中有一个遮罩图层类型,为了得到特殊的显示效果,可以在遮罩层上创建一个任意形状的“视窗”,遮罩层下方的对象可以通过该“视窗”显示出来,而“视窗”之外的对象将不会显示。

(2) 遮罩的用途

在 Flash 动画中,“遮罩”主要有两种用途,一个作用是用在整个场景或一个特定区域,使场景外的对象或特定区域外的对象不可见;另一个作用是用来遮罩住某一元件的一部分,从而实现一些特殊的效果。

2. 创建遮罩的方法

(1) 创建遮罩

在 Flash 中没有一个专门的按钮来创建遮罩层,遮罩层其实是由普通图层转化的。只要在某个图层上右击,在弹出的菜单中选择“遮罩层”,使命令的左边出现一个小钩,该图层就会生成遮罩层,层图标就会从普通层图标变为遮罩层图标,系统会自动把遮罩层下面的一层关联为“被遮罩层”,在缩进的同时图标会变化。如果要关联更多层被遮罩,只要把这些层拖到被遮罩层下面就可以了,如图 5-25 所示。

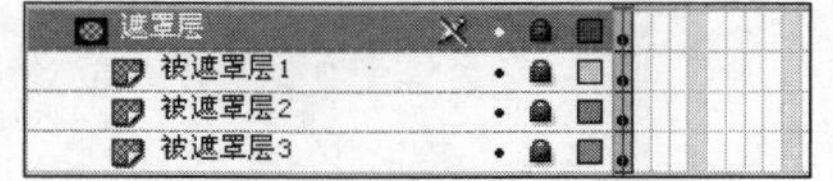

图 5-25　多层遮罩动画

(2) 构成遮罩层和被遮罩层的元素

遮罩层中的图形对象在播放时是看不到的,遮罩层中的内容可以是按钮、影片剪辑、图形、位图、文字等,但不能使用线条。如果一定要用线条,可以将线条转化为“填充”。

被遮罩层中的对象只能透过遮罩层中的对象被看到。在被遮罩层,可以使用按钮、影片剪辑、图形、位图、文字、线条。

(3) 遮罩中可以使用的动画形式

可以在遮罩层、被遮罩层中分别或同时使用形状补间动画、动作补间动画、引导线动画等动画手段,从而使遮罩动画变成一个可以施展无限想象力的创作空间。

3. 应用遮罩时的技巧

(1) 遮罩层的基本原理是:能够通过该图层中的对象看到“被遮罩层”中的对象及其属性(包括它们的变形效果),但是遮罩层中的对象中的许多属性如渐变色、透明度、颜色和线条样式等却是被忽略的。比如,不能通过遮罩层的渐变色来实现被遮罩层的渐变色变化。

(2) 要在场景中显示遮罩效果,可以锁定遮罩层和被遮罩层。

(3) 可以用 Actions(动作)语句建立遮罩,但这种情况下只能有一个“被遮罩层”,同时,不能设置 Alpha 属性。

(4) 不能用一个遮罩层遮蔽另一个遮罩层。

(5) 遮罩可以应用在 GIF 动画上。

(6) 在制作过程中，遮罩层经常挡住下层的元件，因影响视线而无法编辑，可以单击遮罩层“时间轴”面板的显示图层轮廓按钮，使遮罩层只显示边框形状，用户可以拖动边框调整遮罩图形的外形和位置。

(7) 在被遮罩层中不能放置动态文本。

如图 5-26 所示，在该文档中有两个图层，图层 1 是一张图片；图层 2 是文字，此时没有遮罩效果，当对图层 2 使用遮罩以后，效果就会发生变化。如图 5-27 所示，被文字遮挡住的图片就会显示出来，没有被遮挡住的图片就变成了舞台的背景色。

图 5-26 未使用遮罩

图 5-27 已使用遮罩

4. 取消遮罩的方法

如果要取消遮罩效果，只需要在遮罩层上右击，在弹出的菜单中单击"遮罩层"按钮，在该命令上单击去掉左边的小钩，该图层就会变成普通层，层图标就会从遮罩层图标变为普通层图标；系统也会自动把遮罩层下面的被遮罩层变为普通层，同时图标便由变为。

5.2.3　设计过程

1. 基本思路

(1) 在被遮罩层和普通层各放一张相同的图片，被遮罩层在普通层的上面，两张图片的大小和所处的位置一样。把被遮罩层中不是水波运动的区域抠掉。

(2) 以一组线条(线条要转为填充)从左往右的运动做遮罩层，模拟水波从左往右的运动。

(3) 把其中的一张图片向左或向右移动 5～8 个像素，配合遮罩层形成水波涌动的效果。

2. 操作步骤

(1) 新建一个 Flash CS4 文档，在"文档属性"面板中，将"帧频"设置为 12fps。

(2) 执行"文件"→"导入"→"导入到舞台"命令，将源文件中"素材\第 5 章\湖.jpg"导入舞台中。

(3) 选中舞台中的图片，将图片的大小设置为 420 像素×336 像素，并将图片放置在舞台的正中央，如图 5-28 所示。

图 5-28　导入的图片

(4) 选中舞台中的图片,按 Ctrl+C 快捷键进行复制。

(5) 新建图层 2,执行"编辑"→"粘贴到当前位置"命令,将图片粘贴到图层 2,此时两张图片完全重合在一起。单击图层 1 中的"锁定图层"和"显示隐藏图层"按钮,使图层 1 被锁定和隐藏起来,如图 5-29 所示。

图 5-29　锁定图层和隐藏图层

(6) 选中图层 2 中的图片,执行"修改"→"分离"命令或按 Ctrl+B 快捷键,将图片分离。使用橡皮擦工具擦除图片中除湖以外的对象,效果如图 5-30 所示。

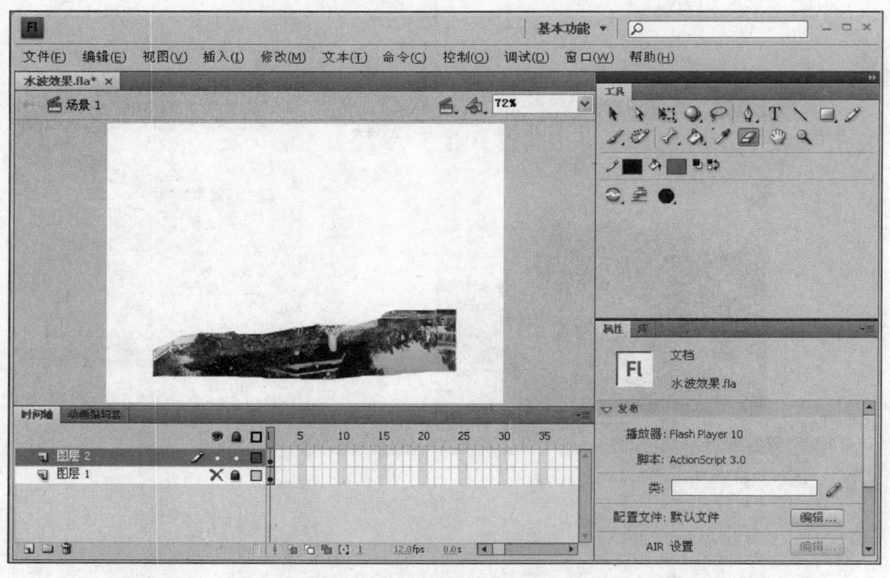

图 5-30　剩余的图片

(7) 单击图层 2 中的"锁定图层 2"按钮,使图层 2 被锁定。

(8) 新建图层 3，选择线条工具，在其“属性”面板中将线条的粗细设置为 3。在图层 3 中绘制线条，效果如图 5-31 所示。然后选中全部线条，执行“修改”→“形状”→“将线条转换为填充”命令，将线条转化为“填充”效果。

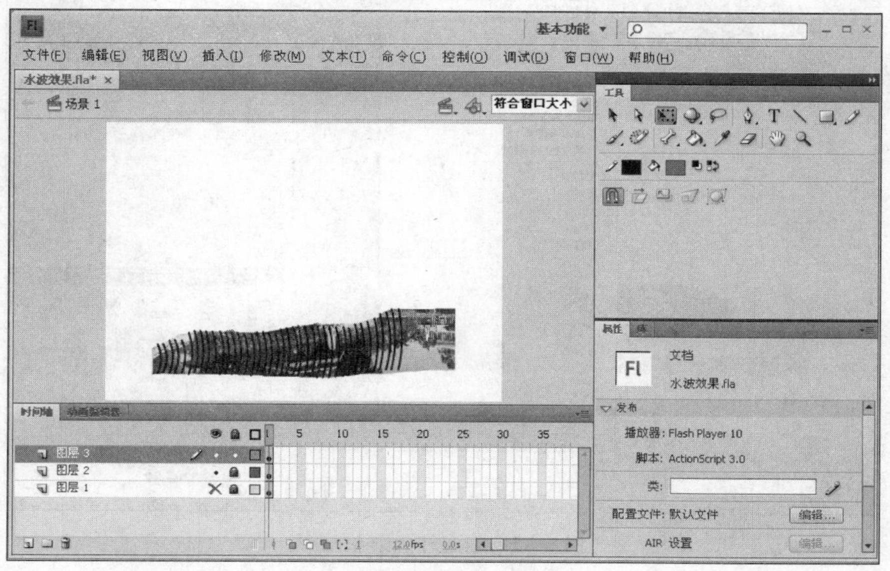

图 5-31　“填充”以后的线条

(9) 在图层 3 的第 72 帧中按 F6 键插入关键帧；在图层 2 的第 72 帧中按 F5 键插入帧；在图层 1 的第 72 帧中按 F5 键插入帧。

(10) 选中图层 3 的第 72 帧中的所有的线条并右移，效果如图 5-32 所示。

图 5-32　移动线条

(11) 在图层 3 的第 1 帧上右击,在弹出的菜单中选择“创建补间形状”命令,如图 5-33 所示,创建形状动画。

图 5-33　创建补间形状动画

(12) 解锁图层 2,单击图层 2 的第 1 帧,左移 5 次光标。

(13) 解锁和显示图层 1。

(14) 在图层 3 上右击,在弹出菜单中选择“遮罩层”命令,图层 3 就会变成遮罩层,图层 2 就成为被遮罩层,如图 5-34 所示。

图 5-34　创建好的遮罩

(15) 至此,该动画已经制作完毕。按 Ctrl+Enter 快捷键测试影片,可以看一看动画效果。

5.3 案例17 可爱的毛毛虫

5.3.1 案例效果

本案例是通过骨骼动画模拟一只毛毛虫由远处向近处运动的效果,案例效果如图5-35所示。本案例包含的知识点有:

◆ 骨骼工具。
◆ 绑定工具。
◆ 3D旋转工具。
◆ 3D平移工具。

图5-35 可爱的毛毛虫效果

5.3.2 相关知识

反向运动(IK)是一种模拟骨骼的有关节结构,对一个对象或彼此相关的一组对象进行链接、互动处理的方法。

Flash CS4新增了骨骼工具,使用骨骼,元件实例和形状对象可以做出复杂而自然的动作。骨骼动画的制作包括两个用于处理IK的工具。使用骨骼工具可以向元件实例和形状添加骨骼。使用绑定工具可以调整形状对象的各个骨骼和控制点之间的关系。

1. 骨骼工具

1) 向元件添加骨骼

可以向影片剪辑、图形和按钮实例添加IK骨骼。向元件实例添加骨骼时,会创建一个链接实例链。这不同于对形状使用骨骼,其中形状变为骨骼的容器。根据需要,元件实例的链接链可以是一个简单的线性链或分支结构。在添加骨骼之前,元件实例可以在不同的图层上。添加骨骼时,Flash将它们移动到新图层。

向元件添加骨骼的操作步骤如下：

(1) 在舞台上创建多个元件实例，并将其按适当的空间位置排列好，如图 5-36 所示。从工具箱中选择骨骼工具，也可以按 X 键选择骨骼工具。

(2) 使用骨骼工具，单击要作为根部骨骼的实例，拖动鼠标，经过要附加骨骼的第二个实例的特定点后释放鼠标，如图 5-37 所示。

(3) 添加多个骨骼，从第一个骨骼的尾部拖动到要添加到骨架的下一个元件实例。依次进行操作，效果如图 5-38 所示。

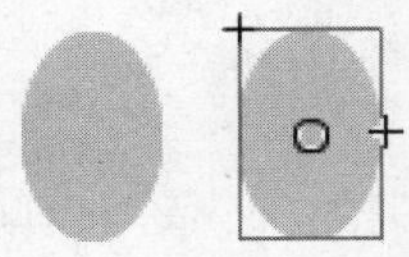

图 5-36　创建元件实例

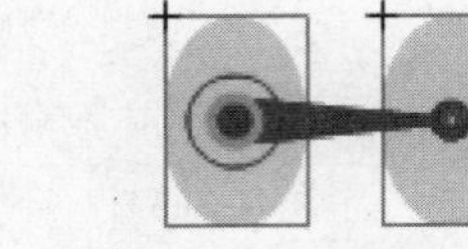

图 5-37　创建根骨骼

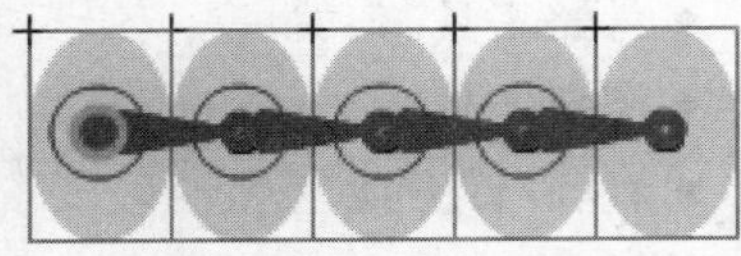

图 5-38　添加骨骼

(4) 若要创建分支骨架，可单击希望分支开始的现有骨骼的头部，然后进行拖动，以创建新分支的第一个骨骼。骨架可以具有所需数量的分支，如图 5-39 所示。

2) 向单个形状内部添加骨骼

可向单个形状或一组形状添加骨骼。在任意情况下，在添加第一个骨骼之前必须选择所有形状。在将骨骼添加到所选内容后，Flash 将所有的形状和骨骼转换为 IK 形状对象，并将该对象移动到新的姿势图层。

具体操作步骤如下：

(1) 在舞台上创建填充的形状，如图 5-40 所示。

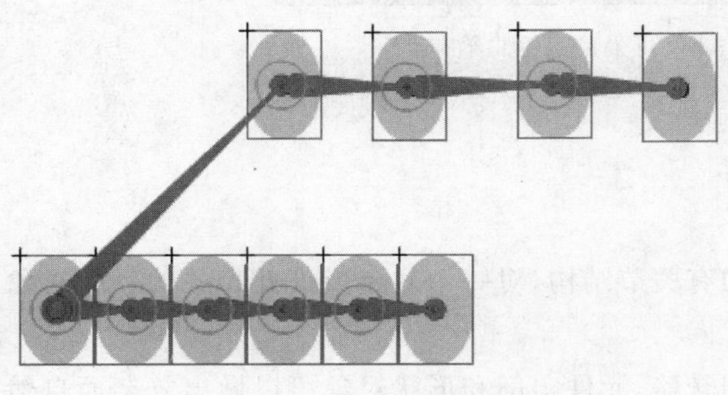

图 5-39　添加多支骨架

图 5-40　创建填充的形状

(2) 在舞台上选择整个形状。在工具箱中选择骨骼工具，也可以按 X 键选择骨骼工具。

(3) 使用骨骼工具，在形状内单击并拖动到形状内的其他位置。在拖动时，将显示骨骼。释放鼠标后，在单击的点和释放鼠标的点之间将显示一个实心骨骼。每个骨骼都具有头部、圆端和尾部(尖端)，如图 5-41 所示。

添加第一个骨骼时，Flash 将形状转换为 IK 形状对象，并将其移动到时间轴中的新图层。新图层称为姿势图层，与给定骨架关联的所有骨骼和 IK 形状对象都驻留在姿势图层中。每个姿势图层只能包含一个骨架。Flash 向时间轴中现有的图层之间添加新的姿势图层，以保持舞台上对象之前的堆叠顺序。

(4) 依次添加其他骨骼，从第一个骨骼的尾部拖动到形状内的其他位置。指针在经过现有骨骼的头部或尾部时会发生改变。第二个骨骼将成为根骨骼的子级。按照要创建的父子关系的顺序，将形状的各区域与骨骼连接在一起，如图 5-42 所示。

2. 绑定工具

下面介绍如何将骨骼绑定到形状点。

默认情况下，形状的控制点连接到离它们最近的骨骼。使用绑定工具，可以编辑单个骨骼和形状控制点之间的连接，这样可以控制在每个骨骼移动时笔触扭曲的方式以获得更满意的结果。可以将多个控制点绑定到一个骨骼，以及将多个骨骼绑定到一个控制点。使用绑定工具单击控制点或骨骼，将显示骨骼和点之间的连接，然后可以按各种方式更改连接。

如果将多个控制点绑定到一块骨骼或者多个骨骼绑定到一个控制点。使用绑定工具选择控制点或骨骼，可以看到骨骼和控制点之间的连接，如图 5-43 所示。

图 5-41　创建第一个骨骼

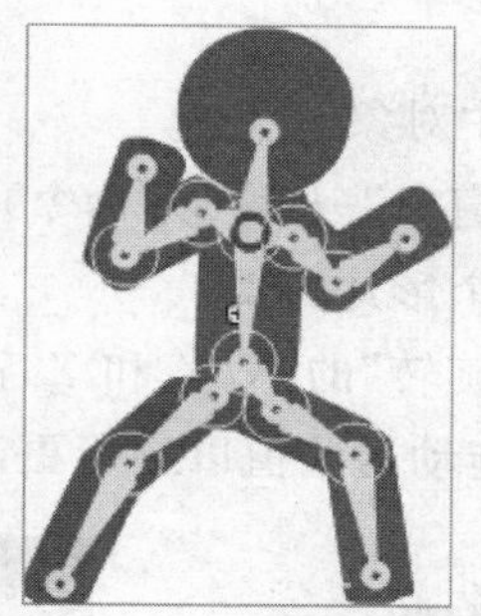
图 5-42　移动骨架位置

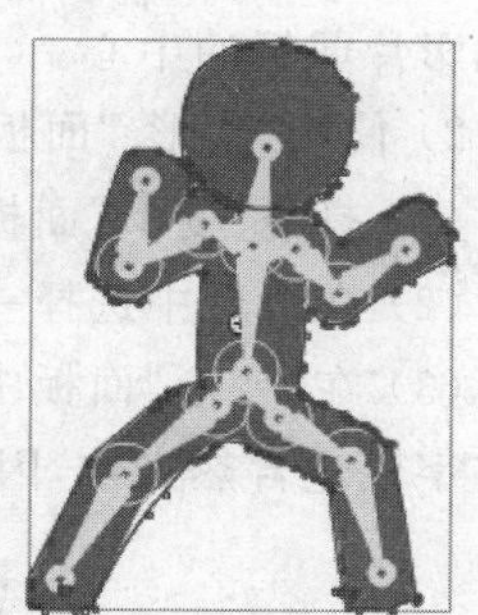
图 5-43　绑定控制点

3. 3D 旋转工具

使用 3D 旋转工具可以在 3D 空间中旋转影片剪辑实例。3D 旋转控件出现在舞台中的选定对象之上，X 轴为红色，Y 轴为绿色，Z 轴为蓝色，使用黄色的轴向控件可以同时在 3 个轴向上随意旋转对象。

1) 使用 3D 旋转工具的方法

(1) 在工具箱中选择 3D 旋转工具（或按W 键）。

(2) 在舞台上选择一个影片剪辑的实例，如图 5-44 所示。

(3) 将指针放在四个旋转轴中任意一个轴控件上。指针在经过四个控件中的一个控件时将发生变化。拖动一个轴控件以绕该轴旋转，或拖动自由旋转控件（外侧橙色圈）同时绕 X 和 Y 轴旋转。左右拖动 X 轴控件可绕 X 轴旋转；上下拖动Y 轴控件可绕 Y 轴旋转；拖动 Z轴控

图 5-44　利用 3D 旋转工具选择对象

件进行圆周运动可绕 Z 轴旋转，如图 5-45～图 5-47 所示。

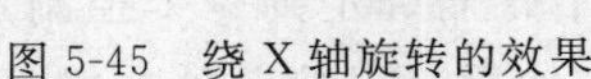

图 5-45　绕 X 轴旋转的效果

图 5-46　绕 Y 轴旋转的效果

图 5-47　绕 Z 轴旋转的效果

(4) 若要相对于影片剪辑重新定位旋转控件中心点，可拖动中心点。若要按 45°增量约束中心点的移动，可在按住 Shift 键的同时进行拖动。

(5) 移动旋转中心点可以控制旋转对于对象及其外观的影响。双击中心点可将其移回所选影片剪辑的中心。

2) 使用“变形 ”面板旋转选中对象

(1) 打开“变形”面板(执行“窗口”→“变形”命令)。

(2) 在舞台中选择一个或多个影片剪辑。

(3) 在“变形”面板中的“3D 旋转”的 X、Y 和 Z 字段中输入所需的值以旋转选中对象。这些字段包含热文本，因此可以拖动这些值以进行更改，如图 5-48 所示。

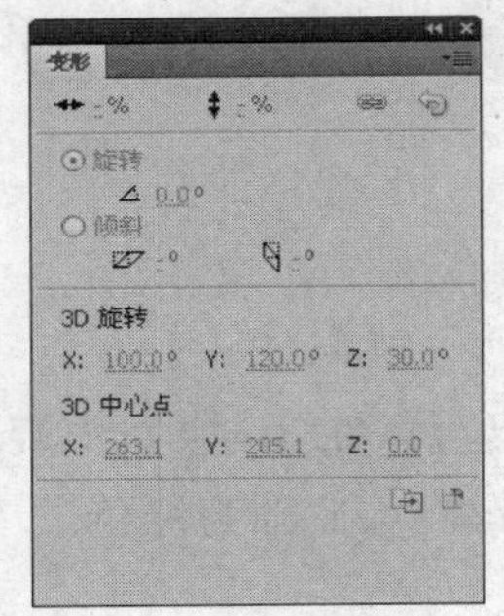

图 5-48　“变形”面板

(4) 若要移动 3D 旋转点，应在“3D 中心点”的 X、Y 和 Z 字段中输入所需的值。

3) 调整透视角度

透视角度和消失点都是 3D 变形工具最重要的属性。Flash 文件的透视角度属性控制 3D 影片剪辑视图在舞台上的外观视角。

增大或减小透视角度将影响 3D 影片剪辑的外观尺寸及其相对于舞台边缘的位置。增大透视角度可使 3D 对象看起来更接近查看者，减小透视角度属性可使 3D 对象看起来更远。如图 5-49 和图 5-50 所示的透视角度为 55°和 110°的效果。

设置透视角度的操作步骤如下：

(1) 在舞台中，选择一个应用了 3D 旋转或平移的影片剪辑实例。

(2) 在属性检查器中的“透视角度”字段中输入一个新值，或拖动热文本以更改该值。

4) 调整消失点

Flash 文件的消失点属性控制舞台上 3D 影片剪辑的 Z 轴方向。Flash 文件中所有 3D 影片剪辑的Z 轴都朝着消失点后退。通过重新定位消失点，可以更改沿 Z 轴平移对象时对象的移动方向。通过调整消失点的位置，可以精确控制舞台上 3D 对象的外观和动画。

若要在属性检查器中查看或设置消失点，必须在舞台上选择一个 3D 影片剪辑。对消失点进行的更改在舞台上立即可见，如图 5-51 所示。

图 5-49　透视角度为 55°的舞台

图 5-50　透视角度为 110°的舞台

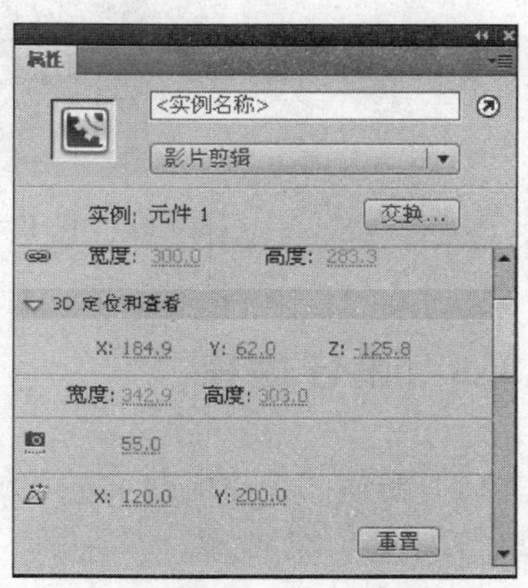

图 5-51　设置透视角度和消失点

若要设置消失点，执行以下操作：

(1) 在舞台上选择一个应用了 3D 旋转或平移的影片剪辑。

(2) 在属性检查器中的“消失点”字段中输入一个新值，或拖动热文本以更改该值。拖动热文本时，指示消失点位置的辅助线显示在舞台上。

(3) 若要将消失点移回舞台中心，单击属性检查器中的“重置”按钮。

4. 3D 平移工具

1) 在 3D 空间中移动单个对象

(1) 在工具箱中选择 3D 平移工具（或按 G 键选择此工具）。

(2) 用 3D 平移工具选择一个影片剪辑。

(3) 若要通过用该工具进行拖动来移动对象，应将指针移动到 X、Y 或 Z 轴控件上。指针在经过任一控件时将发生变化。X 轴和 Y 轴控件是每个轴上的箭头，按控件箭头的方向拖动其中一个控件可沿所选轴移动对象。Z 轴控件是影片剪辑中间的黑点，上下拖动 Z 轴控件可在 Z 轴上移动对象。

(4) 若要使用属性检查器移动对象，应在属性检查器的“3D 定位和视图”选项区中输入 X、Y 或 Z 的值。在 Z 轴上移动对象时，对象的外观尺寸将发生变化。外观尺寸在属性检查

器中显示为属性检查器的“3D 位置和视图”部分中的“宽度”和“高度”值，这些值是只读的。

2）在 3D 空间中移动多个选中对象

在选择多个影片剪辑时，可以使用 3D 平移工具移动其中一个选定对象，其他对象将以相同的方式移动，如图 5-52 所示。

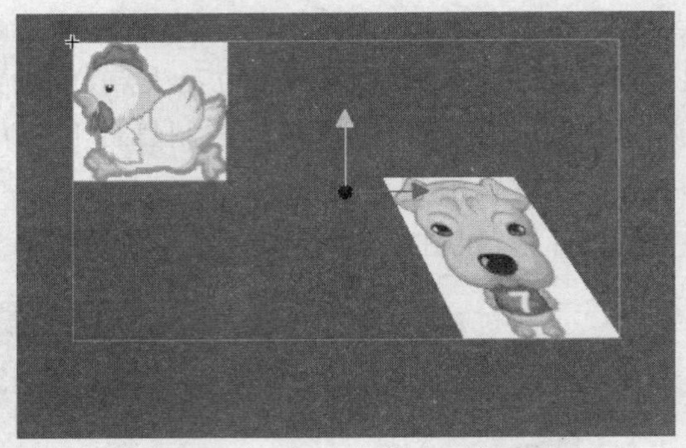

图 5-52　利用 3D 平移工具同时选中多个影片剪辑元件实例

5.3.3　设计过程

（1）新建一个 Flash 文档，选择 Flash 文件（ActionScript 3.0），将其保存为“可爱的毛毛虫”，如图 5-53 所示。

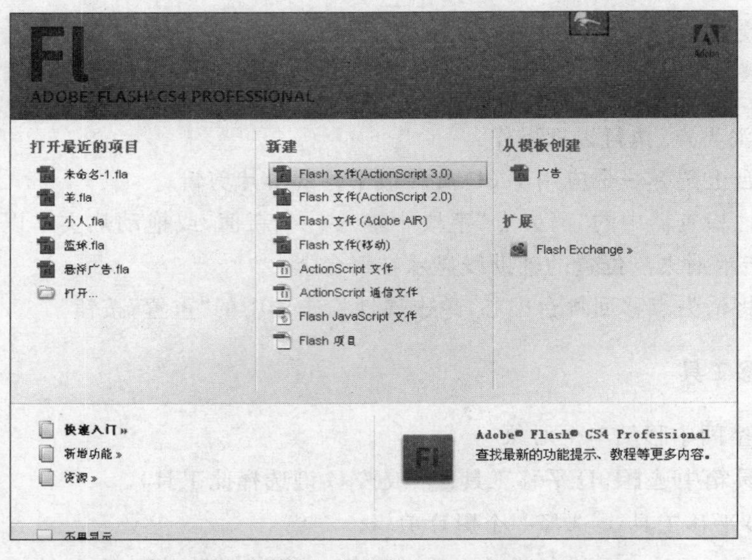

图 5-53　新建 Flash 文件（ActionScript 3.0）

（2）执行“文件”→“导入”命令，将素材图片“背景”导入舞台中，并调整其大小，使其与舞台一致，如图 5-54 所示。在第 80 帧处按 F5 键，插入帧。

（3）新建一个图层，单击工具箱中的椭圆工具按钮，在舞台中绘制如图 5-55 所示的毛毛虫。

（4）选定舞台中的毛毛虫图形，按 F8 键创建一个名为“毛毛虫蠕动”的影片剪辑，按

Ctrl+B 快捷键，将毛毛虫图案打散为形状，如图 5-56 所示。

图 5-54　导入背景图片

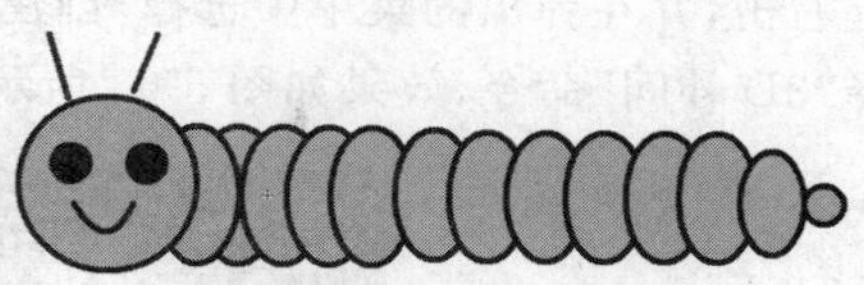

图 5-55　绘制毛毛虫图形

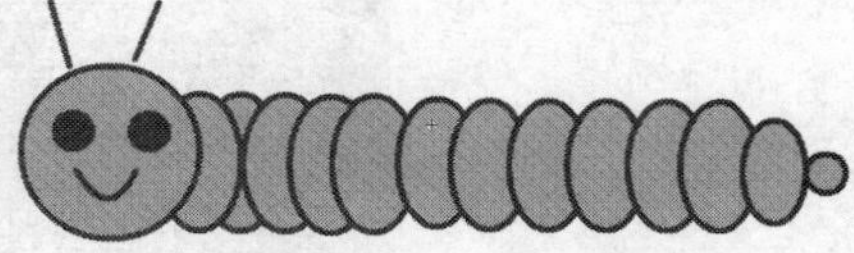

图 5-56　将毛毛虫图形打散为形状

(5) 单击工具箱中的骨骼工具按钮，绘制毛毛虫的骨骼，如图 5-57 所示。

(6) 选中新增的骨架图层的第 10 帧，右击并选择“插入姿势”命令。然后单击“选择工具”按钮，改变毛毛虫中的骨骼形状，调整效果如图 5-58 所示。

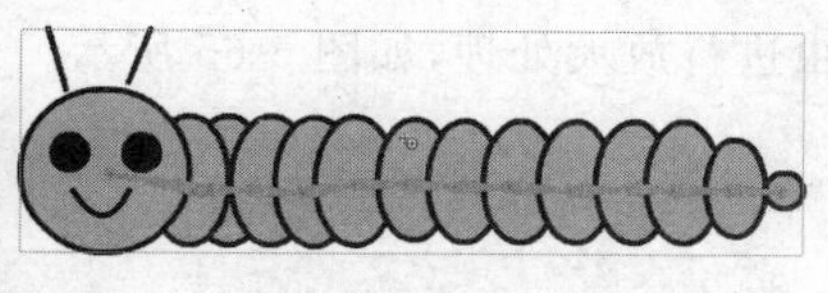

图 5-57　创建骨骼

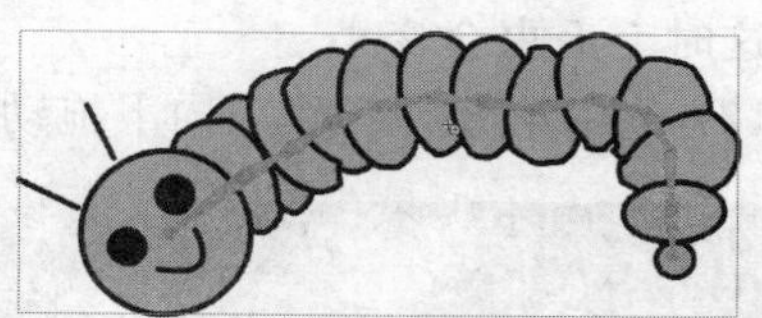

图 5-58　第 10 帧的骨骼形状

(7) 选中骨架图层的第 20 帧，右击并选择“插入姿势”命令，然后单击“选择工具”按钮，改变毛毛虫中的骨骼形状，调整效果如图 5-59 所示。

(8) 使用相同的方法，分别选中骨架图层的第 30 帧、第 40 帧，调整骨骼形状，效果如图 5-60 和图 5-61 所示。在第 45 帧按 F5 键，插入普通帧。

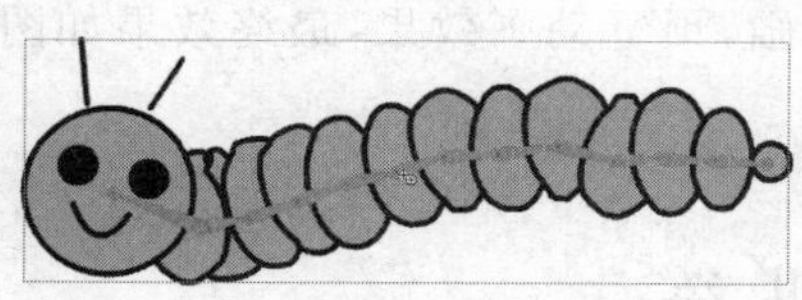

图 5-59　第 20 帧的骨骼形状

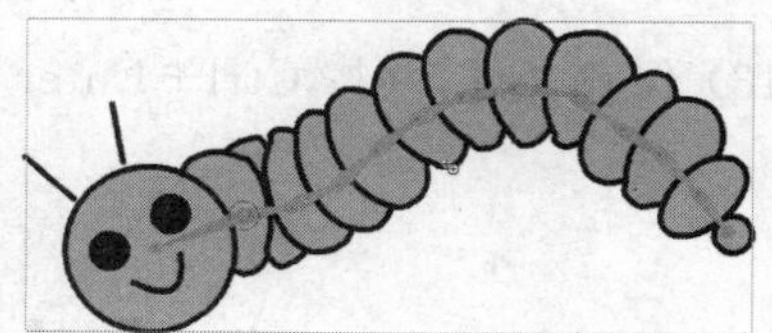

图 5-60　第 30 帧的骨骼形状

(9) 回到场景 1，将“毛毛虫蠕动”影片剪辑拖动到舞台上，位置如图 5-62 所示。

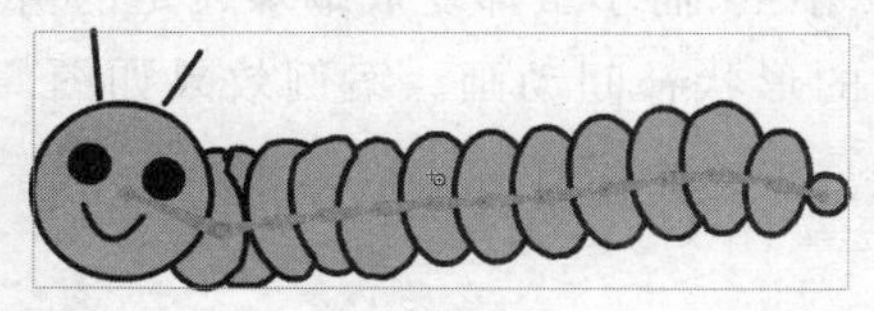

图 5-61　第 40 帧的骨骼形状

图 5-62　放置毛毛虫

(10) 选中第 80 帧，然后按 F5 键插入帧，再将毛毛虫拖放到如图所示的位置。最后在帧上右击，并在弹出的菜单中选择“创建补间动画”命令。在帧上右击，然后在弹出的菜单中选择“3D 补间”命令，效果如图 5-63 所示。

图 5-63　创建 3D 补间动画

(11) 单击工具箱中的 3D 平移工具按钮，然后在第 1 帧上选中毛毛虫。再将光标放置在坐标轴的原点上，当光标变成带 Z 形指针时，如图 5-64 所示，最后将毛毛虫向上移动一些像素，这时毛毛虫会变小 。

(12) 选中第 80 帧，然后向下拖动光标将毛毛虫进行放大处理，如图 5-65 所示。

图 5-64　选择坐标轴

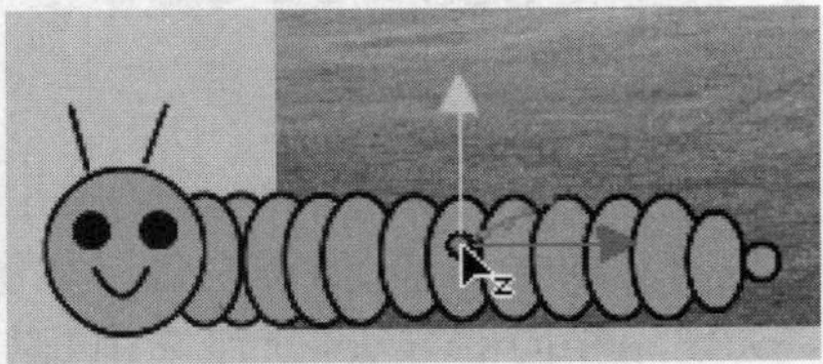

图 5-65　移动光标

(13) 保存文件，并按 Ctrl＋Enter 快捷键测试动画，预览动画效果，最终效果如图 5-35 所示。

5.4　拓展训练

5.4.1　案例 18　小鸡啄虫

1. 案例效果

本案例是一个简单的动画小品，表现的是小鸡啄小虫、而小虫却变成蝴蝶飞走的情节。案例在学习引导动画制作的同时，复习了前面学过的形状补间动画。案例效果如图 5-66 所示。

本案例包含的知识点有：

◆ 图形的绘制。

图 5-66　小鸡啄虫效果

◆ 元件的创建和编辑。

◆ 形状补间动画的创建和应用。

◆ 引导层动画的创建和应用。

2. 设计过程

(1) 打开源文件中的“素材\第 5 章”目录中的“小鸡啄虫素材. fla”文件。

(2) 绘制草地。将图层 1 重命名为“背景”。选择矩形工具，设置“笔触粗细”为“1”，“笔触颜色”为“黑色”，“填充色”为“线性”，填充色依次为＃00A200 和＃F3FF86，具体颜色设置如图 5-67 所示，在舞台上绘制一个宽度为 550 像素、高度适当的矩形。

(3) 用选择工具把矩形适当调整成草地的样子，将草地的黑色边框删掉，并用渐变变形工具对填充的渐变色进行调整，效果如图 5-68 所示。

(4) 再绘制第二块草地，设置并调整填充色，效果如图 5-69 所示。

图 5-67 “颜色”面板

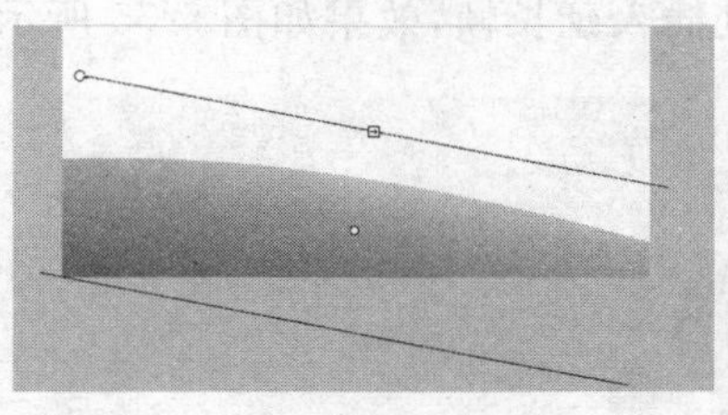

图 5-68　调整渐变色

图 5-69　绘制第二块草地

(5) 制作天空。选择矩形工具，设置“笔触颜色”为“无”，在草地上方绘制一个宽为 550 像素、高为 200 像素的矩形，“填充色”为“线性”，填充色依次为＃0BAFFF 和＃FFFFFF，具体颜色设置如图 5-70 所示。用渐变变形工具对填充的渐变色进行调整，效果如图 5-71 所示。

(6) 绘制云朵。选择椭圆工具，设置“笔触颜色”为“无”，“填充色”为“白色”，在蓝色的天空上绘制一个由几个椭圆组成的云朵。用同样的方法再绘制其他云朵，效果如图 5-72 所示。

图 5-70　天空的颜色设置

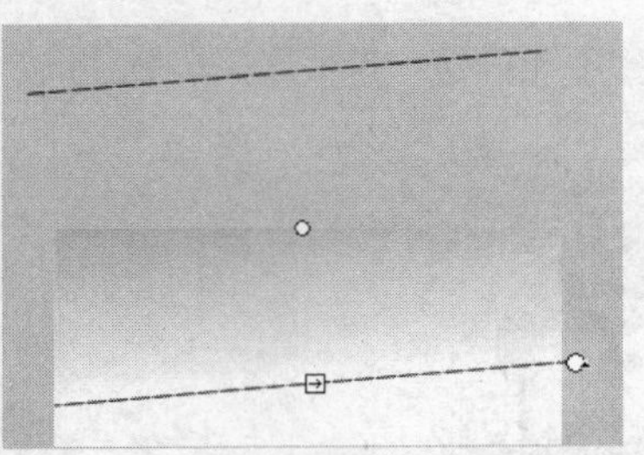

图 5-71　调整天空的渐变色

图 5-72　绘制云朵

(7) 按 F5 键,在"背景"图层第 100 帧处插入延长帧。

(8) 绘制树木。在"背景"图层上面新建一个名为"树木花朵"的图层。选择矩形工具,设置"笔触颜色"为"无",树干的"填充颜色"为"＃7B7B00",在草地上绘制树干。选择椭圆工具,设置"笔触颜色"为"无","填充颜色"为"线性",填充色依次为＃95DD00 和＃488A00,绘制一个椭圆做树叶,并用渐变变形工具对填充的渐变色进行适当调整,效果如图 5-73 所示。复制树木,并用任意变形工具调整树木的大小,效果如图 5-74 所示。

图 5-73　绘制树木

(9) 绘制花草。按 F5 键,在"树木花朵"图层第 100 帧处插入延长帧,效果如图 5-75 所示。

图 5-74　制作其他树木

图 5-75　绘制花草

(10) 在"树木花朵"图层的上方新建一个名为"鸡"的图层,将影片剪辑"鸡啄虫"拖曳到舞台右下角,并用任意变形工具调整至适当大小。在"鸡"图层上面再新建一个名为"虫"的图层,将影片剪辑"虫"拖曳到舞台小鸡的前面,并用任意变形工具调整至适当大小,效果如图 5-76 所示。

(11) 在"鸡"图层的第 30 帧处插入关键帧,并将小鸡移动到舞台中央。选择第 1～30 帧之间的任意一帧,右击,在弹出的快捷菜单中选择"创建传统补间"命令。在"虫"图层的第

30 帧处插入关键帧，将小虫移动到舞台中央，放在小鸡的前面，并创建补间动画。如图 5-77 和图 5-78 所示。

图 5-76　拖曳影片剪辑

图 5-77　移动小鸡和虫的位置

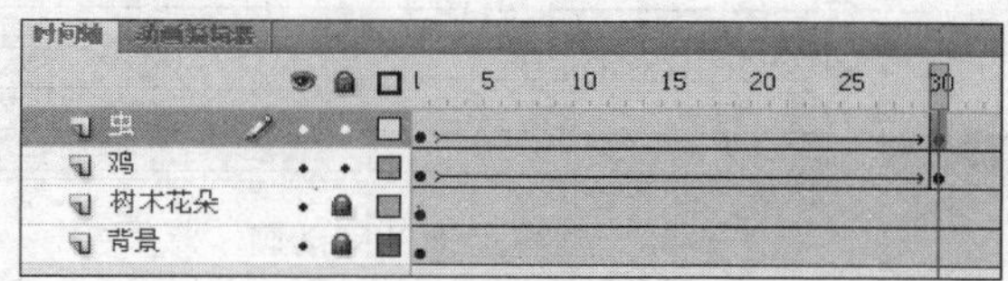

图 5-78　创建补间动画

(12) 创建小虫变蝴蝶的形状补间动画。选择“虫”图层的第 31 帧，插入关键帧。选择第 40 帧，将舞台上的小虫删掉，并从“库”面板中拖曳影片剪辑“蝴蝶飞”到舞台中，放在原来小虫的位置，并适当调整蝴蝶的大小。选择第 31 帧的小虫实例，按两次 Ctrl＋B 快捷键将实例打散。用同样的方法打散第 40 帧的蝴蝶实例，并创建第 31 帧到第 40 帧之间的形状补间动画，如图 5-79 和图 5-80 所示。

图 5-79　小虫变蝴蝶

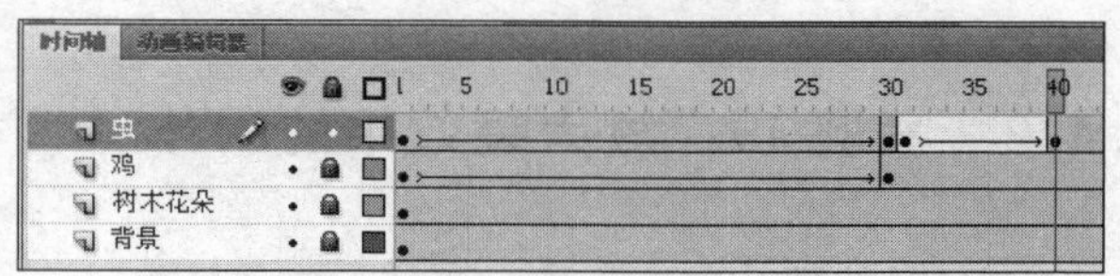

图 5-80　小虫变蝴蝶的形状补间动画

(13) 选择“鸡”图层的第 40 帧，插入关键帧。将名为“鸡”的图形元件拖曳至舞台，适当调整小鸡的大小，并替换原来的小鸡，效果如图 5-81 所示。

(14) 在“虫”图层的上面添加引导层，并绘制引导线，即蝴蝶飞行的线路，如图 5-82 所示。

(15) 移动蝴蝶实例。选择“虫”图层的第 41 帧，插入关键帧，将打散的蝴蝶删掉，从“库”面板中将“蝴蝶飞”影片剪辑移动至引导线的起点，并适当调整蝴蝶的大小。在第 100 帧处插入关键帧，移动蝴蝶实例至引导线的终点，并创建运动补间动画，如图 5-83 所示。

图 5-81　吃惊的小鸡

图 5-82　绘制引导线

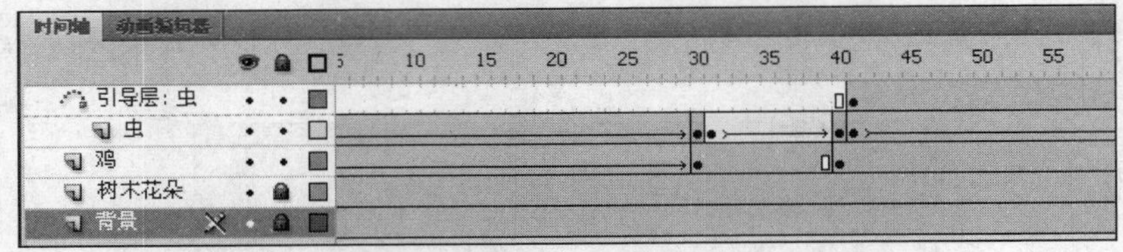

图 5-83　创建运动补间动画

(16) 调整蝴蝶飞行方向。在"虫"图层的第 50 帧处插入关键帧，将蝴蝶的飞行方向进行调整，使其与飞行路径方向相协调。用同样的方法调整第 55 帧、第 60 帧、第 65 帧、第 70 帧、第 75 帧的蝴蝶飞行方向，如图 5-84 所示。

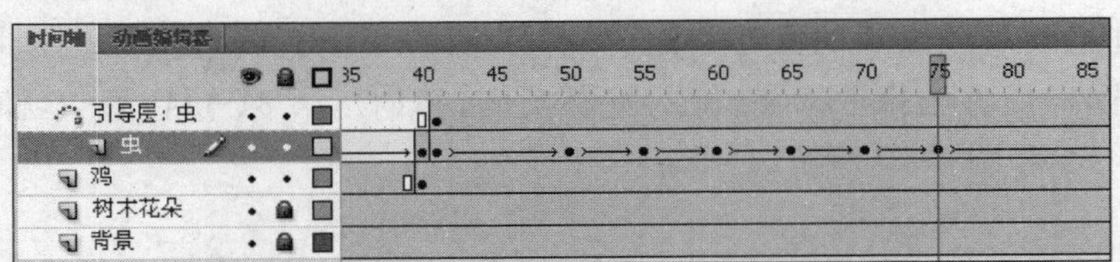

图 5-84　调整蝴蝶的飞行方向

(17) 将文档以文件名为"小鸡啄虫"保存。

5.4.2　案例 19　放大镜效果的制作

1. 案例效果

放大镜效果是模拟一个放大镜在照片上从左向右移动、将照片放大显示的效果。

2. 设计过程

(1) 新建一个 Flash CS4 文档，设置文档大小为 550 像素×400 像素。

(2) 执行"文件"→"导入"→"导入到舞台"命令，导入"素材\第 5 章\601.jpg"到舞台，作为实现放大显示作用的图，选中该图像，然后按 F8 键，将图片转换为名为"图片"的图形元件，如图 5-85 所示。

(3) 将图层 1 中图片的大小调整为 150 像素×185 像素，并让其位于舞台的正中央，然

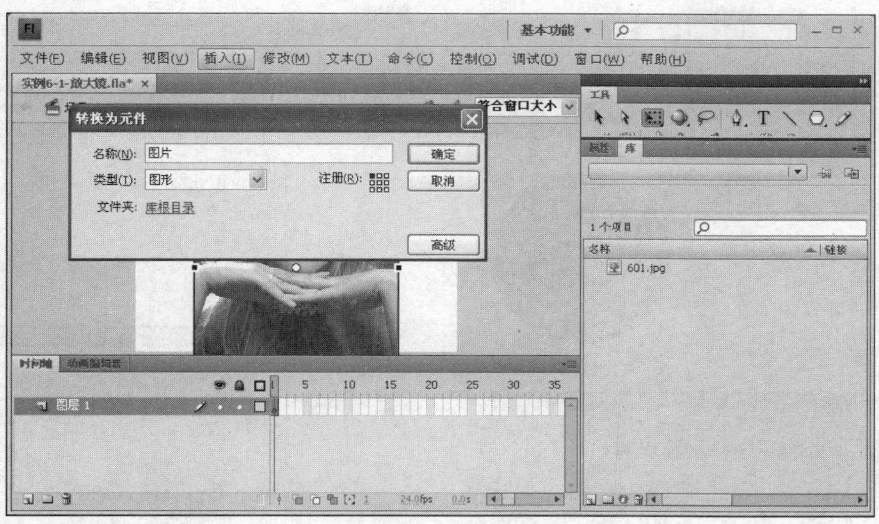

图 5-85 “图片”元件

后在图层 1 的第 72 帧按 F5 键插入帧。

(4) 选中图层 1 中的图片，按 Ctrl+C 快捷键进行复制。

(5) 新建图层 2，执行“编辑”→“粘贴到当前位置”命令，将图片粘贴到图层 2，此时，两张图片完全重合在一起。选中图层 2 中的图片，在其“属性”面板中，将图片大小调整为 220 像素×264 像素，如图 5-86 所示。

图 5-86 新建图层 2

(6) 新建图层 3，创建一个名为“放大镜”的图形元件，将元件设置一个没有边线而有填充色的圆，圆的半径大小为 158 像素，如图 5-87 所示。

(7) 将“放大镜”元件从库中拖至图层 3 的第 1 帧，效果如图 5-88 所示。

(8) 在图层 3 的第 72 帧，按 F6 键插入关键帧，并将“放大镜”图形元件拖放到运动终止

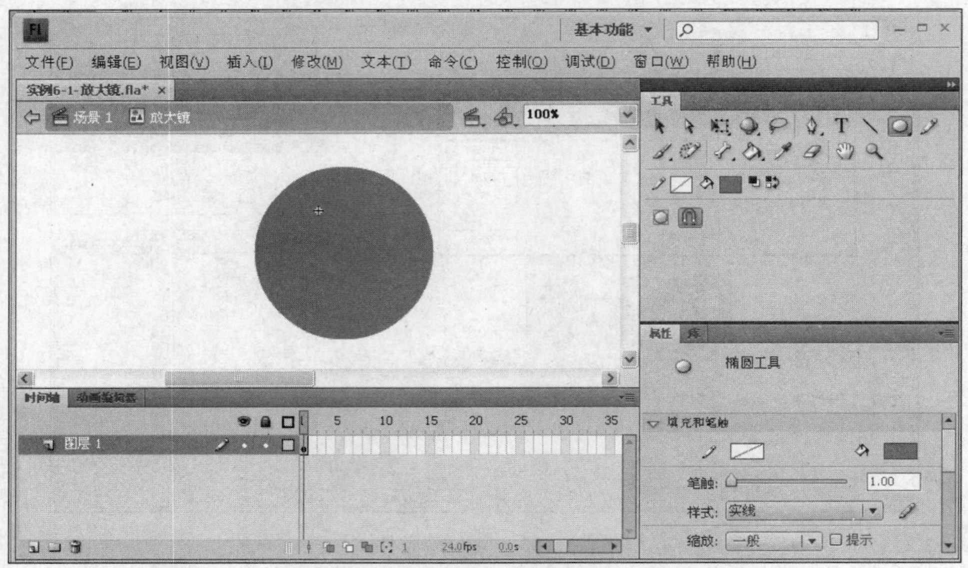

图 5-87 “放大镜”元件

图 5-88 “放大镜”元件所放位置(1)

点位置，如图 5-89 所示。

(9) 在图层 3 上右击，在弹出菜单中选择“遮罩层”命令，图层 3 就会变成遮罩层，图层 2 就成为被遮罩层。

(10) 在图层 3 的第 1 帧右击，在弹出的菜单中选择“创建传统补间”命令。

(11) 至此，该动画制作完毕。按 Ctrl+Enter 快捷键测试影片，可以看一看动画效果。

图 5-89　“放大镜”元件所放位置(2)

5.4.3　案例 20　探照灯动画效果

1. 案例效果

探照灯动画效果是模拟探照灯光照射到文字上，把文字照亮的效果。

2. 设计过程

(1) 新建一个 Flash CS4 文档，文档大小为 550 像素×400 像素。在“文档属性”面板中，将“帧频”设置为 12fps。

(2) 选择矩形工具，在舞台中画一个宽为 545 像素、高为 132 像素的黄色黑边矩形，让其位于舞台的正中央。

(3) 选择文字工具T，并在其“属性”面板设置文字的属性，如图 5-90 所示；文本内容为“FLASH CS4 实例课堂”，文字放在黄色的矩形中。

(4) 新建一个图层 2，在图层中画一个半径为 55 像素、颜色为灰色、无边框的圆，选中该圆，按 F8 键，将其转换成名为“探照灯”的图形元件。

(5) 在图层 2 右击，在弹出的菜单中选择“遮罩层”命令，或者设置图层 2 的属性为“遮罩层”，图层 2 就会变成遮罩层。

(6) 把图层 2 中的圆的实例拖到文字的左面，如图 5-91 所示。

(7) 在图层 1 的第 72 帧按 F5 键，插入帧；在图层 2 的第 72 帧按 F6 键，插入关键帧。并将圆的实例拖至文字的右端。

(8) 在图层 2 的第 1 帧右击，在弹出的菜单中选择“创建传统补间”命令。

(9) 至此，该动画制作完毕，按 Ctrl+Enter 快捷键测试影片。

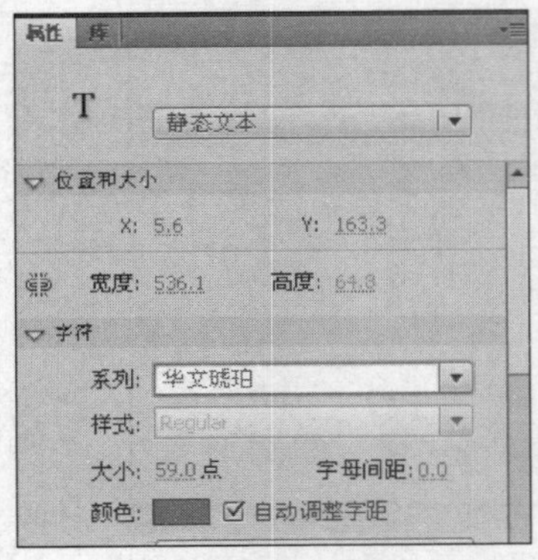

图 5-90 “属性”面板

图 5-91 实例圆在文字左面

5.4.4 案例 21 星空漫步

1. 案例效果

案例效果如图 5-92 和图 5-93 所示。

图 5-92 星空漫步效果

2. 设计过程

(1) 双击打开“案例 21 素材. fla”，将其保存为“星空漫步”。

(2) 执行“文件”→“导入”命令，将素材图片“星空. jpg”导入舞台中，并调整其大小，跟舞台一致。在第 55 帧处按 F5 键，插入帧。

(3) 选中场景 1，打开“库”面板，如图 5-94 所示。然后选择相应的身体部件，使用选择工具调整大小和位置，将元件组装到一起，效果如图 5-95 所示。

图 5-93 星空漫步源文件效果

(4) 在工具箱选中骨骼工具，以眼睛下部的位置作为根骨骼，然后向手、脚等元件实例添加骨骼，效果如图 5-96 所示。

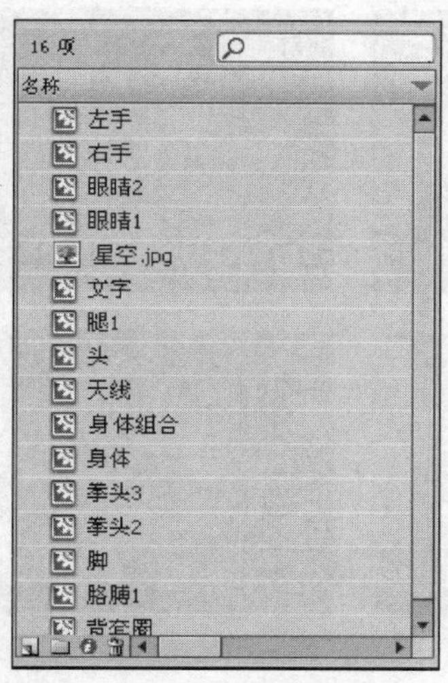

图 5-94　“库”面板

图 5-95　人物组合效果

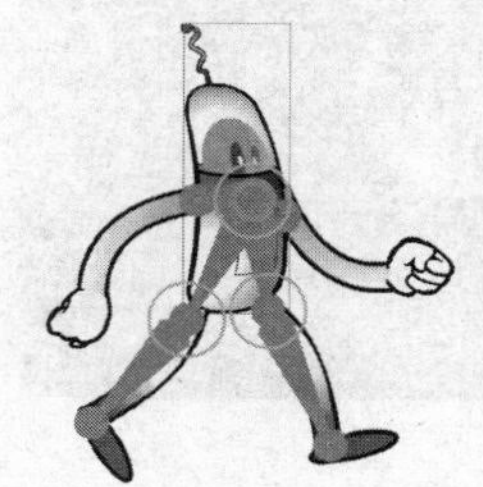

图 5-96　骨骼添加效果

注意：小人的左手在身体的背面，被身体挡住了，所以不能直接关联对象，这时可以将左手拉出来关联骨骼，然后按住 Ctrl 键时，使用“选择工具”将其放回原位。

(5) 在添加的骨架图层中，使用鼠标在第 10、20、30、40、50 帧添加姿势，然后分别用选择工具调整他的四肢位置，调整效果分别如图 5-97 所示。在第 55 帧处按 F5 键插入帧。

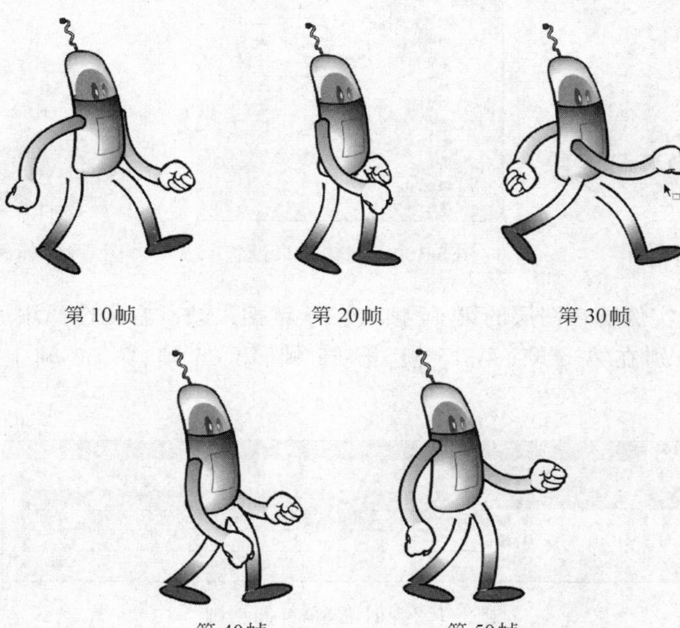

图 5-97　调整骨骼动画效果

(6) 调整好后,使用“任意变形工具”,在第 1 帧选中整个小人,将它移动到舞台的左上角。同样的方法,依次调整第 10 帧、第 20 帧、第 30 帧、第 40 帧、第 50 帧上小人的位置,调整后如图 5-98 所示。

图 5-98 调整位置

(7) 新建一个影片剪辑元件“文字”,然后用文本工具创建如图 5-99 所示效果的文字。

(8) 将“文字”影片剪辑拖放到舞台上,同时设置该实例的滤镜效果。添加三次投影,设置和效果如图 5-100 和图 5-101 所示。

星空漫步

图 5-99 文字效果

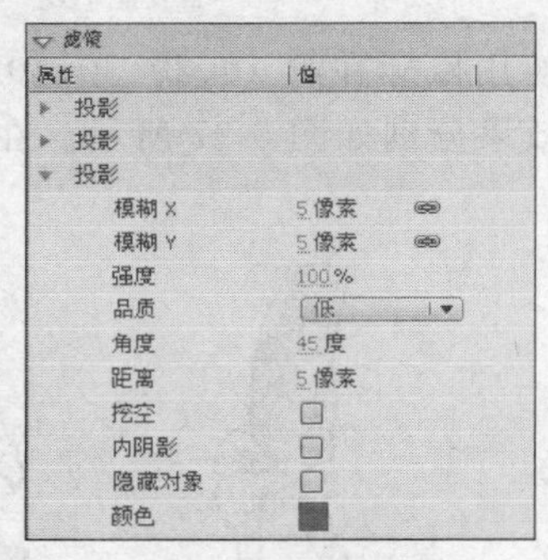

图 5-100 滤镜效果设置

图 5-101 添加滤镜后效果

(9) 选择文字实例所在图层的第 55 帧,按 F5 键插入帧。右击选择添加补间动画,然后选择 3D 补间。分别在第 5 帧、第 15 帧、第 25 帧、第 35 帧、第 50 帧上插入关键帧,如图 5-102 所示。

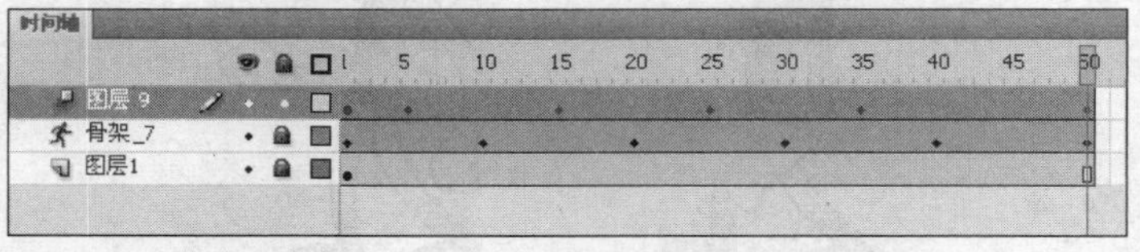

图 5-102 创建 3D 补间动画

(10) 在工具箱中选择 3D 旋转工具，将每一个关键帧中的文字实例移动位置，并绕 X 轴、Y 轴、Z 轴进行旋转，设置如图 5-103 所示。

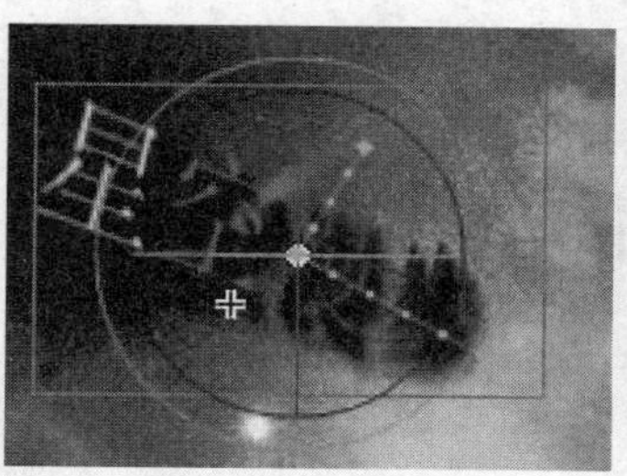
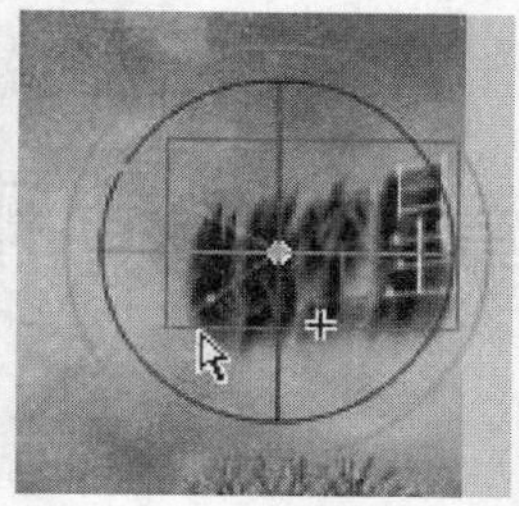
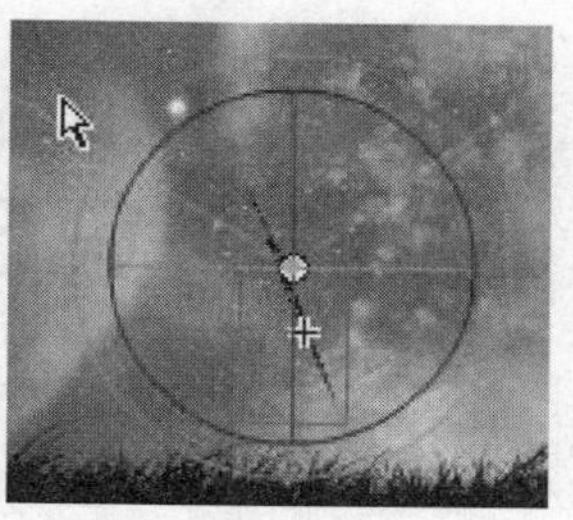
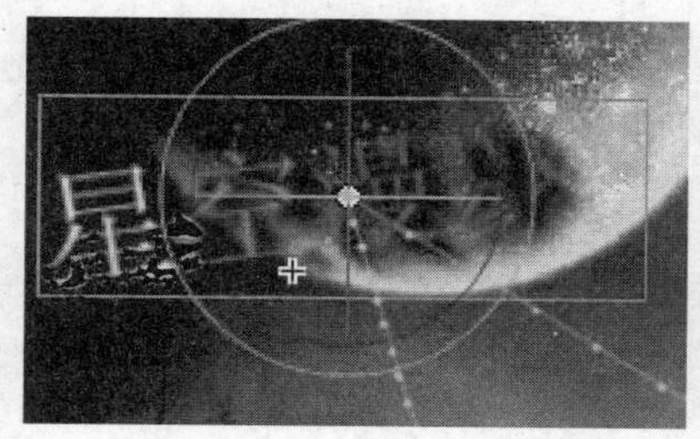
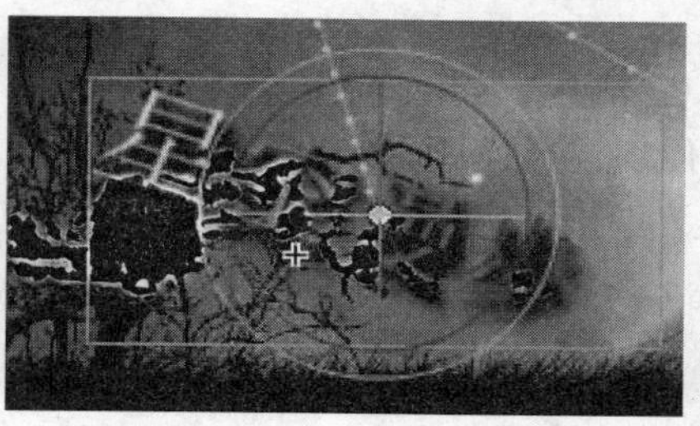

图 5-103　旋转效果

(11) 最后调整完成后，测试动画效果，如图 5-92 所示。

5.5 本章小结

在本章中，主要学习了关于引导层动画、遮罩动画、骨骼动画、3D 平移和 3D 旋转工具的相关知识与使用方法。

第6章 滤镜和混合

Flash CS4 特殊效果包括滤镜和混合模式：使用滤镜可以为文本、按钮和影片剪辑添加视觉效果；使用混合模式可以创建复合图像。

6.1 案例 22 梦幻美猴王

6.1.1 案例效果

本案例运用滤镜和混合模式，使图 6-1 中的猴子在光线的照射下时紫时绿、时明时暗、五彩纷呈，形成了梦幻般的效果，如图 6-2 所示。本案例包含的知识点有：

- 导入图片素材。
- 滤镜的应用。
- 混合模式的应用。

图 6-1 猴子图片

图 6-2 梦幻美猴王效果

6.1.2　相关知识

1. 关于滤镜

(1) 滤镜概述

使用 Flash CS4 滤镜(图形效果)，可以为文本、按钮和影片剪辑增添有趣的视觉效果。Flash 所独有的一个功能是可以使用补间动画让应用的滤镜动起来。

使用 Flash 混合模式，可以创建复合图像。复合是改变两个或两个以上重叠对象的透明度或者颜色相互关系的过程。混合模式也为对象和图像的不透明度增添了控制尺度。可以使用 Flash 混合模式来创建用于透显下层图像细节的加亮效果或阴影，或者对不饱和的图像涂色。

(2) 关于动画滤镜

可以在时间轴中让滤镜活动起来。由一个补间接合的不同关键帧上的各个对象，都有在中间帧上补间的相应滤镜的参数。如果某个滤镜在补间的另一端没有相匹配的滤镜(相同类型的滤镜)，则会自动添加匹配的滤镜，以确保在动画序列的末端出现该效果。

为了防止在补间一端缺少某个滤镜或者滤镜在每一端以不同的顺序应用时，补间动画不能正常运行，Flash 会执行以下操作。

◆ 如果将补间动画应用于已应用了滤镜的影片剪辑，则在补间的另一端插入关键帧时，该影片剪辑在补间的最后一帧上自动添加它在补间开头所具有的滤镜，并且层叠顺序相同。

◆ 如果将影片剪辑放在两个不同帧上，并且对于每个影片剪辑应用不同滤镜，此外，两帧之间又应用了补间动画，则 Flash 首先处理带滤镜最多的影片剪辑。然后 Flash 会比较应用于第一个影片剪辑和第二个影片剪辑的滤镜。如果在第二个影片剪辑中找不到匹配的滤镜，Flash 会生成一个不带参数并具有现有滤镜的颜色的虚拟滤镜。

◆ 如果两个关键帧之间存在补间动画并且向其中一个关键帧中的对象添加了滤镜，则 Flash 会在到达补间另一端的关键帧时自动将一个虚拟滤镜添加到影片剪辑。

◆ 如果两个关键帧之间存在补间动画并且从其中一个关键帧中的对象上删除了滤镜，则 Flash 会在到达补间另一端的关键帧时自动从影片剪辑中删除匹配的滤镜。

◆ 如果补间动画起始处和结束处的滤镜参数设置不一致，Flash 会将起始帧的滤镜设置应用于插补帧。以下参数在补间起始和结束处设置不同时会出现不一致的设置：挖空、内侧阴影、内侧发光以及渐变发光的类型和渐变斜角的类型。例如：如果使用投影滤镜创建补间动画，在补间的第一帧上应用挖孔投影；而在补间的最后一帧上应用内侧阴影，则 Flash 会更正补间动画中滤镜使用的不一致现象。在这种情况下，Flash 会应用补间的第一帧上所用的滤镜设置，即挖空投影。

(3) 关于滤镜和 Flash Player 的性能

应用于对象的滤镜类型、数量和质量会影响 SWF 文件的播放性能。应用于对象的滤镜越多，Flash 播放器要正确显示创建的视觉效果所需的处理量也就越大。因此，建议用户对一个给定对象只应用有限数量的滤镜。

每个滤镜都包含控件,可以调整所应用滤镜的强度和质量。在运行速度较慢的计算机上,使用较低的设置可以提高性能。如果要创建在一系列不同性能的计算机上回放的内容,或者不能确定观众可使用的计算机的计算能力,应将质量级别设置为“低”,以实现最佳的回放性能。

2. 应用滤镜

对象每添加一个新的滤镜,在属性检查器中,就会将其添加到该对象所应用的滤镜的列表中。可以对一个对象应用多个滤镜,也可以删除以前应用的滤镜。只能对文本、按钮和影片剪辑对象应用滤镜。

可以创建滤镜设置库,轻松地将同一个滤镜或滤镜集应用于对象。Flash 可以存储用户在属性检查器的“滤镜”部分中创建的滤镜预设(单击属性检查器“滤镜”部分的“预设”按钮)。

1) 应用或删除滤镜

(1) 选择文本、按钮或影片剪辑对象,以应用或删除滤镜。

(2) 在属性检查器的“滤镜”部分中,执行下列操作之一:

- 若要添加滤镜,请单击“添加滤镜”按钮,然后选择一个滤镜。尝试不同的设置,直到获得所需效果。
- 若要删除滤镜,应从已应用滤镜的列表中选择要删除的滤镜,然后单击“删除滤镜”按钮。可以删除或重命名任何预设。

2) 复制和粘贴滤镜

(1) 选择要从中复制滤镜的对象,然后选择“滤镜”面板。

(2) 选择要复制的滤镜,并单击“剪贴板”按钮,然后从弹出菜单中选择“复制所选”命令。若要复制所有滤镜,则选择“复制全部”命令。

(3) 选择要应用滤镜的对象,并单击“剪贴板”按钮,然后从弹出菜单中选择“粘贴”命令。

3) 为对象应用预设滤镜

(1) 选择要应用滤镜预设的对象,然后选择“滤镜”选项卡。

(2) 单击“添加滤镜”按钮,然后选择“预设”命令。

(3) 从预设菜单底部的可用预设列表中,选择要应用的滤镜预设。

注意:将滤镜预设应用于对象时,Flash 会将当前应用于所选对象的所有滤镜替换为该预设中使用的滤镜。

4) 启用或禁用应用于对象的滤镜

在“滤镜”列表中,选定相应滤镜,单击“启动或禁用滤镜”按钮。

注意:若要切换该列表中其他滤镜的启用状态,请按住 Alt 键单击“滤镜”列表中的启用图标。如果按住 Alt 键单击禁用图标,则启用所选滤镜,并禁用列表中的所有其他滤镜。

5）启用或禁用应用于对象的所有滤镜

单击"添加滤镜"按钮，然后选择"启用全部"或"禁用全部"命令。

注意： *若要启用或禁用该列表中的所有滤镜，请按住 Ctrl 键并单击"滤镜"列表中的启用或禁用图标。*

6）创建预设滤镜库

可以将滤镜设置保存为预设库，以便轻松应用到影片剪辑和文本对象。通过向其他用户提供滤镜配置文件，就可以共享滤镜预设。滤镜配置文件是保存在 Flash Configuration 文件夹中的一个 XML 文件，其位置如下。

- 在 Windows XP 中：C:\Documents and Settings\<用户名>\Local Settings\Application Data\Adobe\Flash CS4\<语言>\Configuration\Filters\<滤镜名称.xml>。
- 在 Windows Vista 中：C:\Users\<用户名>\Local Settings\Application Data\Adobe\Flash CS4\<语言>\Configuration\Filters\<滤镜名称.xml>。

7）创建带预设设置的滤镜库

(1) 将一个或多个滤镜应用到对象。

(2) 单击"添加滤镜"按钮，然后添加一个新滤镜。

(3) 选择该滤镜并单击"预设"菜单，然后选择"另存为"命令。

(4) 在"将预设另存为"对话框中，输入此滤镜设置的名称，然后单击"确定"按钮。

8）重命名滤镜预设

(1) 单击"添加滤镜"按钮，然后添加一个新滤镜。

(2) 选择该滤镜并单击"预设"菜单，然后选择"重命名"命令。

(3) 双击要修改的预设名称。

(4) 输入新的预设名称，然后单击"重命名"命令。

9）删除滤镜预设

(1) 单击"添加滤镜"按钮，然后添加一个新滤镜。

(2) 选择该滤镜并单击"预设"菜单，然后选择"删除"命令。

(3) 选择要删除的预设，然后选择"删除"命令。

10）应用投影

投影滤镜模拟对象投影到一个表面的效果，如图 6-3 所示。方法如下：

图 6-3 投影滤镜效果

(1) 选择要应用投影的对象。

(2) 在属性检查器的"滤镜"部分中，单击"添加滤镜"按钮，然后选择"投影"命令。

(3) 编辑滤镜的设置：

- 若要设置投影的宽度和高度，应设置"模糊 X"和"模糊 Y"的值。
- 若要设置阴影暗度，应设置"强度"值。数值越大，阴影就越暗。
- 选择投影的质量级别。设置为"高"，近似于高斯模糊；设置为"低"，可以实现最佳的回放性能。
- 若要设置阴影的角度，应输入一个值。

◆ 若要设置阴影与对象之间的距离，应设置“距离”值。

◆ 选择“挖空”可挖空（即从视觉上隐藏）源对象，并在挖空图像上只显示投影。

◆ 若要在对象边界内应用阴影，应选择“内侧阴影”。

◆ 若要隐藏对象并只显示其阴影，应选择“隐藏对象”。使用“隐藏对象”可以更轻松地创建逼真的阴影。

◆ 若要打开颜色选择器并设置阴影颜色，应单击“颜色”控件。

11）创建倾斜投影

使投影滤镜倾斜以创建一个更逼真的阴影，如图 6-4 所示。

图 6-4 倾斜投影效果

（1）选择要倾斜的投影所在的对象。

（2）重制（执行“编辑”→“重制”命令）源对象。

（3）选择对象副本，然后使用任意变形工具（执行“修改”→“变形”→“旋转与倾斜”命令）使其倾斜。

（4）对影片剪辑或文本对象的副本应用投影滤镜。（如果对象副本已有投影，则已应用投影滤镜。）

（5）在“滤镜”面板中，选择“隐藏对象”可隐藏对象副本，而对象副本的投影可见。

（6）执行“修改”→“排列”→“下移一层”命令，可将对象副本及其投影放置在重制操作的原始对象之后。

（7）调整“投影”滤镜设置和倾斜投影的角度，直到获得所需效果为止。

12）应用模糊

模糊滤镜可以柔化对象的边缘和细节。将模糊应用于对象，可以让它看起来好像位于其他对象的后面，或者使对象看起来好像是运动的，如图 6-5 所示。

（1）选择要应用模糊的对象，然后选择“滤镜”命令。

（2）单击“添加滤镜”按钮，然后选择“模糊”命令。

（3）在“滤镜”选项卡上编辑滤镜设置。

◆ 若要设置模糊的宽度和高度，应设置“模糊 X”和“模糊 Y”值。

◆ 选择模糊的质量级别。设置为“高”，近似于高斯模糊；设置为“低”，可以实现最佳的回放性能。

13）应用发光

使用“发光”滤镜，可以为对象的周边应用颜色，如图 6-6 所示。

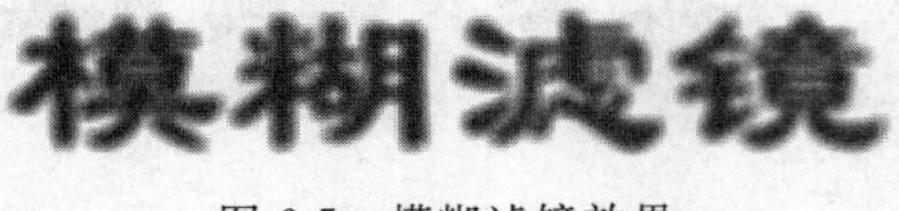

模糊滤镜　　发光滤镜

图 6-5 模糊滤镜效果 　　图 6-6 发光滤镜效果

（1）选择要应用发光的对象，然后选择“滤镜”命令。

（2）单击“添加滤镜”按钮，然后选择“发光”命令。

（3）在“滤镜”选项卡中编辑滤镜设置：

◆ 若要设置发光的宽度和高度，应设置“模糊 X”和“模糊 Y”值。

◆ 若要打开颜色选择器并设置发光颜色，应单击“颜色”控件。

◆ 若要设置发光的清晰度，应设置“强度”值。

◆ 若要挖空(即从视觉上隐藏)源对象并在挖空图像上只显示发光，应选择“挖空”命令，如图 6-7 所示。

◆ 若要在对象边界内应用发光，应选择“内侧发光”。

◆ 选择发光的质量级别。设置为“高”，近似于高斯模糊；设置为“低”，可以实现最佳的回放性能。

14）应用斜角

应用斜角就是向对象应用加亮效果，使其看起来凸出于背景表面，如图 6-8 所示。

发光滤镜

图 6-7　使用“挖空”命令的发光滤镜

斜角滤镜

图 6-8　斜角滤镜效果

(1) 选择要应用斜角的对象，然后选择“滤镜”命令。

(2) 单击“添加滤镜”按钮，然后选择“斜角”命令。

(3) 在“滤镜”选项卡上编辑滤镜设置：

◆ 若要设置斜角的类型，应从“类型”菜单中选择一个斜角。

◆ 若要设置斜角的宽度和高度，应设置“模糊 X”和“模糊 Y”值。

◆ 从弹出的调色板中，选择斜角的阴影和加亮颜色。

◆ 若要设置斜角的不透明度而不影响其宽度，应设置“强度”值。

◆ 若要更改斜边投下的阴影角度，应设置“角度”值。

◆ 若要定义斜角的宽度，应在“距离”中输入一个值。

◆ 若要挖空(即从视觉上隐藏)源对象并在挖空图像上只显示斜角，应选择“挖空”命令。

15）应用渐变发光

应用渐变发光，可以在发光表面产生带渐变颜色的发光效果。渐变发光要求渐变开始处颜色的 Alpha 值为 0。用户不能移动此颜色的位置，但可以改变该颜色，如图 6-9 所示。

渐变发光

图 6-9　应用渐变发光滤镜效果

(1) 选择要应用渐变发光的对象。

(2) 在属性检查器的“滤镜”部分中，单击“添加滤镜”按钮，然后选择“渐变发光”。

(3) 在“滤镜”选项卡上编辑滤镜设置：

◆ 从“类型”弹出菜单中，选择要为对象应用的发光类型。

◆ 若要设置发光的宽度和高度，应设置“模糊 X”和“模糊 Y”值。

◆ 若要设置发光的不透明度而不影响其宽度，应设置“强度”值。

◆ 若要更改发光投下的阴影角度，应设置“角度”值。

◆ 若要设置阴影与对象之间的距离，应设置“距离”值。

◆ 若要挖空(即从视觉上隐藏)源对象并在挖空图像上只显示渐变发光，应选择“挖空”命令。

◆ 指定发光的渐变颜色。渐变包含两种或多种可相互淡入或混合的颜色。选择的渐变开始颜色称为 Alpha 颜色。

◆ 若要更改渐变中的颜色，请从渐变定义栏下面选择一个颜色指针，然后单击渐变栏下

方紧邻着它显示的颜色空间，以显示“颜色选择器”。滑动这些指针，可以调整该颜色在渐变中的级别和位置。

- 要向渐变中添加指针，应单击渐变定义栏或渐变定义栏的下方；若要创建有多达15 种颜色转变的渐变，应全部添加 15 个颜色指针；若要重新放置渐变上的指针，应沿着渐变定义栏拖动指针；若要删除指针，应将指针向下拖离渐变定义栏。
- 选择渐变发光的质量级别。设置为“高”，则近似于高斯模糊；设置为“低”，可以实现最佳的回放性能。

16）应用渐变斜角

应用渐变斜角可以产生一种凸起效果，使得对象看起来好像从背景上凸起，且斜角表面有渐变颜色。渐变斜角要求渐变的中间有一种颜色的 Alpha 值为 0，效果如图 6-10 所示。

（1）选择要应用渐变斜角的对象。

（2）在属性检查器的“滤镜”部分中，单击“添加滤镜”按钮，然后选择“渐变斜角”命令。

（3）在“滤镜”选项卡上编辑滤镜设置（如图 6-11 所示）：

- 从“类型”弹出菜单上，选择要为对象应用的斜角类型。
- 若要设置斜角的宽度和高度，应设置“模糊 X”和“模糊 Y”值。
- 若要设置斜角的平滑度而不影响其宽度，应为“强度”输入一个值。
- 若要设置光源的角度，应为“角度”输入一个值。
- 若要挖空（即从视觉上隐藏）源对象并在挖空图像上只显示渐变斜角，应选择“挖空”命令。
- 指定斜角的渐变颜色。渐变包含两种或多种可相互淡入或混合的颜色。中间的指针控制渐变的 Alpha 颜色。用户可以更改 Alpha 指针的颜色，但是无法更改该颜色在渐变中的位置。
- 若要更改渐变中的颜色，应从渐变定义栏下面选择一个颜色指针，然后单击渐变栏下方紧邻着它显示的颜色空间以显示“颜色选择器”。若要调整该颜色在渐变中的级别和位置，应滑动这些指针。

图 6-10　渐变斜角滤镜效果

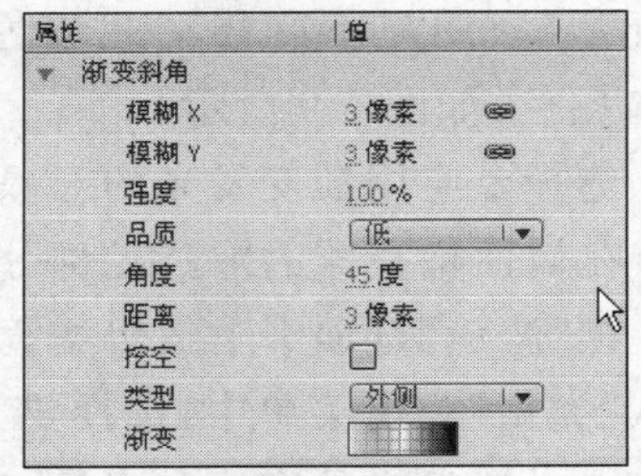

图 6-11　渐变斜角滤镜属性面板

要向渐变中添加指针，应单击渐变定义栏或渐变定义栏的下方；若要创建有多达 15 种颜色转变的渐变，应全部添加 15 个颜色指针；若要重新放置渐变上的指针，应沿着渐变定义栏拖动指针。若要删除指针，应将指针向下拖离渐变定义栏。

17）应用调整颜色滤镜

使用“调整颜色”滤镜，可以很好地控制所选对象的颜色属性，包括对比度、亮度、饱和度和色相。

（1）选择要调整其颜色的对象。

(2) 在属性检查器的“滤镜”部分中，单击“添加滤镜”按钮，然后选择“调整颜色”命令。

(3) 为颜色属性输入值。属性和它们的对应值如下。

◆ 对比度：调整图像的加亮、阴影及中调。
◆ 亮度：调整图像的亮度。
◆ 饱和度：调整颜色的强度。
◆ 色相：调整颜色的深浅。

(4) 若要将所有的颜色调整重置为 0 并使对象恢复其原来的状态，应单击“重置滤镜”按钮。

3. 应用混合模式

使用混合模式，可以创建复合图像。复合是改变两个或两个以上重叠对象的透明度或者颜色相互关系的过程。另外可以混合重叠影片剪辑中的颜色，从而创造独特的效果。

1) 混合模式包含以下元素

◆ 混合颜色：应用于混合模式的颜色。
◆ 不透明度：应用于混合模式的透明度。
◆ 基准颜色：混合颜色下面的像素的颜色。
◆ 结果颜色：基准颜色上混合效果的结果。

混合模式不仅取决于要应用混合的对象的颜色，还取决于基础颜色。用户可以试验不同的混合模式，以获得所需效果。

◆ 一般：正常应用颜色，不与基准颜色发生交互。
◆ 图层：可以层叠各个影片剪辑，而不影响其颜色。
◆ 变暗：只替换比混合颜色亮的区域。比混合颜色暗的区域将保持不变。
◆ 正片叠底：将基准颜色与混合颜色复合，从而产生较暗的颜色。
◆ 变亮：只替换比混合颜色暗的像素。比混合颜色亮的区域将保持不变。
◆ 滤色：将混合颜色的反色与基准颜色复合，从而产生漂白效果。
◆ 叠加：复合或过滤颜色，具体操作需取决于基准颜色。
◆ 强光：复合或过滤颜色，具体操作需取决于混合模式颜色。该效果类似于用点光源照射对象。
◆ 差值：从基色减去混合色或从混合色减去基色，具体取决于哪一种的亮度值较大。该效果类似于彩色底片。
◆ 增加：通常用于在两个图像之间创建动画的变亮分解效果。
◆ 减去：通常用于在两个图像之间创建动画的变暗分解效果。
◆ 反相：反转基准颜色。
◆ Alpha：应用 Alpha 遮罩层。
◆ 擦除：删除所有基准颜色像素，包括背景图像中的基准颜色像素。

注意：“擦除”和“Alpha”混合模式要求将“图层”混合模式应用于父级影片剪辑。不能将背景剪辑更改为“擦除”并应用它，因为该对象将是不可见的。

2) 混合模式示例

一种混合模式产生的效果可能会有很大差异，具体取决于基础图像的颜色和应用的混

合模式的类型。不同的混合模式有不同的图像外观，如图 6-12 所示。

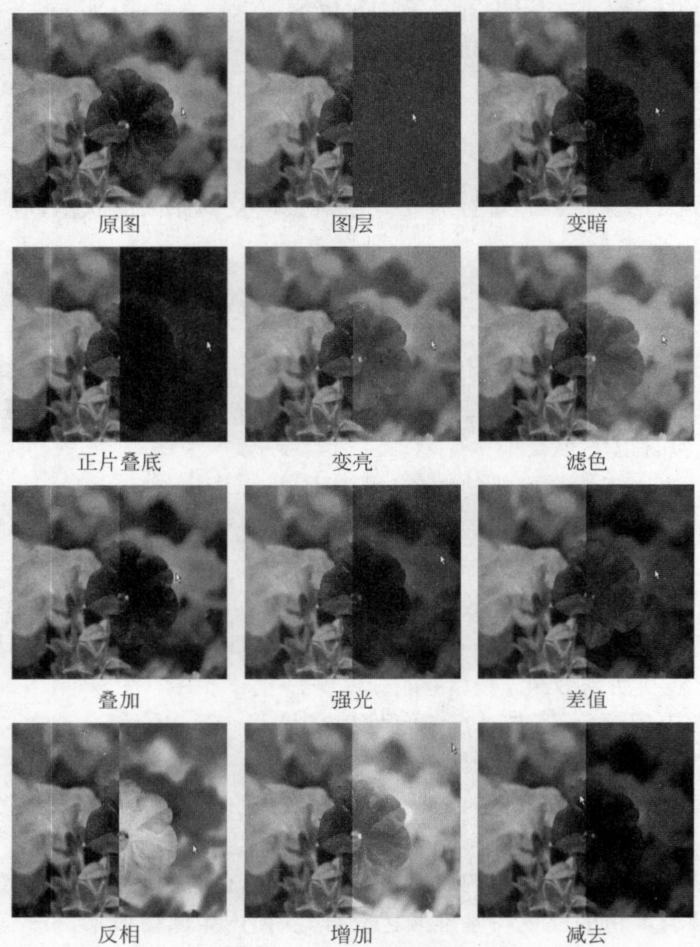

图 6-12　混合模式示例

3）应用混合模式

若要将混合模式应用于所选影片剪辑，请使用“属性”检查器。

注意：因为发布 SWF 文件时多个图形元件会合并为一个形状，所以不能对不同的图形元件应用不同的混合模式。

(1) 选择要应用混合模式的影片剪辑实例(在舞台中)。

(2) 从“属性”面板“显示”选项区的“混合”弹出菜单中(如图 6-13 所示)，选择影片剪辑的混合模式。对所选的影片剪辑实例应用混合模式。

6.1.3　设计过程

(1) 新建 Flash 文件，设置文档尺寸为 800 像素×532 像素，执行“文件”→“导入”→“导入到库”命令，将源文件中的“素材\第 6 章”目录中名为“猴子.jpg”和“光线.jpg”的图片导

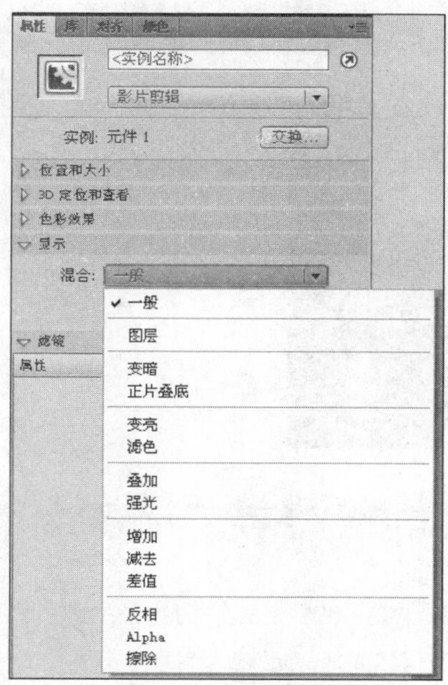

图 6-13　“属性”面板“显示”选项区的“混合”弹出菜单

入库中。

(2) 新建影片剪辑，命名为“美猴王”，将库中的位图“猴子.jpg”拖入元件编辑区中，调整位图的位置，使其相对于元件编辑区水平、垂直居中对齐，如图 6-14 所示。

图 6-14　将“猴子.jpg”拖入到影片剪辑“美猴王”中

(3) 新建影片剪辑，命名为“亮光线”，将库中的位图“光线.jpg”拖入元件编辑区中，调整位图的位置，使其相对于元件编辑区水平、垂直居中对齐，如图 6-15 所示。

(4) 将影片剪辑“美猴王”拖入到舞台，使其相对于舞台水平、垂直居中对齐。

(5) 在图层 1 的第 30、60、90 帧处分别插入关键帧，如图 6-16 所示。

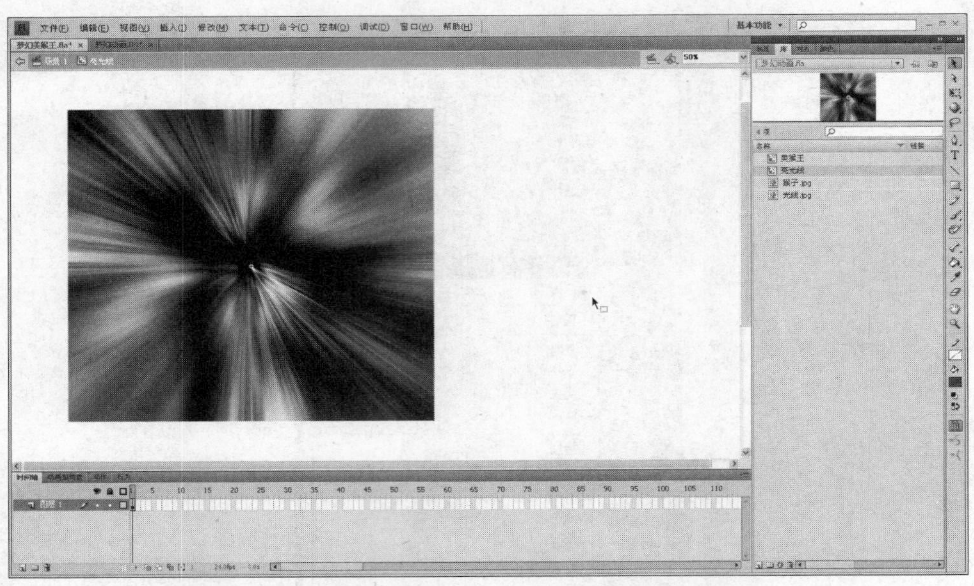

图 6-15　将“光线.jpg”拖入到影片剪辑“亮光线”中

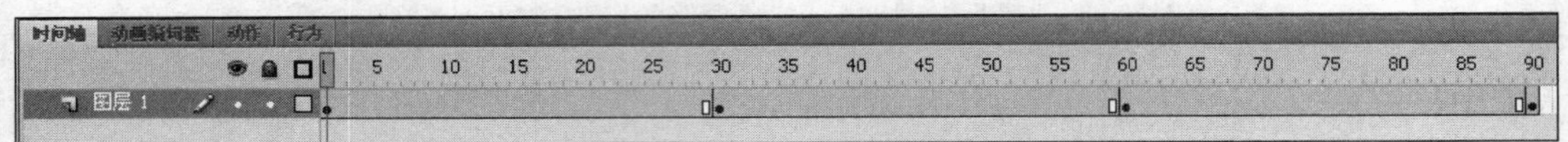

图 6-16　在第 30、60、90 帧处分别插入关键帧

(6) 选定第 30 帧的影片剪辑“美猴王”，打开“属性”面板中的“滤镜”选项，单击“添加滤镜”按钮，弹出滤镜的快捷菜单，如图 6-17 所示。

(7) 选择“调整颜色”命令，设置参数如图 6-18 所示。

(8) 单击“添加滤镜”按钮，选择“发光”命令，设置参数如图 6-19 所示。

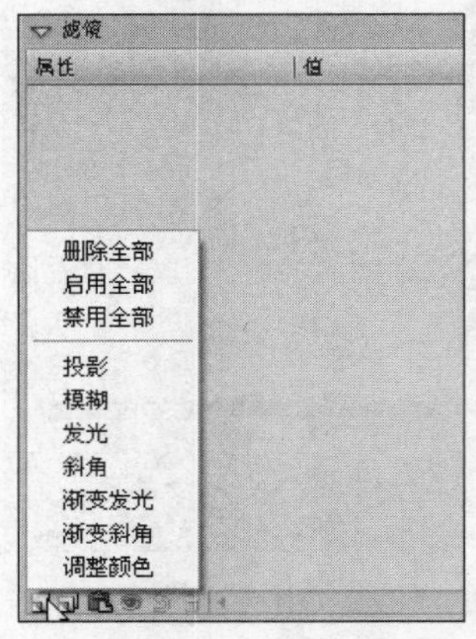

图 6-17　滤镜的快捷菜单

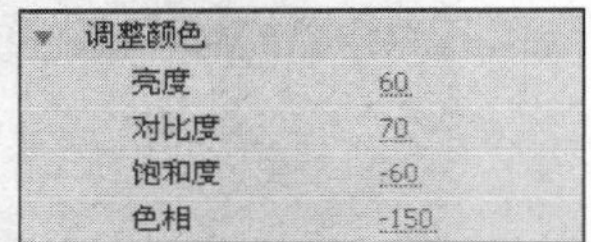

图 6-18　“调整颜色”滤镜参数设置

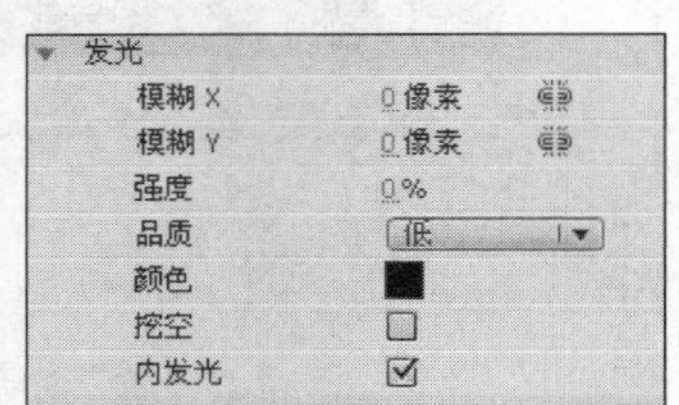

图 6-19　“发光”滤镜参数设置(1)

(9) 选定第 60 帧的影片剪辑“美猴王”。打开“属性”面板中的“滤镜”选项，单击“添加滤镜”按钮，选择“调整颜色”命令，设置参数与步骤(7)内容一致。

(10) 单击“添加滤镜”按钮，选择“发光”命令，设置参数如图 6-20 所示。

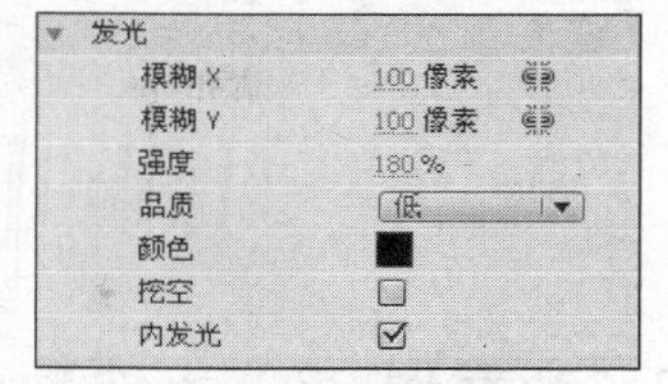

图 6-20　“发光”滤镜参数设置(2)

(11) 在第 0～30 帧、第 30～60 帧、第 60～90 帧之间分别创建传统补间动画，如图 6-21 所示。

(12) 新建图层“图层 2”，将影片剪辑“亮光线”拖到舞台中，调整至如图 6-22 所示的位置。

(13) 选择影片剪辑“亮光线”，打开“属性”面板中的“显示”选项，设置“混合模式”为“滤色”，如图 6-21 所示。

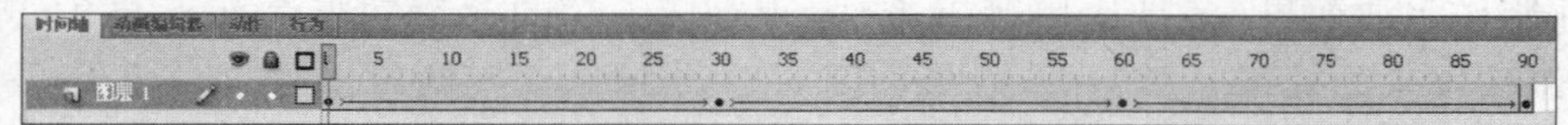

图 6-21　创建传统补间动画

(14) 使用任意变形工具调整影片剪辑“亮光线”的大小，如图 6-22 和图 6-23 所示。

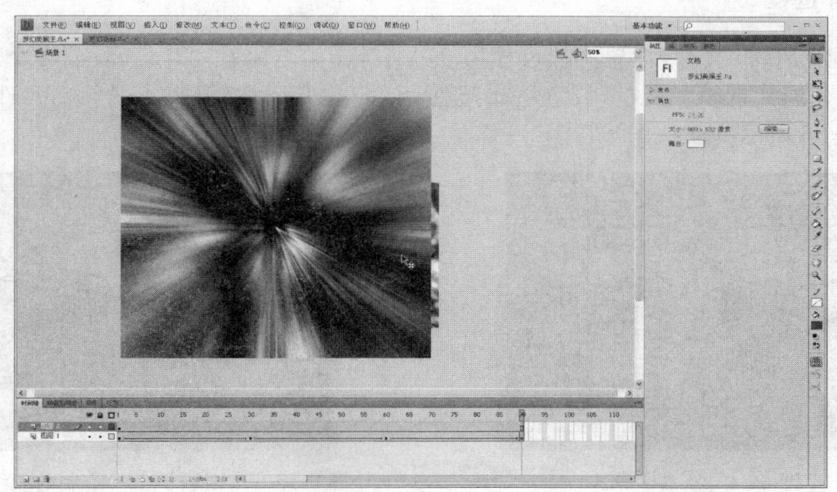

图 6-22　影片剪辑“亮光线”

图 6-23　添加滤镜并调整影片剪辑“亮光线”的大小

（15）测试、保存影片。

6.2 拓展训练

6.2.1 案例23 水波动画效果的制作

1. 案例效果

以前制作水波效果，多是运用遮罩方法，现在 Flash 的滤镜功能为我们提供了新的途径，而且制作出来的效果非常逼真，效果如图 6-24 所示。本案例包含的知识点有：

◆ 渐变色填充。

◆ 滤镜的应用。

2. 设计过程

（1）新建 Flash 文件，设置文档尺寸为 550 像素×400 像素，“背景颜色”为＃000066。

（2）新建影片剪辑“波纹”，设置填充颜色为＃0000FF。使用刷子工具在元件编辑区内绘制如图 6-25 所示的波纹图形。

图 6-24 水波效果

图 6-25 使用刷子工具绘制的波纹图形

（3）新建影片剪辑“波纹上”，将影片剪辑“波纹”拖入到图层 1 的第 1 帧，分别在第 40、80 帧添加关键帧；将第 40 帧的影片剪辑“波纹”向上移动 15 像素；在第 0～40、40～80 帧之间创建传统补间动画。

（4）将影片剪辑“波纹上”使用“直接复制”命令复制，命名为“波纹下”。

（5）在“库”中双击影片剪辑“波纹下”，进入元件编辑状态，将第 40 帧的影片剪辑“波纹”向下移动 30 像素。

（6）新建影片剪辑“重叠波纹”，将影片剪辑“波纹上”从“库”面板中拖入到图层 1 的第 1 帧中。新建图层“图层 2”，将影片剪辑“波纹下”从“库”面板中拖入到第 1 帧中，位置比影片剪辑“波纹上”高 30 像素左右，如图 6-26 所示。

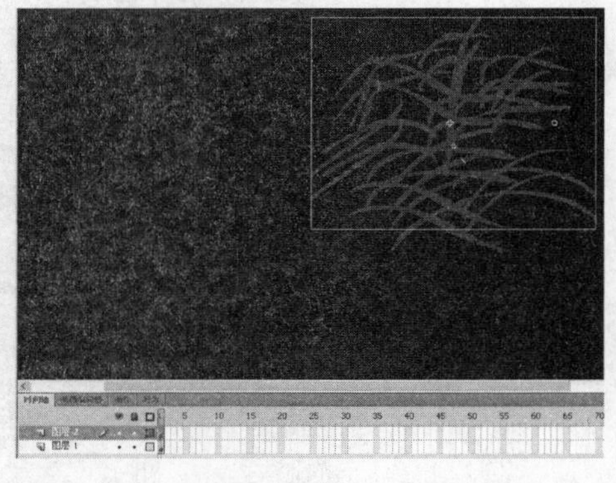

图 6-26 “重叠波纹”影片剪辑效果

（7）新建影片剪辑“模糊”，将影片剪辑“重叠

波纹"从"库"面板中拖入到图层 1 的第 1 帧中,为影片剪辑"重叠波纹"添加模糊滤镜,参数设置如图 6-27 所示。

(8) 返回场景 1,将影片剪辑"模糊"拖入到舞台中。

(9) 在"库"面板中双击影片剪辑"波纹",进入元件编辑区,选定整个波纹形状,打开"颜色"面板,设置颜色如图 6-28 所示。

图 6-27 "重叠波纹"影片剪辑效果

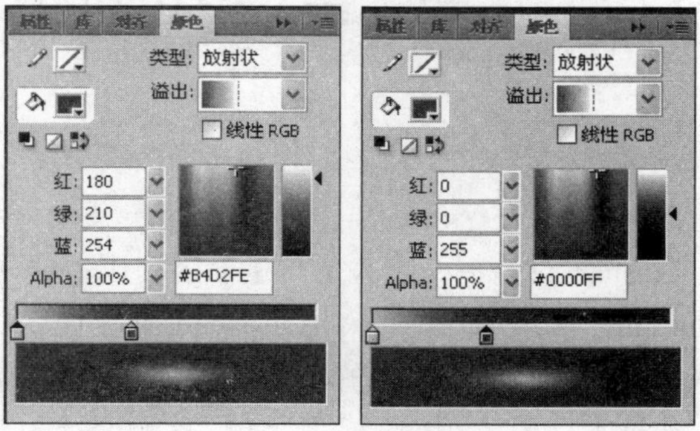

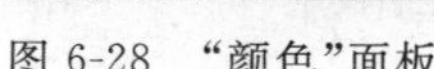

图 6-28 "颜色"面板

(10) 测试、保存影片。

6.3 本章小结

滤镜和混合模式功能为运用 Flash 制作更丰富动画效果提供了新的途径,两者结合起来,可以制作出很多我们意想不到的动画效果。

第7章　ActionScript脚本

Flash 不仅是一个优秀的矢量动画制作软件，能做出各种丰富的动画效果，还有强大的互动功能。使用 Flash 的 ActionScript 脚本可以轻松地制作出丰富多彩的影片特效，如雪花飘、鼠标跟随、随机运动的小动画等，还可制作出功能齐全的互动程序和趣味十足的游戏等。通过本章的学习，使读者了解 ActionScript 的基础知识，掌握简单互动动画的设计方法。

7.1　案例 24　魅力世博

7.1.1　案例效果

本案例通过四个按钮可分别控制视频的播放、暂停、前进、后退，案例效果如图 7-1 所示。本案例包含的知识点有：

- 视频文件的导入。
- 图形按钮元件的制作。
- 脚本语句的添加。
- 常用 ActionScript 的功能。
- 脚本助手的使用。

图 7-1　魅力世博动画效果

7.1.2　相关知识

1. 动作脚本基础

ActionScript 简称 AS，直接翻译过来是“动作脚本”。ActionScript 是 Flash 内置的编程语言，用它为动画编程，可以实现动画特效、控制影片、人机交互以及与网络服务器的交互等功能。

Flash CS4 支持 ActionScript 2.0 和 ActionScript 3.0。两者相比，ActionScript 2.0 比较简单易学，ActionScript 3.0 功能比较强大，是一种类型安全、适应标准、面向对象的语言，代表着 Flash 播放器中的新的程序模型。

1）认识 Flash 的“动作”面板

◆ 动作工具箱：包括了 ActionScript 的所有命令和相关语法，如图 7-2 所示，其中图标▣是命令组，单击可展开这个命令组，图标◙表明是一个可使用的命令、语法或其他的相关工具，双击它或用鼠标拖动它至脚本编辑窗口可添加动作。

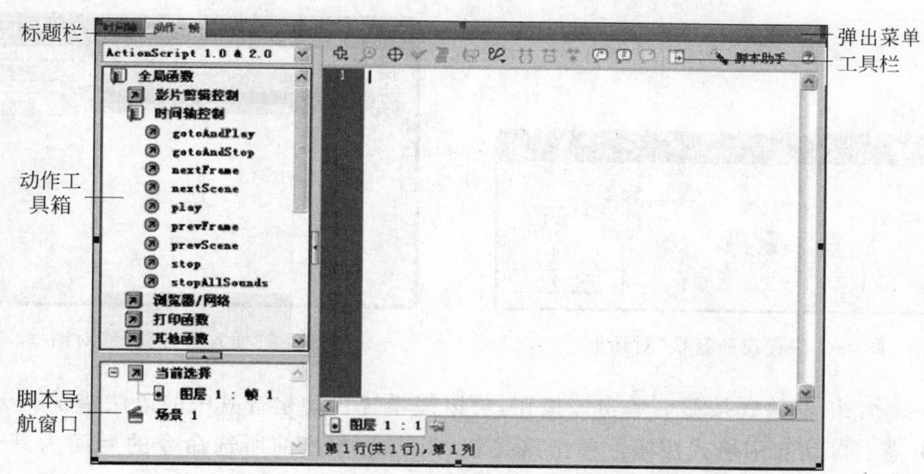

图 7-2　Flash 的“动作”面板

◆ 脚本导航窗口：可显示当前编辑的动作脚本在影片中的结构位置，表明当前的“动作”面板中进行选择和设定的动作命令是添加到场景 1 的图层 1 的第 1 帧中的。

◆ 脚本编辑窗口：是进行动作编程的主区域，当前对象的所有脚本程序都有在这里显示，我们要编写的程序内容也是在这里编辑的。

◆ 脚本助手：它为初学者使用脚本编辑器提供了一个简单的、具有提示性和辅助性的友好界面，如图 7-3 所示。

◆ 工具栏：位于脚本助手下方。

➢ ：添加新动作按钮。单击该按钮可以选择添加 ActionScript 语句。

➢ ：查找按钮。单击该按钮后，在弹出的对话框中输入要查找和替换的内容，如图 7-4 所示。

➢ ：插入目标路径按钮。单击该按钮，在弹出的对话框中设置影片实例之间的相对路径，如图 7-5 所示。

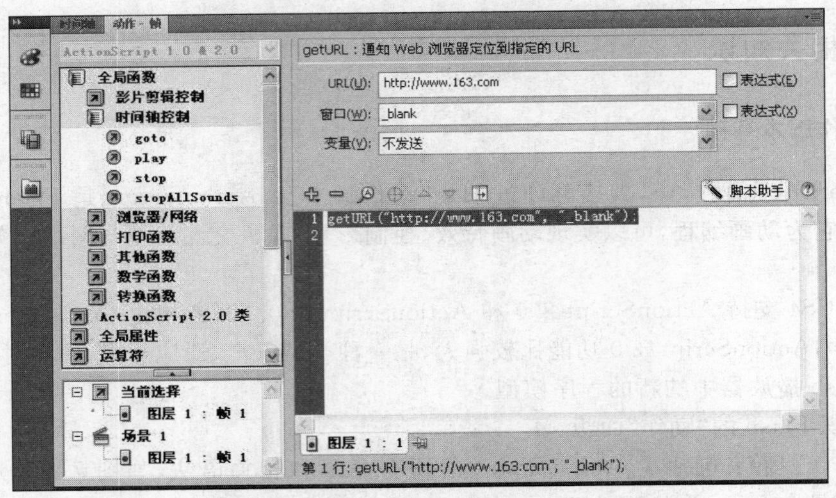

图 7-3　Flash 的脚本助手

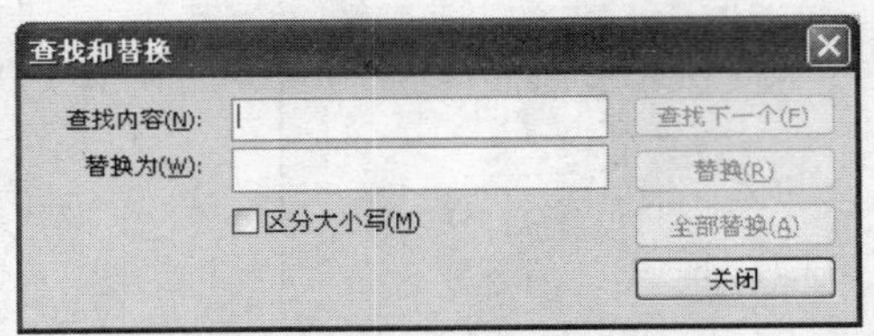

图 7-4　"查找和替换"对话框

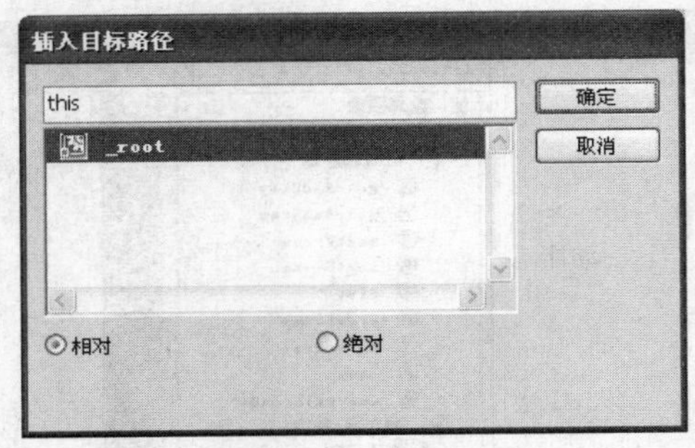

图 7-5　"插入目标路径"对话框

- ：语法检查按钮。单击该按钮，可以使系统自动检查其中的语法错误。
- ：自动套用格式按钮。单击该按钮，可自动在当前所选命令的后面为其套用该命令的一般格式。
- ：显示代码提示按钮。单击该按钮，可在脚本中显示与目前位置语句相关的提示说明。
- ：调试选项按钮。（仅限"动作"面板）设置和删除断点，以便在调试时可以逐行执行脚本中的每一行。
- ：折叠成对大括号按钮。对出现在当前包含插入点的成对大括号或小括号间的代码进行折叠。
- ：折叠所选按钮。可折叠当前所选的代码块。
- ：展开全部。展开当前脚本中所有折叠的代码。
- ：应用块注释。单击该按钮，可对多行代码进行注释。
- ：应用行注释。单击该按钮，可对一行代码进行注释。
- ：删除注释按钮。可删除选中的注释。
- ：显示/隐藏工具箱。单击它可显示或隐藏"动作"工具箱。

➢ 🪄：脚本助手（仅限“动作”面板）。在“脚本助手”模式中，将显示一个用户界面，用于输入创建脚本所需的元素。

2) 在 Flash 中实现交互的三要素

(1) 目标。交互事件影响的对象，即执行动作或事件所影响的主体。它可以是当前 Flash 动画（默认目标）及其时间轴、其他 Flash 动画及其时间轴和外部应用程序（如浏览器）。

◆ 当前 Flash 动画（默认目标）及其时间轴

```
on(release){
    gotoAndPlay("场景 1",6);
}                  //单击按钮并释放鼠标时,转到场景 1 时间轴的第 6 帧开始播放
```

◆ 其他 Flash 动画及其时间轴

```
on(press){
    loadMovie("xiao.swf",1);
}                  //单击按钮时,在当前动画场景所在的层上加载外部 Flash 动画 xiao.swf
```

◆ 外部应用程序（如浏览器）

```
on(release){
    getURL("http://www.souh.com",_blank);
}                  //单击按钮并释放鼠标时,在浏览器新窗口中打开搜狐网站
```

(2) 事件。交互的条件，也就是 SWF 文件播放时发生的事情，如移动鼠标、按下鼠标键或键盘按键、加载影片剪辑，用户可以使用动作脚本确定事件何时发生并根据事件执行相应的脚本动作；在动画制作中常用的事件如下。

◆ 帧事件：当在时间轴上播放到指定的帧时，产生的事件；在 Flash 开发环境中，帧事件在时间轴上会有一个 a 标记。如图 7-6 所示。

图层 1

图 7-6　帧事件在时间轴上的标记

◆ MC（影片剪辑）事件：当某个影片剪辑载入或卸载时产生的事件。针对影片剪辑对象的 onClipEvent( )事件处理函数，它的一般形式为

```
onClipEvent(影片剪辑事件){
  //此处是编写的语句,用来执行相应事件
}
```

其中影片剪辑事件是“事件”触发器，发生此事件时，执行事件大括号中的语句，如，onClipEvent(Load)加载影片剪辑事件、onClipEvent(unload)卸载影片剪辑事件。常用的影片剪辑事件如下。

➢ onData：当所有数据资料被读取完毕时，执行相应的事件。

➢ onEnterFrame：当前场景中包含并播放已被添加动作的影片剪辑时，执行相应的行为。

➢ onMouseDown：当鼠标左键被按下时，执行相应的行为。

➢ onMouseMove：当鼠标移动时，执行相应的行为。

➢ onMouseUp：当鼠标左键被按下后又被释放时，执行相应的行为。

- ➢ onLoad：当影片剪辑的片段被载入到当前场景时，执行相应的行为。
- ➢ onUnload：当影片从当前场景中移出时，执行相应的行为。

◆ 鼠标和键盘事件：当单击某个按钮或按下键盘上的某个键时产生的事件。常用的按钮事件如下。

- ➢ onDrangOut：在按钮上按下鼠标左键，并按住鼠标不放移动的按钮以外的区域，执行相应的行为。
- ➢ onDragOver：在按钮上按下鼠标，并按住鼠标不放，将指针移出按钮后，又移回到按钮上面，从而执行相应的行为。
- ➢ onKeyDown：当按下键盘当中的某个按键时，执行相应的行为，选择事件后需要在括号中输入触发事件的按键名。
- ➢ onPress：当某个按键被按下时，执行相应的行为。
- ➢ onRelease：当单击按钮的鼠标被释放时，执行相应的行为。
- ➢ onReleaseOutside：当按钮的鼠标被拖动到按钮以外的区域释放的时候，系统会执行相应的行为。
- ➢ onRollOut：当鼠标指针滑出时，执行相应的行为。
- ➢ onRollOver：当鼠标指针滑过按钮上方时，执行相应的行为。

(3) 动作。交互对象所执行的动作，动作时 ActionScript 脚本语言的灵魂和编程的核心，是在播放 SWF 文件时指示 SWF 文件执行某些任务的语句，如 stop、play、goto 等，分别控制动画过程的停止、播放、播放位置的转移等。

2. 设计交互的 Flash 动画（使用 ActionScript 语句）

ActionScript 动作脚本涉及的对象广泛，数量繁多。但在编程时，不是每一条动作脚本都要使用的，用户只需要根据制作要求使用相应的动作脚本，就能编辑出互动影片了。

1) 常用的动作命令语句

(1) 时间轴控制

- ◆ play()：开始播放动画，当动画被停止播放后，需要使用 play()才能继续播放。
- ◆ stop()：无条件停止正在播放的动画。
- ◆ goto()：跳转到指定的帧。Goto 动作有两种形式，GotoAndPlay(Frame)表示跳转到某帧后开始播放，参数 Frame 是帧数；GotoAndStop(Frame)表示跳转到指定的帧后停止动画的播放。
- ◆ stopAllSound()：停止所有声音的播放，一般与按钮符号配合使用。执行该动作将停止声音的播放，但动画的播放不受影响。
- ◆ nextFrame()：跳转到下一帧。
- ◆ prevFrame()：跳转到上一帧。
- ◆ PrevScene()：转到上一场景。

(2) 浏览器/网络

- ◆ getURL()：超链接语句。使某帧或按钮链接到某个网页或现实发送邮件等操作，具体格式如下：

```
getURL(url,window,[mode]);
```

在指定窗口中打开 URL 所表示的链接文档。window 表示所使用窗口。mode 有如下选项。

➢ _self：在当前活动窗口中打开。

➢ _blank：在新窗口中打开。

➢ _parent：在当前页的上一级框架页打开。

➢ _top：在当前框架的基层框架页打开。

◆ FSCommand()：执行主机端指令。

具体格式如下：

```
FSCommand(cmd_string, arg_string);
```

cmd_string 指定所要执行的指令名，可为 Flash Player 的指令或浏览器 javascript 函数。arg_string 声明该指令所用到的参数。它们可设置如下值。

➢ fullscreen：是否全屏播放，参数为 true 或 false。

➢ allowscale：是否允许通过拉伸窗口缩放影片，参数为 true 或 false。

➢ showmenu：是否在播放器显示菜单，参数为 true 或 false。

➢ trapallkeys：是否屏蔽播放器的快捷键(如 Esc 键表示停止播放并恢复)。

➢ save：隐藏属性，作用是存变量到文本文件中。

2) ActionScript 脚本类型

在 Flash 中，ActionScript 脚本根据添加的位置不同，可分为两种类型。

(1) 帧脚本。即添加在时间轴中的关键帧或空白关键帧上的动作脚本，在动画播放到该帧时自动执行。从外观上看，添加了动作脚本的关键帧或空白关键帧上会出现一个 a 标记，如图 7-7 所示。

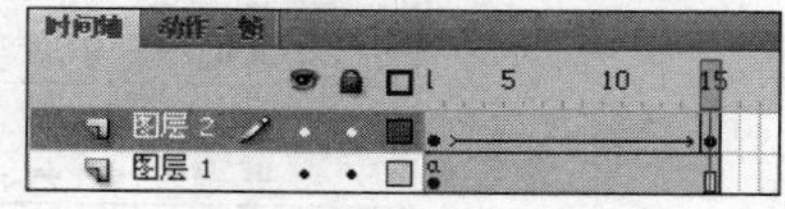

图 7-7 关键帧上的 a 标记

(2) 元件脚本。包括按钮脚本和影片剪辑(简称 MC)脚本，按钮脚本附在按钮元件实例上，用来响应用户鼠标或键盘动作，如图 7-8 所示。MC 脚本附在 MC 实例上，一般用于复杂的交互要求。

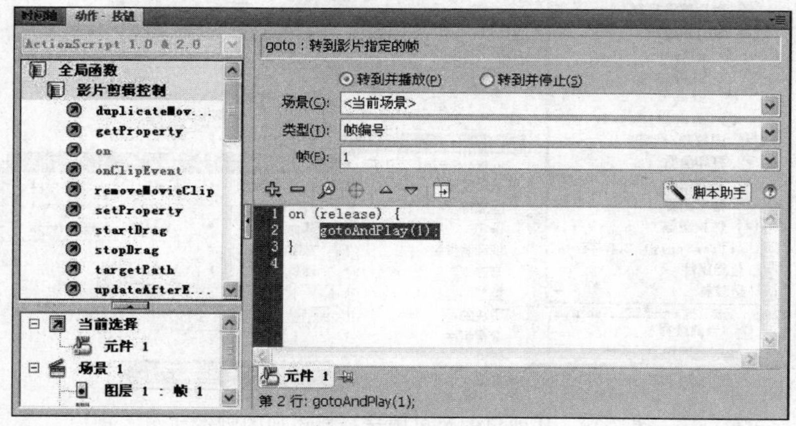

图 7-8 元件脚本

3）添加动作脚本

在 Flash CS4 中，我们可以把编写的脚本添加到 Flash 文件中，制作交互动画，添加脚本的步骤如下：

（1）选择对象。打开“动作”面板，在舞台上选择要添加动作的对象，可以是关键帧、按钮或影片剪辑实例，在脚本编辑窗口输入脚本程序或切换到脚本助手模式利用脚本助手添加动作脚本。

（2）添加动作脚本。在动作列表中单击要添加的命令组，在展开的命令组中双击要添加的动作，则可以将动作命令添加到右侧的脚本编辑窗口中，如图 7-9 所示；也可以单击脚本编辑窗口中的 ，从弹出的菜单中选择要添加的脚本动作，再双击添加到脚本编辑窗口中，如图 7-10 所示。

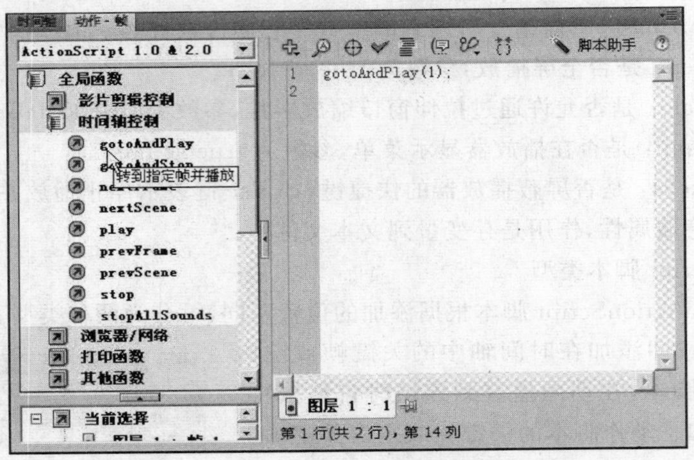

图 7-9　在脚本编辑窗口中添加脚本

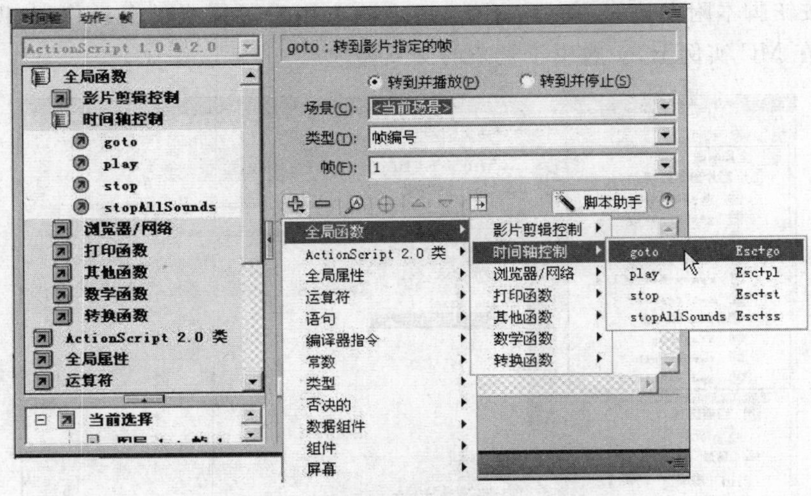

图 7-10　从弹出的菜单中选择要添加的脚本动作

（3）处理脚本参数。在脚本助手窗口的参数文本框中输入相应的值。

(4) 若要删除已经添加的动作脚本，可先在脚本编辑窗口中选择要删除的语句，然后单击删除按钮 [−] 或按 Delete 键即可。

7.1.3　设计过程

(1) 新建一个 Flash 文件(ActionScript 2.0)，舞台大小用默认的值，将文件保存为“控制播放.fla”。

(2) 制作控制影片用的四个按钮元件，即“播放”、“暂停”、“前进”和“后退”。以制作“播放”元件为例，执行“插入”→“新建元件”命令，新建一个按钮元件，将其命名为“播放”，如图 7-11 所示。

图 7-11　“创建新元件”对话框

(3) 在“播放”按钮的编辑界面中，使用椭圆工具和多角星形工具在“弹起”帧绘制“播放”按钮的初始样式，如图 7-12 所示。在“指针”帧上按 F5 键，设置指针经过按钮时的状态与初始状态一致。

(4) 选择“按下”帧，按 F6 键插入关键帧，并将按钮改成蓝色，完成“播放”按钮的制作。用相同的方法完成“暂停”、“前进”、“后退”3 个按钮的制作。

(5) 执行“文件”→“导入”→“导入到库”命令，选中源文件中的“素材\第 7 章”目录中名为“魅力世博.FLV”的视频文件。

(6) 在弹出的视频“导入视频”对话框中选择“使用回放组件加载外部视频”并设置视频的外观，如图 7-13 和图 7-14 所示。

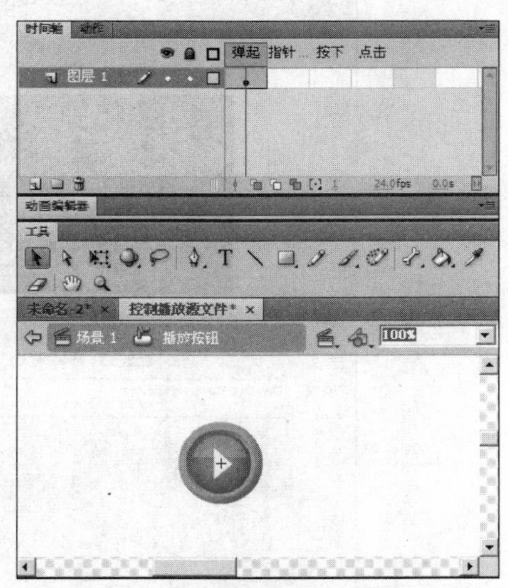

图 7-12　“播放”按钮的编辑界面

(7) 将视频文件导入库后，将其拖到舞台中，设置其大小与舞台大小一致，即 550 像素×400 像素，并使用“对齐”面板将其设置为相对舞台居中对齐。

(8) 将图层 1 更名为“视频”。选择第 1 帧，在“动作”面板中添加动作代码“stop();”。

(9) 新建一个图层，将其命名为“按钮”，将刚才制作的 4 个按钮元件拖动到该层的第 1 帧的舞台上，并按“播放”、“暂停”、“前进”、“后退”的顺序水平对齐排列。

(10) 分别在这四个按钮上添加动作代码。

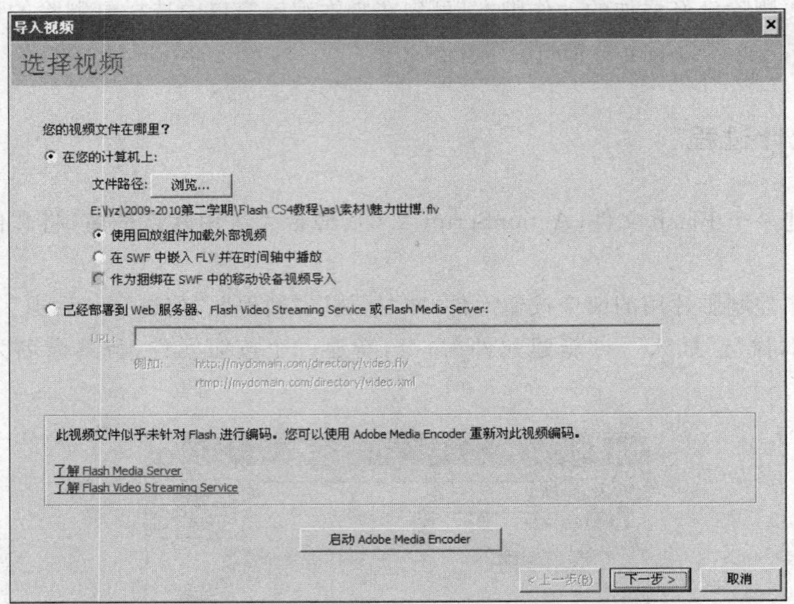

图 7-13 “导入视频”对话框第一步

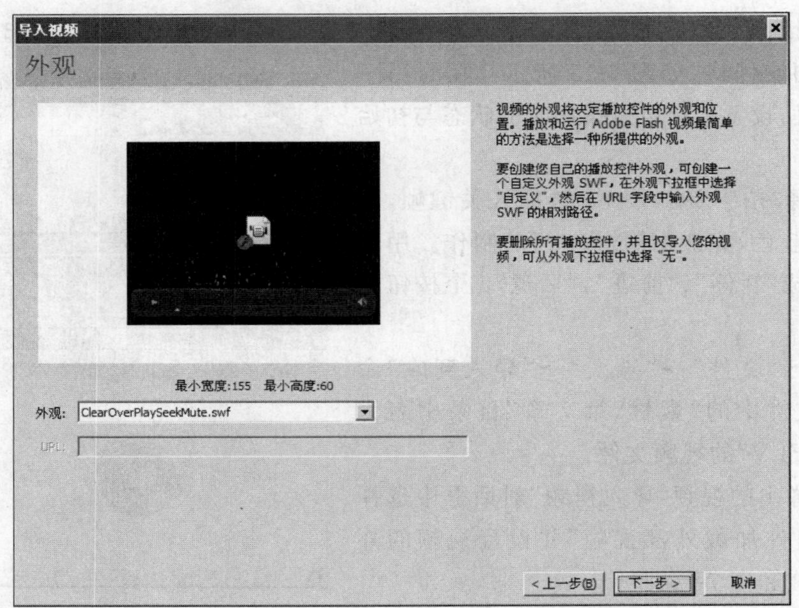

图 7-14 “导入视频”对话框第二步

◆ “播放”按钮的代码如下：

```
on (release) {
    play();
}    //释放鼠标时,开始播放影片
```

◆ “暂停”按钮的代码如下：

```
on (release) {
    stop();
}    //释放鼠标时,影片停止播放
```

◆ “前进”按钮的代码如下：

```
on(release) {
    nextFrame();
}    //释放鼠标时,播放指针移动到下一帧
```

◆ “后退”按钮上的代码如下：

```
on (release) {
    prevFrame();
}    //释放鼠标时,播放指针返回到前一帧
```

(11) 按 Ctrl＋Enter 快捷键测试动画效果。

7.2 拓展训练

7.2.1 案例 25 制作网站导航栏

1. 案例效果

本案例是制作网站导航栏，当将导航栏插入到网页文件中，单击导航栏中的“公司概况”按钮，即链接到相关的网页；单击“联系我们”按钮，可打开 Outlook 向指定的电子邮箱发送电子邮件；单击“友情链接”按钮，可将当前网页跳转到网易。效果如图 7-15 所示。本案例包含的知识点有：

◆ 创建文字按钮元件。

◆ getURL()超链接语句的使用。

图 7-15 网站导航栏效果

2. 设计过程

(1) 新建一个 Flash 文档，设置文档尺寸为 1002 像素×200 像素，文件名保存为“导航栏.fla”。

(2) 执行“文件”→“导入”→“导入到舞台”命令，选中源文件中的“素材\第 7 章”目录中名为“导航栏.jpg”的文件并导入舞台。设置其相对舞台居中，将图层 1 改名为 banner。

(3) 执行“插入”→“新建元件”命令，在“新建元件”对话框中选择“按钮”命令，设置按钮

名称为“首页”。新建一个名为“首页”的文字按钮。

(4) 设置画布的颜色为浅蓝色(为制作白色文字按钮做准备)。在图层1的“弹起”帧上按F6键,插入一个关键帧。选择文字工具 T,设置“文字大小”为“20点”,“字体”为“隶书”。在“指针”帧上按F6键插入一个关键帧,将文字颜色改为黑色,制作鼠标指针经过时将文字变成黑色的效果。在“点击”帧按F6键插入关键帧,用矩形工具在文字上画一个矩形,让矩形完全罩住文字,设置文字按钮的响应区域,如图7-16所示。

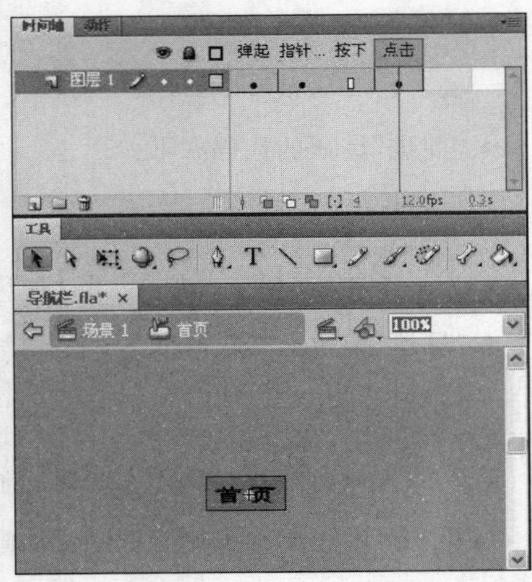

图 7-16 “首页”按钮效果

(5) 按同样的方法,分别创建“公司概况”、“产品介绍”、“联系我们”、“友情链接”四个按钮。

(6) 在图层banner上增加一个图层,并将其更名为“按钮”,将按钮“首页”、“公司概况”、“产品介绍”、“联系我们”、“友情链接”从“库”面板中拖到“按钮”图层的第一帧上,按图7-15位置排列。

(7) 选中“公司概况”按钮,打开“动作”面板,使用脚本助手在“动作”面板中输入:

```
on (release) {
    getURL("pages/gsgk.html", "_blank");
}
```

单击“公司概况”并释放鼠标按键时,在新窗口打开“pages”目录下的“gsgk.html”网页文件,如图7-17所示。

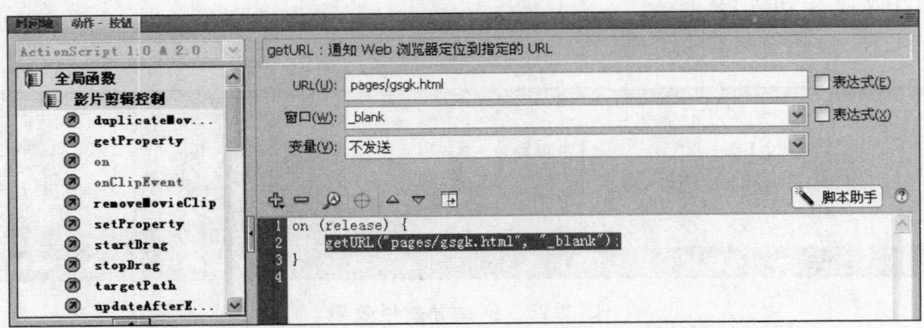

图 7-17 “公司概况”按钮的动作脚本

(8) 选中“联系我们”按钮,在“动作”面板中输入:

```
on (release) {
    getURL("mailto:kevin@ 21cn.com");
}
```

单击“联系我们”并释放鼠标时,可往电子邮箱 kevin@21cn.com 发送电子邮件。

(9) 选中“友情链接”按钮,在“动作”面板中输入:

```
on (release) {
    getURL("http://www.163.com", "_blank");
}
```

单击“友情链接”并释放鼠标时，在新窗口打开网易网站首页。

(10) 保存文件，打开 Dreamweaver 新建一个网页文件 cs.html，将“导航栏.swf 文件”插入到网页文件中，保存网页文件，并按 F12 键测试效果。

7.2.2 案例 26 动画下载进度条

1. 案例效果

本案例是模拟网页动画下载过程。当动画在下载时，进度条按下载的进度前进，并在进度条上方显示进度的百分比。下载完毕单击 play 按钮播放动画，效果如图 7-18 所示。本案例包含的知识点有：

- 创建动态文本。
- 添加控制按钮。
- 添加多个场景。
- 模拟下载。

2. 设计过程

(1) 新建一个 Flash 文档，文档尺寸用默认的值，即 550 像素×400 像素，将文件保存为“进度条.fla”。

(2) 执行“文件”→“导入”→“导入到舞台”命令，选中源文件中的“素材\第 7 章”目录中名为 cjl.jpg 的文件并导入舞台，设置其相对舞台居中。将图层 1 改名为“背景”。

(3) 创建“进度条”影片剪辑，执行“插入”→“新建元件”命令，在“创建新元件”对话框中选择类型为“影片剪辑”，名称为“进度条”，如图 7-19 所示。

图 7-18 动画下载进度条效果

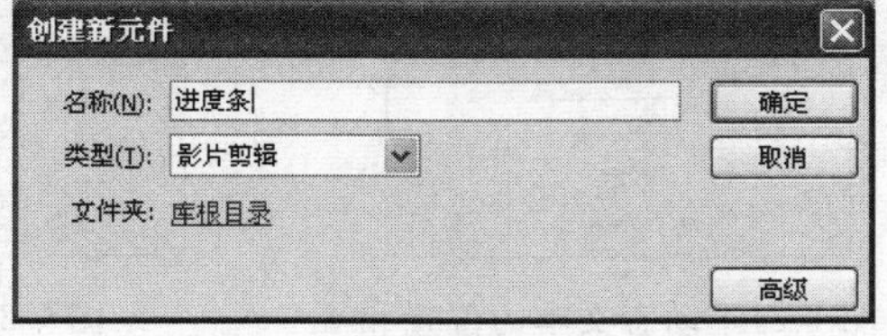

图 7-19 “创建‘进度条’元件”对话框

(4) 在影片剪辑“进度条”的图层 1 中绘制一个大小为 300 像素×20 像素的矩形，矩形边框为蓝色，填充颜色为“无”，位置相对舞台居中。锁住图层 1，在图层 1 上增加一个图层，绘制一个大小为 300 像素×20 像素无边框，填充颜色为红色的矩形，位置相对舞台居中。在图层 1 的第 100 帧处按 F5 键插入帧。在图层 2 的第 100 帧处按 F6 键插入关键帧。选

中图层 2 的第 1 帧，将红色矩形大小设置为 3 像素×20 像素。在第 1 帧处右击，在弹出的菜单中选择“创建补间形状”命令，在图层 2 的第 1～100 帧处创建形状补间动画，这样影片播放时就产生了红色矩形条不断前进的动画，如图 7-20 所示。

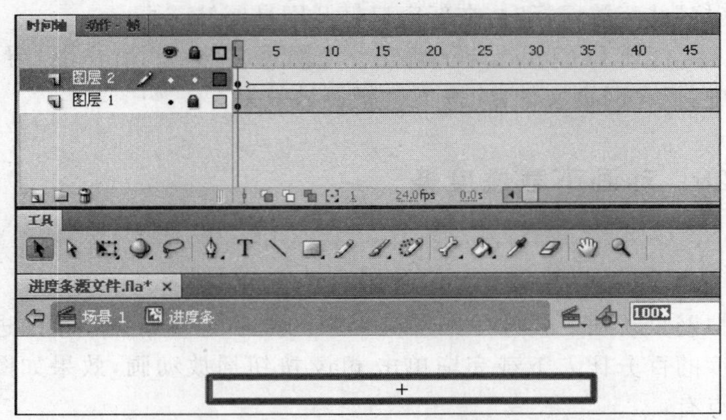

图 7-20　绘制影片剪辑“进度条”的矩形边框

(5) 回到场景 1，在“背景”图层上增加一个图层，改名为“进度条”，将刚才创建的“进度条”影片剪辑拖到画面合适的位置上。

(6) 在“进度条”图层上增加一个图层，改名为“动态文本”。选择文字工具 T，在“进度条”影片剪辑实例上方绘制一个动态文本框。选中刚才绘制的动态文本框，并在其属性工具栏设置文字属性如图 7-21 和图 7-22 所示。

(7) 在“动态文本”图层上增加一个图层，改名为 as。选中 as 图层的第 1 帧，在“属性”面板中给它添加帧标记 play，如图 7-23 所示。

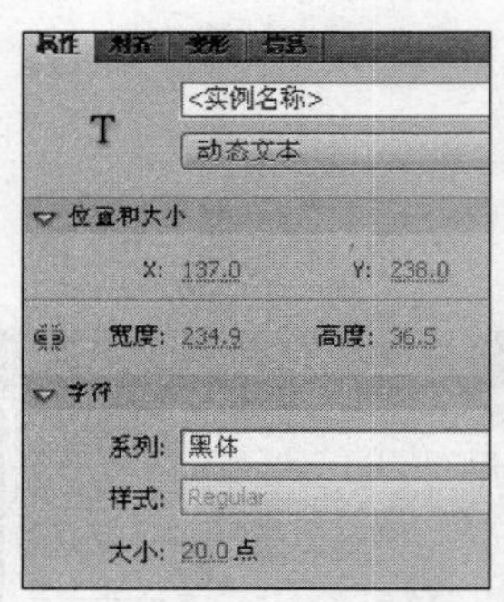

图 7-21　动态文本的位置和大小设置

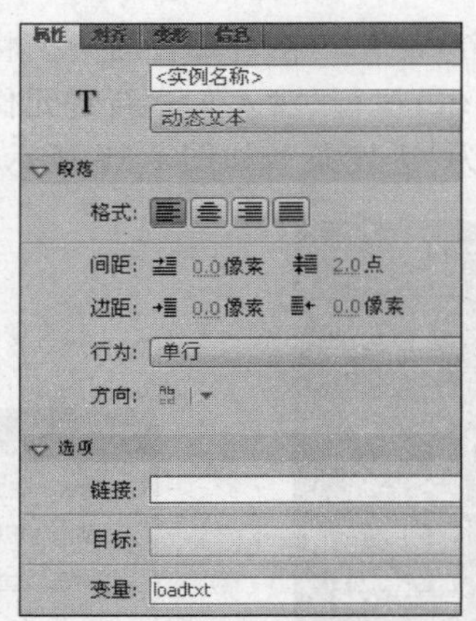

图 7-22　动态文本的段落设置

图 7-23　为动态文本添加帧标记

(8) 给 as 图层的第 1 帧添加如下动作脚本：

```
total=_root.getBytesTotal();          //将电影总字节数赋值给 total 变量
loaded=_root.getBytesLoaded();        //将已经下载的字节数赋值给 loaded 变量
load=int(loaded/total* 100);          //取整计算已下载的字节数的百分比并赋值给变量 load
loadtxt="loading"+load+"%";           //把已下载的字节数赋值给动态文本变量 loadtxt
```

```
_root.进度条.gotoAndStop(load);    //进度条同时按百分比数跳转到相应的帧上去
```

(9) 在 as 图层的第 6 帧插入一个关键帧,在第 6 帧上添加动作脚本:

```
if (loaded==total) {
gotoAndStop(6);
}              //如果下载字节数=总字节数,跳转到第 6 帧时停止
else {
gotoAndPlay("play");
}              //否则跳转到标签名 play 的帧,继续下载
```

(10) 创建一个名为"播放"的按钮元件,在 as 图层上方再增加一个图层,改名为"按钮"。在"按钮"图层第 6 帧插入一个关键帧。并选择第 6 帧,将"播放"按钮元件拖到画面合适的位置。

(11) 执行"插入"→"场景"命令,在文档中增加场景 2,选中源文件中的"素材\第 7 章"目录中名为"家园.png"的文件,导入舞台,设置其相对舞台水平左对齐及垂直居中对齐。在第 150 帧处增加一个关键帧,设置"家园"图像水平右对齐及垂直居中对齐,在第 1～150 帧处创建动作补间动画,并在第 150 帧上添加动作代码"stop();",即停止动画的播放。

(12) 单击"编辑场景"按钮,将场景切换的"场景 1",如图 7-24 所示。

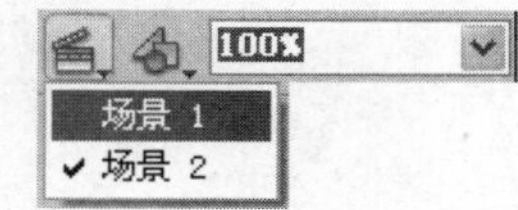

图 7-24 场景的弹出菜单

(13) 单击"播放"按钮元件实例,打开"动作"面板,在"动作"面板中输入如下脚本:

```
on(release) {
    gotoAndPlay("场景 2",1);
}       //当单击鼠标左键并释放鼠标时,切换到场景 2 的第 1 帧开始播放
```

(14) 按 Ctrl+Enter 快捷键测试动画效果。由于本机速度快,可能看不清效果,可在测试时执行"视图"→"模拟下载"命令,观察测试效果,如图 7-25 所示。

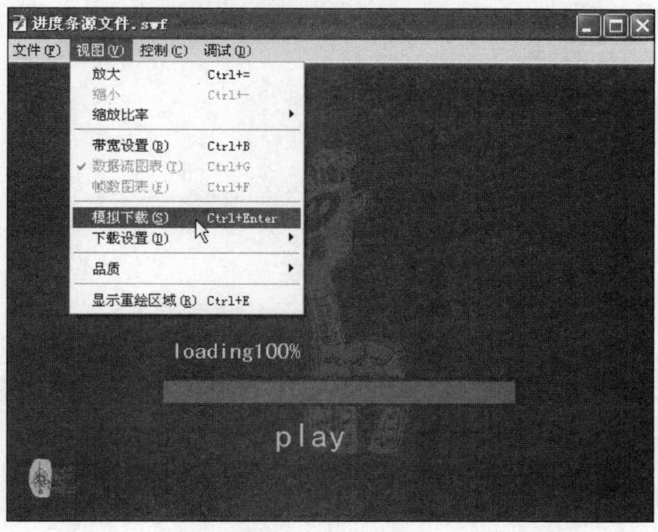

图 7-25 "模拟下载"命令

7.3 本章小结

通过本章的学习，读者对 ActionScript 动作代码应该有了一个初步的认识，了解了一些常用动作代码的含义及其使用方法，熟悉了“动作”面板的构成及其使用方法。另外，通过几个实例可以了解到使用一些简单的动作代码可以制作精彩的交互动画效果。

第8章　Flash商业广告的制作

Flash 可用于商业宣传，可以通过目的性极强的传递方式将产品信息随 Flash 不知不觉地传递给消费群体，从而对消费群体产生潜移默化的影响，还不容易使其产生反感。比起传统的广告和公关宣传，通过 Flash 进行产品宣传有着信息传递效率高、消费群体接受度高、宣传效果好的显著优势。

在本章中，我们将接触到整个 Flash 动画的具体制作过程，当然首先要做的是构思主题，作品的构思是动画的骨架和灵魂，好的构思和创意是创作一部优秀 Flash 作品的关键。接下来就是编写创意脚本，具体地描述如何利用画面来体现自己的构思。再往后就是设计角色和动画素材的准备阶段了，这个阶段是制作过程的前期，通常被称为预制作阶段，准备工作都做完了就开始动画设计以及发布作品。Flash 动画和传统动画一样，同样需要很多时间和精力才能制作出精美的作品。

8.1　构思主题

本案例是美的公司借上海世博会而开展的一次商业宣传活动，活动主题是“创新，成就美的生活”，目的是为了宣传美的公司的企业理念“创新转变着人类，创新为我们带来更高的生涯品德，美的与您共创更美的生涯”。

8.2　Flash 创意脚本

场景 1：画面中随意地摆放着十几张创意生活照片，在照片的中间逐渐闪出文字“上传生活创意照片”。

场景 2：在一个百宝箱中飞出文字“将有机会赢取……”，紧接着飞出两组彩带，然后再不断地飞出活动奖品的文字和图片——4999 元现金及世博会门票。

最后字幕：创新，成就美的生活。创意生活征集大赛。Competition for ideas of creative life。

最后标版：美的公司 Logo。

8.3 素材概述

本案例使用到的素材有11张生活照片、4条彩带、世博会门票、百宝箱、蝴蝶结彩带以及美的广告语、美的标志等图片，如图8-1所示。

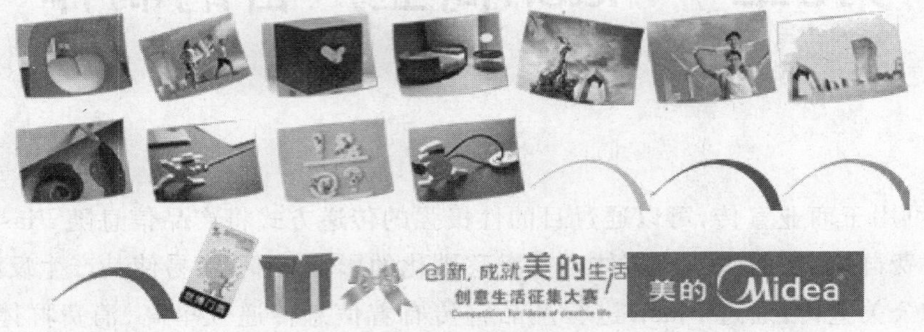

图8-1 动画素材

8.4 制作过程

8.4.1 文档设置

新建Flash文件，设置文档“尺寸”为1000像素×284像素，“背景颜色”为“白色”，“帧频”为“30fps”，如图8-2所示。

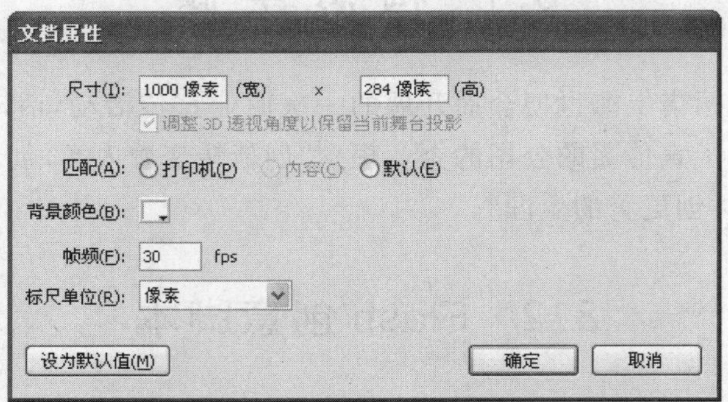

图8-2 “文档属性”对话框

8.4.2 导入素材

(1) 执行“文件”→“导入”→“导入到库”命令，将源文件中“素材\第8章”目录中名为image1.png～image16.png共16张图片导入库中。图片导入成功后，Flash CS4会自动将图片转换为图形元件。本例的16个图形元件被自动命名为“元件1”～“元件16”。

(2) 将源文件中“素材\第8章”目录中名为“蝴蝶结彩带.ai”、“百宝箱.ai”、“广告语.ai”

和“美的标志.ai”的文件导入到库中。在“库”面板中对图形元件“广告语.ai”右击，在弹出菜单中选择“属性”命令后，弹出“元件属性”对话框。在“类型”的下拉列表框中选择“影片剪辑”命令，单击“确定”按钮，即可将图形元件转换为影片剪辑。

8.4.3　制作元件

(1) 新建图形元件“蓝背景”。打开“颜色”面板，设置“笔触颜色”为“无”，“填充颜色”为“白色”至“#60A7D5”的放射状渐变(如图 8-3 所示)，在元件编辑区绘制一个宽为 1000 像素、高为 284 像素的矩形，如图 8-4 所示。

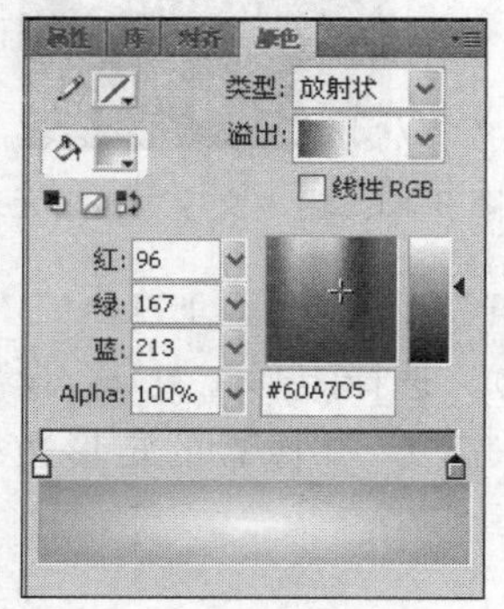

图 8-3　矩形颜色设置

图 8-4　矩形效果

(2) 新建图形元件“上传照片”。选择文本工具T，设置“文本类型”为“静态文本”，“字体”为“微软雅黑”，“大小”为“50 点”，如图 8-5 所示。在元件编辑区输入“上传生活创意照片”，如图 8-6 所示。

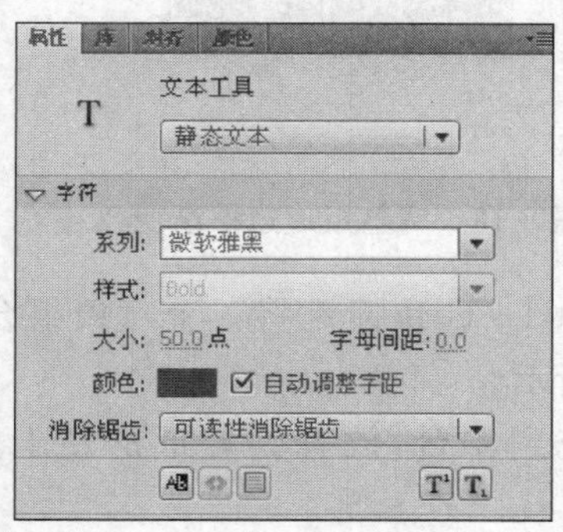

图 8-5　文本工具属性设置

上传生活创意照片

图 8-6　文字效果

(3) 新建图形元件“卡片”，在元件编辑区作如下操作：

① 打开“颜色”面板，设置“笔触颜色”为“无”，“填充颜色”为“#961309”～“#E15049”的线性渐变(如图 8-7 所示)。单击矩形工具，设置矩形“边角半径”为“5 像素”(如图 8-8 所示)。在元件编辑区绘制一个宽为 85 像素、高为 55 像素的矩形。使用渐变变形工具将矩形的渐变色调整至如图 8-9 所示。

② 选择文本工具T，设置文本“类型”为“静态文本”、“字体”为“黑体”、“大小”为“15 点”、“颜色”为“白色”，输入文字“4999 元现金”，如图 8-10 所示。

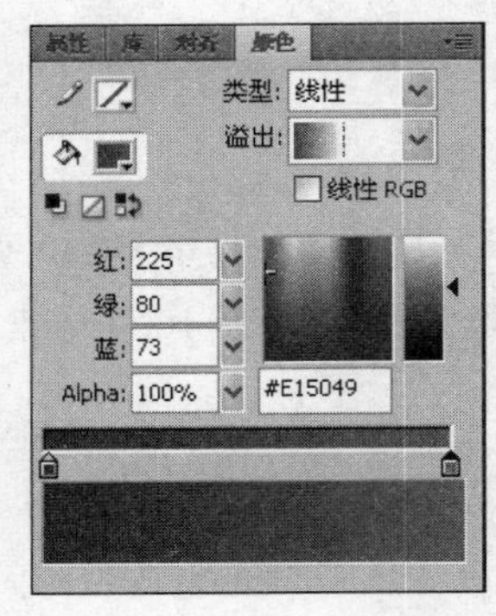

图 8-7 “颜色”面板的设置

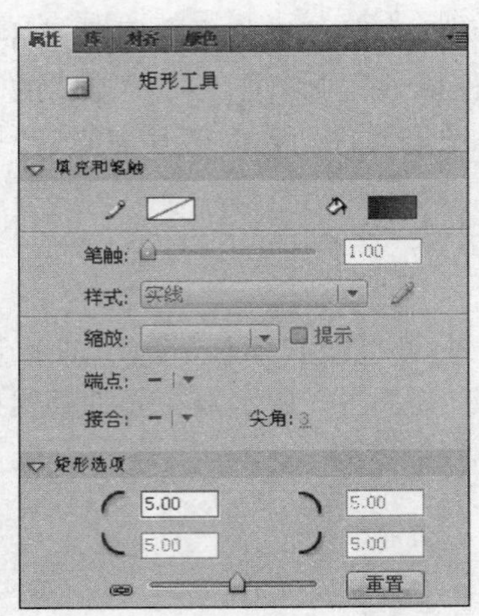

图 8-8 矩形工具属性设置

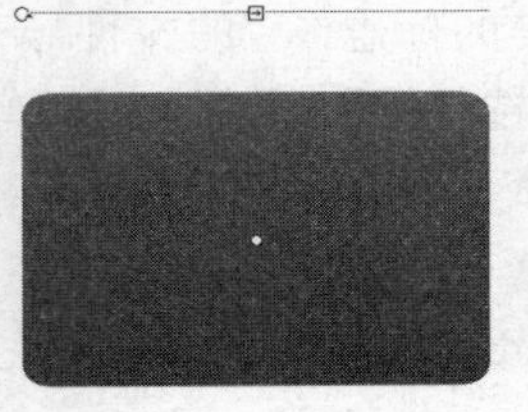

图 8-9 矩形的渐变色调整

图 8-10 输入文字“4999 元现金”

③ 打开“颜色”面板，设置“笔触颜色”为从“＃F4ECBB”到“＃E7DA8B”再到“＃B76B2E”的线性渐变，“填充颜色”为“无”(如图 8-11 所示)。选择矩形工具，设置矩形“边角半径”为“5 像素”，在元件编辑区绘制一个宽为 80 像素、高为 50 像素的矩形边框。使用渐变变形工具将矩形边框的渐变色调整至如图 8-12 所示。

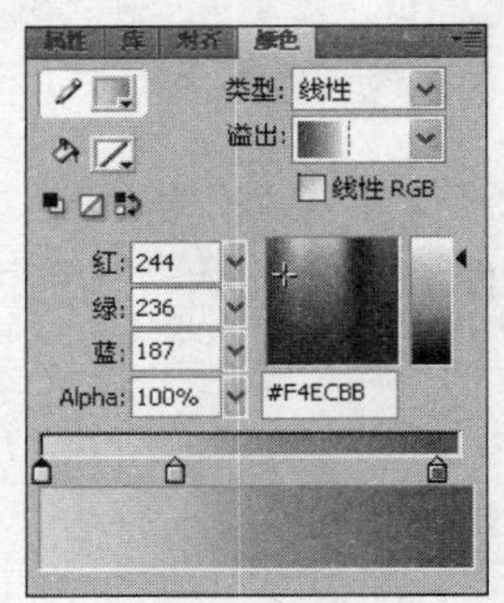

图 8-11 矩形边框颜色设置

图 8-12 调整矩形边框渐变色

④ 按住 Shift 键同时选定两个矩形和文字后，按 Ctrl＋G 快捷键将 3 个对象组合。使用任意变形工具，将组合后的对象旋转至如图 8-13 所示。

⑤ 将图形元件“蝴蝶结彩带. ai”从“库”面板中拖到舞台，放置到矩形的左上角，如图 8-14 所示。

图 8-13 旋转对象

图 8-14 放置蝴蝶结彩带

(4) 新建图形元件"世博门票",在元件编辑区作如下操作:单击文本工具T,设置"文本类型"为"静态文本"、"字体"为"黑体"、"大小"为"60 点"、"颜色"为"蓝色",输入文字"世博门票"。执行 2 次分离命令(快捷键为 Ctrl+B),将文字打散成形状(如图 8-15 所示)。将文字填充颜色改为"#3597DD"到"#014776"的线性渐变(如图 8-16 所示)。使用渐变变形工具将文字的渐变色调整为上浅下深,如图 8-17 所示。

图 8-15 打散成形状的文字(1)

图 8-16 打散成形状的文字(2)

(5) 新建图形元件"4999 元现金",在元件编辑区输入文字"4999 元现金",文字的字体、字号和颜色等设置与上述"世博门票"图形元件的设置一致,效果如图 8-18 所示。

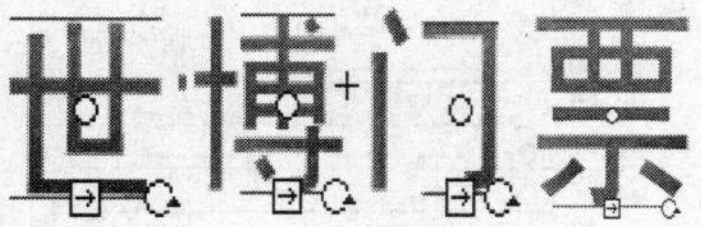

图 8-17 调整文字的渐变色

图 8-18 "4999 元现金"文字效果

(6) 新建图形元件"有机会",在元件编辑区输入文字"将有机会赢取……",文字的"字体"为"微软雅黑"、"字号"为"60 点"、"颜色"为"#1E5173",效果如图 8-19 所示。

(7) 新建影片剪辑"标志",在元件编辑区绘制一个宽为 1000 像素、高为 284 像素、颜色为#3782B4 的矩形,将"库"面板中名为"美的标志.ai"的图形元件拖入元件编辑区,并调整其位置为相对于舞台水平、垂直居中对齐,如图 8-20 所示。

图 8-19 "将有机会赢取……"文字效果

图 8-20 影片剪辑"标志"的效果

(8) 新建影片剪辑"弧形",并在元件编辑区作如下操作:

① 将"库"面板中名为"元件 13"~"元件 16"的 4 个图形元件拖入到元件编辑区,并调整位置,如图 8-21 所示。

② 新建图层"遮罩 1"。用矩形工具在第 1 帧绘制一个宽为 40 像素、高为 295 像素的矩形,放置在上述 4 个图形元件的左侧,如图 8-22 所示。在第 20 帧按 F6 键插入关键帧,用任意变形工具将矩形放大至完全将上述 4 个图形元件盖住。在第 1~20 帧之间创建补间形状动画。

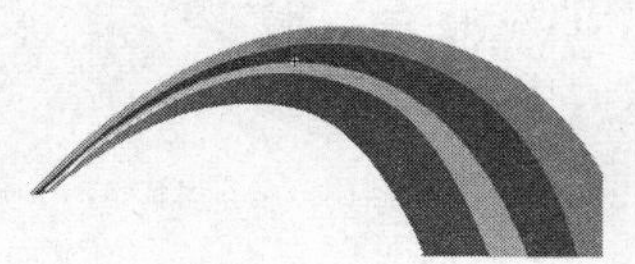

图 8-21 "元件 13"~"元件 16"4 个图形元件的位置

图 8-22 绘制矩形

③ 新建 3 个新图层，分别命名为"遮罩 2"～"遮罩 4"。将图层"遮罩 1"的全部帧复制到这 3 个新图层中。

④ 按住 Shift 键选定"元件 13"～"元件 16"4 个图形元件后，右击，在弹出菜单中选择"分散到图层"命令，将 4 个元件分散到 4 个图层。

⑤ 调整"遮罩 1"～"遮罩 4"4 个图层的位置，分别放置在每个图形元件图层的上层，如图 8-23 所示。

⑥ 将"遮罩 1"～"遮罩 4"4 个图层设置为遮罩层，并将"遮罩 2"和"元件 15"两个图层的帧向后拖动 2 帧。将"遮罩 3"和"元件 14"两个图层的帧向后拖动 4 帧，将"遮罩 4"和"元件 13"两个图层的帧向后拖动 6 帧，在所有图层的第 25 帧按 F5 键添加帧，时间轴如图 8-24 所示。

图 8-23 图层顺序

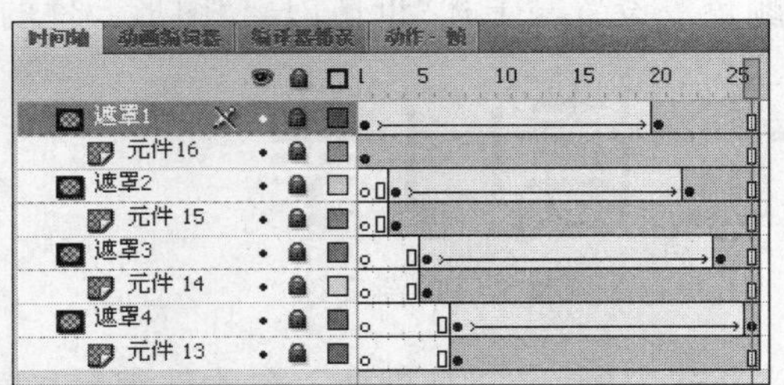

图 8-24 设置了遮罩层之后的时间轴

⑦ 新建图层，在第 25 帧按 F6 键插入关键帧，输入动作脚本"stop();"。

8.4.4 制作主动画

1. 场景 1

(1) 将图层"图层 1"重命名为"背景"。将图形元件"蓝背景"从"库"面板中拖入到舞台，打开"对齐"面板，调整图形元件"蓝背景"的位置，使其相对于舞台水平、垂直居中对齐。在第 105 帧按 F5 键插入帧。

(2) 新建一个图层，把它命名为"图 1"。将图形元件"元件 1"从"库"面板中拖入到第 1 帧的蓝色背景上方，并使用任意变形工具将图像放大并旋转，如图 8-25 所示。

(3) 在图层"图 1"的第 15 帧处按 F6 键插入关键帧，将"元件 1"缩小并向右下方略微移动，效果如图 8-26 所示。

图 8-25 场景 1 的第 1 帧效果

图 8-26 场景 1 的第 15 帧效果

(4) 在图层“图 1”的第 93 帧处按 F6 键插入关键帧。

(5) 在图层“图 1”的第 105 帧处按 F6 键插入关键帧，将“元件 1”拖到蓝色背景上方。并打开“属性”面板的“色彩效果”部分，设置“元件 1”的 Alpha 为“0%”，如图 8-27 所示。

(6) 在图层“图 1”的第 1～15 帧、第 95～105 帧之间创建传统补间动画。

(7) 新建一个图层，把它命名为“图 2”。将图形元件“元件 2”拖入到第 1 帧的蓝色背景上方；用任意变形工具将“元件 2”略微放大。打开“属性”面板的“色彩效果”部分，设置“元件 2”的 Alpha 值为“0%”，效果如图 8-28 所示。

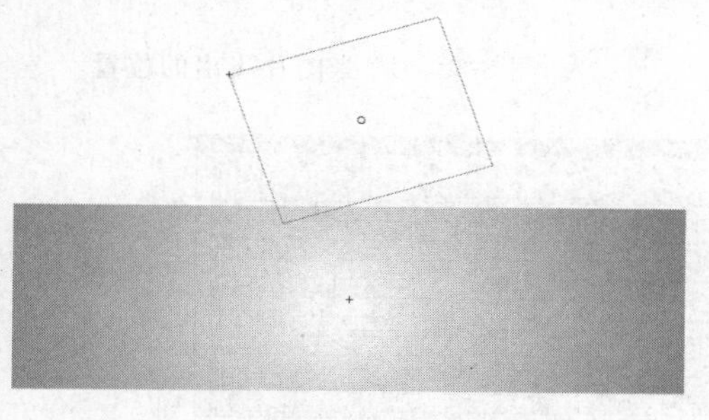

图 8-27 场景 1 的第 105 帧效果

图 8-28 插入“元件 2”之后的场景 1 第 1 帧效果

(8) 在图层“图 2”的第 15 帧处按 F6 键插入关键帧，将“元件 2”缩小并向右下方略微移动。打开“属性”面板的“色彩效果”部分，设置“元件 2”的 Alpha 值为“100%”，效果如图 8-29 所示。

(9) 在图层“图 2”的第 80 帧处按 F6 键插入关键帧。

(10) 在图层“图 2”的第 95 帧处按 F6 键插入关键帧。将“元件 2”移动至蓝色背景左上方，并设置 Alpha 值为“0%”，如图 8-30 所示。

图 8-29 插入“元件 2”之后的场景 1 第 15 帧效果

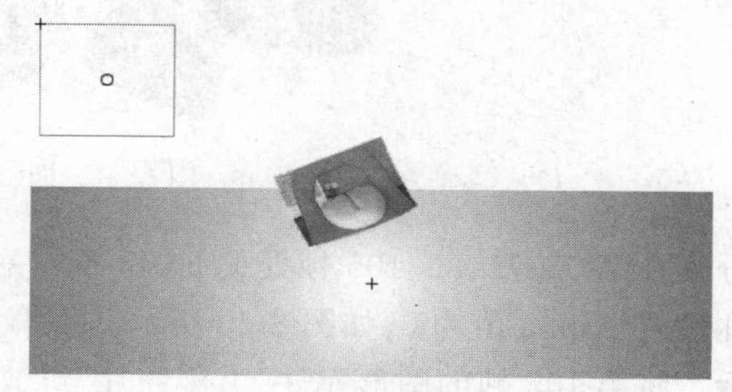

图 8-30 插入“元件 2”之后的场景 1 第 95 帧效果

(11) 在图层“图 2”的第 1～15 帧、第 80～95 帧之间创建传统补间动画。在第 105 帧按 F5 键插入关键帧。

(12) 采用与上述“元件 2”同样的操作方式，再创建“图 3”～“图 11”共 9 个图层，在每个图层中分别为图形元件“元件 3”～“元件 11”在第 1～105 帧之间创建淡入/淡出动画效果，如图 8-31～图 8-33 所示。要注意的是，各个元件之间的淡入或淡出时间均应相隔 4～5 帧，以形成图片相继飞入、飞出的效果。

(13) 新建图层，命名为“传照片”。在第 40 帧插入关键帧，将图形元件“上传照片”从“库”面板中拖进舞台中，并相对于舞台水平、垂直居中对齐，调整图形元件大小如图 8-34 所示。

图 8-31　11 张图片飞入之后的效果

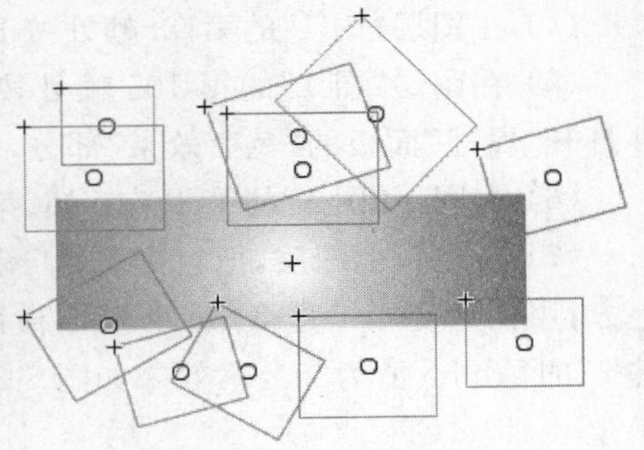

图 8-32　11 张图片飞出的位置

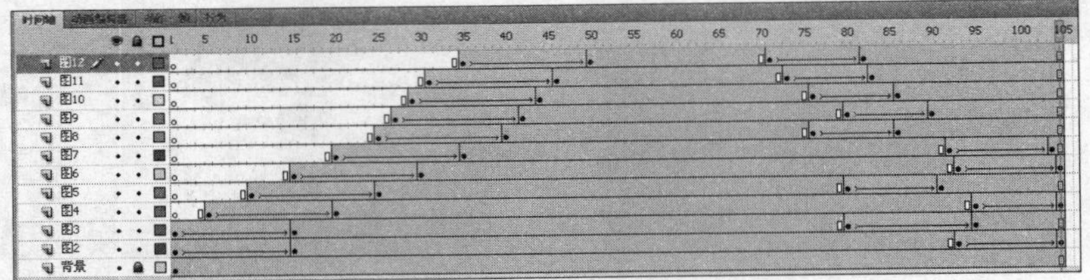

图 8-33　11 张图片淡入和淡出图层与帧

图 8-34　图形元件"上传照片"

分别在第 55、75、85、105 帧处按 F6 键插入关键帧。将第 40 帧的图形元件"上传照片"放大，并设置 Alpha 值为 0，如图 8-35 所示。将第 85 帧的图形元件"上传照片"缩小，如图 8-36 所示。将第 105 帧的图形元件"上传照片"再放大，并设置 Alpha 值为 0，如图 8-37 所示。在第 40～55 帧、第 75～85 帧、第 85～105 帧之间分别创建传统补间动画，如图 8-38 所示。

图 8-35　图形元件"上传照片"第 40 帧效果

图 8-36　图形元件“上传照片”第 85 帧效果

图 8-37　图形元件“上传照片”第 105 帧效果

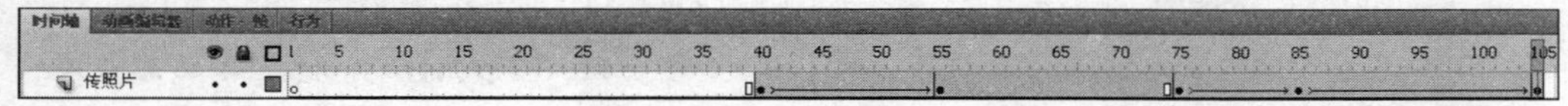

图 8-38　图形元件“上传照片”的时间轴

2. 场景 2

(1) 执行“插入”→“场景”命令，插入一个新的场景，命名为“场景 2”。

(2) 将图层“图层 1”重命名为“背景”，将图形元件“蓝背景”从“库”中拖入到舞台。打开“对齐”面板，调整图形元件“蓝背景”的位置，使其相对于舞台水平、垂直居中对齐。在第 160 帧按 F5 键插入帧。

(3) 新建图层，命名为“百宝箱”，将图形元件“百宝箱.ai”从“库”面板中拖进舞台中，放在蓝背景的下方，调整大小为宽 192 像素、高 160 像素，如图 8-39 所示。在第 6 帧插入关键帧，将图形元件向上移动至如图 8-40 所示。在第 11、16 帧插入关键帧，将第 11 帧的图形元件向下略微移动(如图 8-41 所示)。在第 1～6 帧、第 6～11 帧、第 11～16 帧之间分别创建传统补间动画，如图 8-42 所示。在第 160 帧按 F5 键插入关键帧。

图 8-39　场景 2 的第 1 帧效果

图 8-40　场景 2 的第 11 帧效果

图 8-41　场景 2 的第 16 帧效果

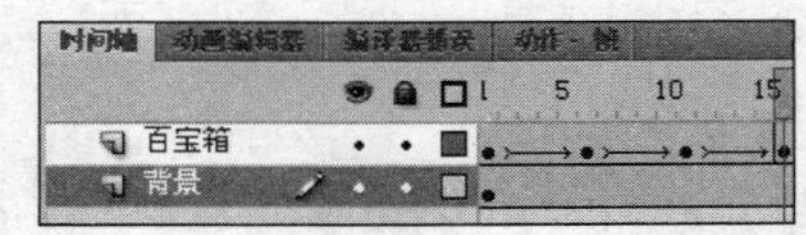

图 8-42　图形元件“礼物盒.ai”的时间轴

(4) 新建图层，命名为“机会”，在第 9 帧插入关键帧，将图形元件“有机会”从“库”中拖进舞台中，调整元件的位置、大小并旋转，如图 8-43 所示。在第 18、61 帧插入关键帧，分别

将图形元件向上移动，调整大小并略微旋转，如图 8-44 和图 8-45 所示。在第 76 帧插入关键帧，将图形元件移动到蓝背景上方，放大并设置 Alpha 值为 0，如图 8-46 所示。在第 9～18 帧、第 18～61 帧、第 61～76 帧之间分别创建传统补间动画，并将图层“机会”调整至图层“盒子”下方，如图 8-47 所示。

图 8-43　图形元件“有机会”

图 8-44　图形元件“有机会”第 18 帧效果

图 8-45　图形元件“有机会”第 61 帧效果

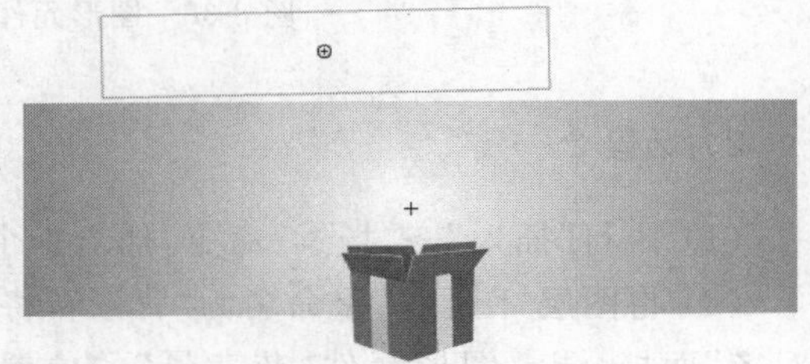

图 8-46　图形元件“有机会”第 76 帧效果

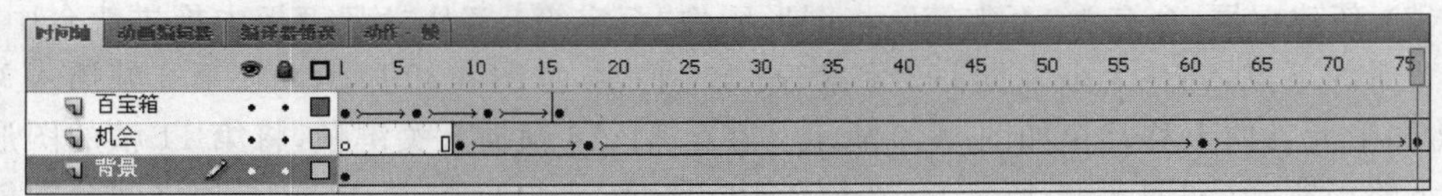

图 8-47　图层“机会”时间轴

(5) 新建图层，命名为“弧形左”，在第 18 帧插入关键帧，将影片剪辑“弧形”从“库”面板中拖入舞台中，并调整位置，X：755.4，Y：124.8。在第 160 帧按 F5 键插入帧。

(6) 新建图层，命名为“弧形右”，在第 18 帧插入关键帧。将影片剪辑“弧形”从“库”中拖入舞台中，执行“修改”→“变形”→“水平翻转”命令，将元件做水平翻转，并调整其位置，X：244.3，Y：124.8。在第 160 帧按 F5 键插入帧。

(7) 新建图层，命名为“现金图”，在第 31 帧插入关键帧。将图形元件“卡片”从“库”中拖入到舞台中，在第 44、84、97 帧分别插入关键帧，将第 31、97 帧的图形元件“卡片”的 Alpha 值均设为 0，调整元件位置，如图 8-48～图 8-51 所示。

图 8-48　图层“卡片”第 31 帧效果

图 8-49　图层“卡片”第 44 帧效果

图 8-50　图层“卡片”第 84 帧效果

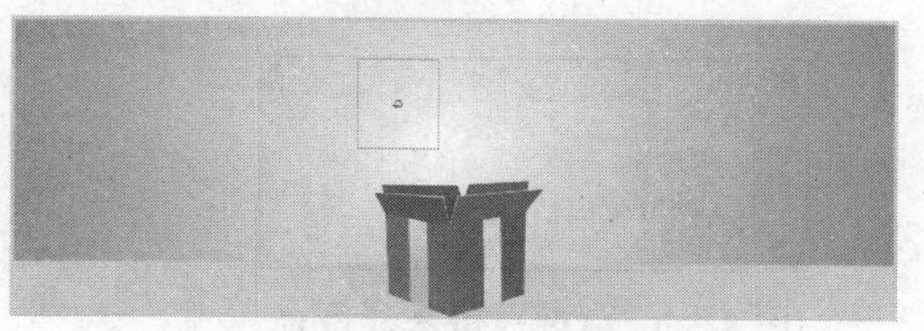
图 8-51　图层“卡片”第 97 帧效果

(8) 新建图层,命名为“现金字”。采用与图层“现金图”一样的操作方式,制作图形元件“4999 元现金”的动画效果。

(9) 新建图层,命名为“门票图”。在第 94 帧插入关键帧,将图形元件“门票”从“库”中拖入到舞台中。在第 109、149、160 帧分别插入关键帧。将第 94、160 帧的图形元件“门票”的 Alpha 值均设为 0,调整元件位置,如图 8-52～图 8-55 所示。

图 8-52　图层“门票图”第 94 帧效果

图 8-53　图层“门票图”第 109 帧效果

图 8-54　图层“门票图”第 149 帧效果

图 8-55　图层“门票图”第 160 帧效果

(10) 新建图层,命名为“门票字”。采用与图层“门票图”一样的操作方式,制作图形元件“世博门票”的动画效果。

3. 场景 3

(1) 执行“插入”→“场景”命令,插入一个新的场景,命名为“场景 3”。

(2) 将图层“图层 1”重命名为“背景”。将图形元件“蓝背景”从“库”面板中拖入到舞台,打开“对齐”面板。调整图形元件“蓝背景”的位置,使其相对于舞台水平、垂直居中对齐。在第 120 帧处按 F5 键插入帧。

(3) 新建图层,命名为“广告语”。将影片剪辑“广告语. ai”从“库”面板中拖进舞台。在第20 帧插入关键帧,将第 1 帧的影片剪辑“广告语. ai”略放大,并为其添加模糊滤镜,参数设置如图 8-56 所示,效果如图 8-57 所示。在第 1～20 帧之间创建传统补间动画。在第 80 帧处按 F5 键插入帧。

(4) 新建图层,命名为“美的”。在第 70 帧插入关键帧,将影片剪辑“标志”拖入到舞台中,并设置其 Alpha 值为 0,在第 81 帧插入关键帧,设置影片剪辑“标志”的 Alpha 值为 100%,在第 70～81 帧之间创建传统补间动画。在第 120 帧处按 F5 插入帧。

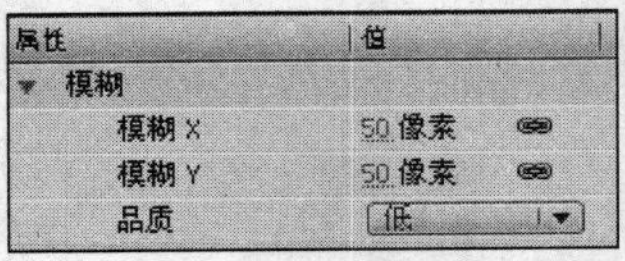

属性	值
▼ 模糊	
模糊 X	50 像素
模糊 Y	50 像素
品质	低

图 8-56　模糊滤镜参数设置

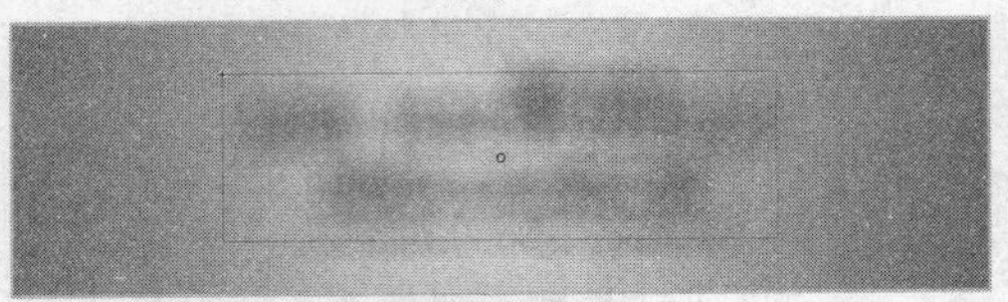

图 8-57　添加模糊滤镜后效果

8.5 本章小结

Flash 不仅仅是一种艺术表现方法，它的商业应用也将更加广泛和成熟。比起传统的电视和报纸宣传媒介，通过 Flash 进行产品宣传有着信息传递效率高、消费者接受程度高、宣传效果好的显著优势。作为一种传播媒介，Flash 具有非常高的互动性，这样会吸引大量的消费者参与其中，从而有利于商业公司的发展，为成功开拓一条有利之路。

第9章 Flash MV的制作

Flash MV 就是 Flash Music Video，意思是用 Flash 制作的音乐视频，由于 Flash 的操作简单，很多人便用这种创作方式，将自己喜欢的歌曲做成 MV 送给朋友或供别人欣赏，现在很多网站就有 Flash 专栏，在专栏里面就有很多的 Flash MV 可以欣赏，例如 TOM 网就有专门的 Flash MV 欣赏，其网址为：http://flash.tom.com。

9.1 构思主题

首先要选择一首自己喜欢的歌曲用来做 MV 音乐素材，这就要求对音乐有深入理解。对音乐的理解直接关系到做得好坏，并根据音乐的旋律去创造故事。在某些情况下，也会根据主题来选择音乐。

9.2 编写故事板

故事板是显示效果的视觉草图，用于视频创作和广告设计，表达作者的创意。一个好的 Flash MV 总有一个好的创意用来表达故事，有比较完整的故事情节，能反映歌词内涵。在制作 Flash MV 之前，自己一定要在草稿上勾画出 Flash MV 的初稿。应考虑好制作这个 Flash MV 需要什么样的素材，素材使用的位置、时间长短等。

9.3 素材准备

在制作 Flash MV 之前，首先要根据主题和音乐来确定用什么内容填充。再分析每句歌词，决定对应的场景。要把相关的素材都整理出来准备好，其素材大概可以分为以下几种。

- 音乐素材：根据主题确定音乐素材，音乐素材可以从网上下载原唱音乐；也可以是从网上下载以后，自己使用音频编辑软件对其进行处理过的音乐；还可以是自己翻唱录下的个人音乐。最好是使用 MP3 格式的音频文件。
- 图片素材：根据歌词的意思来选配图片，可以用唱此歌的明星图片来搭配，也可以用和表现主题相关的图片，还可以选和这曲音乐毫无关系的图片来重新演绎这首音乐。

同时，自己可以根据主题绘制图片。所选的图片素材最好是矢量格式，不要使用大量位图图片，位图太多会使 Flash MV 文件过大。总的来说，图像素材要求设计优美，视觉冲击力强。

◆ 文字素材：主要包括歌词、标题、作者信息等。每句歌词应单独做成一个元件，以便于做淡入/淡出等文字特效。元件名最好就用歌词名，这样方便在库里寻找。如果歌词很多，可以把所有歌词都放在一个专门库文件夹中。在制作的过程中，要注意歌词和音乐同步的问题。歌词动画特效不要太复杂，用一些常见的特效即可，例如淡入/淡出、从左边移入、右边移出等。

◆ 动画素材：包括飞花、落叶、下雨、下雪、星星、火光、火、水、云、电、动物等。根据主题需要，最好是把动画素材全部创建为元件(影片剪辑)。

◆ 视频素材：Flash MV 主要用于网络传输，为了不影响播放速度，那么就不要加入大量视频。

9.4 制作过程

在确定 Flash MV 的内容、准备好素材之后，我们就开始 Flash MV 的制作。

1. 设计分析

一个好的 Flash MV 要求主题明确，构思新颖，画面精致，生动优美，有一定的创意；色彩搭配合理，美感突出；画面剪辑流畅，节奏感强；音乐、画面相映成趣，富有动感。

在用 Flash 制作 Flash MV 时，我们至少需要以下几个图层。

◆ “背景”图层：用于设置 Flash MV 的背景，这样，便于形成一个统一风格的画面。

◆ AS 图层：用于 ActionScript(动作脚本)的书写，用来控制影片的运行及制作复杂多变的动画效果。

◆ “声音”图层：专门用于放置音乐，要把声音设为数据流格式，为了减少文件的大小，我们还可以对音乐进行压缩。

◆ “情景”图层：用来表现主题或故事情节的画面及动画实例。为了制作出丰富多变的动画效果，一般可以设置多个情节图层。

◆ “歌词”图层(文本图层)：主要用于放置文本及歌词文字的动画特效。

2. 操作步骤

(1) 新建一个 Flash CS4 文档，执行“修改”→“文档”命令，将影片的播放帧频设置为 12fps，影片的大小为 550 像素×400 像素。

(2) 从下至上创建 7 个图层，图层名称分别命名为“背景”、“音乐”、“情景 1”、“情景 2”、“AS”、“边框”、“歌词”，如图 9-1 所示。将文件命名为“心雨”并保存。

图 9-1 图层的创建

(3) 使用矩形工具在“边框”图层中绘制如图 9-2 所示的黑色边框。

(4) 在“情景 1”图层中新建一个名为“片头”的影片剪辑元件(具体做法略，以下各元件使用的图片在源文件中对应的章节文件

夹中)，将其放入舞台，效果如图 9-3 所示。

图 9-2　绘制黑色边框

图 9-3　新建的影片剪辑元件

(5) 在“情景 1”图层中创建三个静态文本框，在三个文本框中分别输入“导入时间还要”、“影片的大小：”、“载入影片的大小：”。然后再创建三个“动态文本框”，分别命名为 time_txt、total_txt、loaded_txt。创建一个名为“导航条”的影片剪辑，将其拖入到舞台，并命名为 bar_mc。将“公用库”中名为 circle bubble blue 的按钮拖入舞台，并把其文字由 enter 改为“播放”，将其命名为 bofang，如图 9-4 所示。完成后的效果如图 9-5 所示。

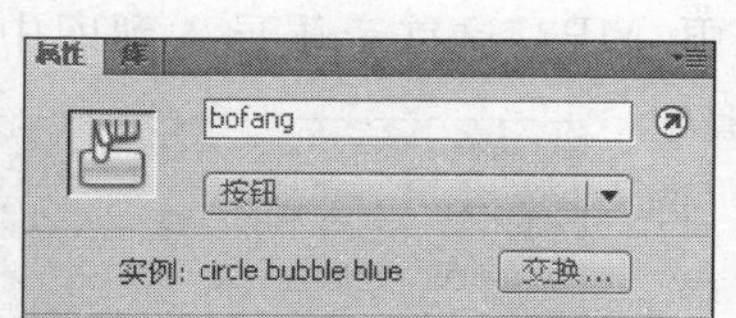

图 9-4　更改按钮名称

图 9-5　添加一些控件后的效果

(6) 在 AS 图层第 1 帧上右击，选择“动作”命令，打开“动作”面板，输入以下代码：

```
stage.scaleMode=StageScaleMode.NO_SCALE;          //设置舞台属性不跟随播放器大小而改变
stage.showDefaultContextMenu=false;               //屏蔽鼠标右键快捷菜单
function setaaa(aaa){
    return Math.round(aaa/1000);
}
var myswf:LoaderInfo=this.loaderInfo;

this.loaderInfo.addEventListener(ProgressEvent.PROGRESS,handler);
                                                  //显示进度条载入百分比、时间等


function handler(evet){
    var mybytes=myswf.bytesTotal;                 //获取影片的总字节数
    var myloaded=myswf.bytesLoaded;               //获取影片的已经完成加载的字节数
    var baifenbi=myloaded/mybytes;
```

```
        if(baifenbi<=1){
            var time=(mybytes-myloaded)/(myloaded/getTimer());
        }

        bar_mc.scaleX=baifenbi;
        total_txt.text=setaaa(mybytes)+"KB";
        loaded_txt.text=setaaa(myloaded)+"KB";
        time_txt.text=setaaa(time)+"秒";

}
this.loaderInfo.addEventListener(Event.COMPLETE, loaded);
function loaded(eve){
        bofang.addEventListener(MouseEvent.CLICK,kaishibofang)
        function kaishibofang(event:MouseEvent){
            gotoAndPlay(2)
        }
}
```

以上代码是用来显示加载的 Flash MV 的进度，也就是通常所说的加载文件。由于 MV 作品包含整个歌曲，再加上画面，一般文件都比较大，所以做加载文件就很有必要。特别是将 Flash MV 放到网络上时，由于受到网速的影响，在播放 MV 的时候有可能会出现音乐和歌词不同步的情况，为了避免这种情况的出现，应制作一个加载文件，当 Flash MV 完全下载后才能开始播放，这样就避免了音乐和歌词不同步的情况。

(7) 创建一名称为“雨滴”的影片剪辑元件，并放置在“情景 2”图层第 1 帧中。注意，该类元件放置多个，并排列好位置。

(8) 执行“文件”→“导入”→“导入到库”命令，将“心雨. MP3”这首音乐导入到库中。在“音乐”图层第 2 帧按 F7 键插入空白关键帧，将“库”面板中的“心雨. MP3”拖入到该帧，并将帧“属性”面板中“同步”选项设置为“数据流”，如图 9-6 所示。从图 9-6 中可以看出，声音的长度是 275.1 秒。如果需要将声音完全播放完，那么需要 275.1 秒×12 帧；如果只播放前 30 秒，那么就需要 360 帧。根据声音的长度计算出所需要的帧数(计算公式为：声音的长度×帧频)，然后在该帧上按 F5 键插入帧。“边框”图层的帧数应该和“音乐”图层的帧数一样。这个例子中总帧数为 500 帧，在“边框”图层的和“音乐”图层第 500 帧分别按 F5 键插入帧。

图 9-6　声音设置

(9) 创建一名称为“心雨文字动画”的影片剪辑元件，并放置在“歌词”图层第 1 帧中。

(10) 在“情景 1” 图层的第 2 帧上按 F6 键，并删掉该帧中与加载文件相关的内容和按钮。

(11) 创建一名称为“我的思念是不可触摸的网”的影片剪辑元件，在“歌词”图层的第 250 帧按 F7 键，再将“我的思念是不可触摸的网”的影片剪辑元件放置在该帧中，设置该实例的 Alpha 值为 0，如图 9-7 所示。然后在第 265 帧按 F6 键，设置该实例的 Alpha 值为 100%。在第 250 帧上右击，选择“创建传统补间”命令。然后在第 356 帧按 F6 键，第 356帧是第一句歌词结束的位置；在第357帧按F7键，第357帧是第二句歌词开始的位置，

图 9-7 设置实例的 Alpha 值

又可以开始创建新的歌词元件。在歌词元件开始和结束的位置可以设置动画效果,让前后歌词之间的过渡自然、流畅。

(12) 在“情景 1”、“情景 2”图层的第 259 帧,按 F7 键插入空白关键帧。创建一个名为“动画实例 1”的影片剪辑元件,然后放置在“情景 1”图层的第 259 帧,调整大小,使其符合舞台的大小。在“情景 1”图层的第 280 帧按 F6 键,回到“情景 1”图层的第 259 帧,选择该帧中的实例,在其“属性”面板中设置 Alpha 值为 0。然后在帧上右击,选择“创建传统补间”命令,这样就创建了一个淡入的画面。在“情景 1”图层的第 357 帧按 F6 键。在“情景 1”图层的第 375 帧按 F6 键。选择 375 帧中的实例,在其“属性”面板中设置 Alpha 值为 0。回到“情景 1”图层的第 357 帧,然后在帧上右击,选择“创建传统补间”命令,这样就创建了一个淡出的画面。

在各个动画实例出现的时候,要注意转场效果。所谓转场效果,就是从一个场景(或画面)切换到另一个场景(或画面)时,两者重叠期间用来过渡动画效果。最常见的转场效果有马赛克、百叶窗、淡入/ 淡出、旋转、透明度等。

(13) 继续在“情景 1”、“情景 2” 图层上创建动画实例或用元件来配合音乐表现剧情,在“歌词”图层上输入文字元件,创作文字特效,以达到歌词同步的效果。

(14) 完成动画、歌词设置后,最后在 AS 图层最后一帧放入一个按钮,命名为 chongbo,并在该帧中输入以下代码:

```
stop()
chongbo.addEventListener(MouseEvent.CLICK,kaishichongbo)
    function kaishichongbo(event:MouseEvent){
      gotoAndPlay(2)
}
```

这些代码的作用是当影片播放到最后一帧时便会停止,如果要继续欣赏该 Flash MV,就单击该按钮,又会从第 2 帧开始播放。

(15) 当完成 Flash MV 的制作以后,按 Ctrl+Enter 快捷键可以测试影片,看看是否有

问题，也可以对完成的影片进行修改。

(16) 完成 Flash MV 动画的制作以后，执行“文件”→“发布设置”命令，打开“发布设置”对话框，设置发布文件的格式、文件名称和不同文件所保存的位置。设置好各项参数以后，单击“发布”按钮，就可发布选定格式的文件。

9.5 本章小结

本章主要讲解了 Flash MV 完整的制作过程，其技术含量比较低，基本上全是利用“补间动画”与“逐帧动画”完成的，但是 Flash MV 与别的动画有区别，它要求用户的手绘能力比较强，而且其开发周期比较长。希望本章对大家学习 Flash MV 能起到一个抛砖引玉的作用。相信大家通过本章内容的学习，能制作出精彩的 Flash MV 作品。

第10章　Flash网站设计与制作

10.1　构思主题

本实例是通过设计制作一个个人的 Flash 网站，利用 Flash 的动画优势，更好地向用人单位进行自我推荐。

10.2　规划网站

用 Flash 建设全站的动画。要求动画应该在网站加载完成后，再过渡到主页，而每个栏目只制作一个简单而流畅的过程动画。

同时，为了提高网站的访问量，将各个模块分成多个 swf 文件来制作，执行相应命令时再读取各个模板，其结构如图 10-1 所示。

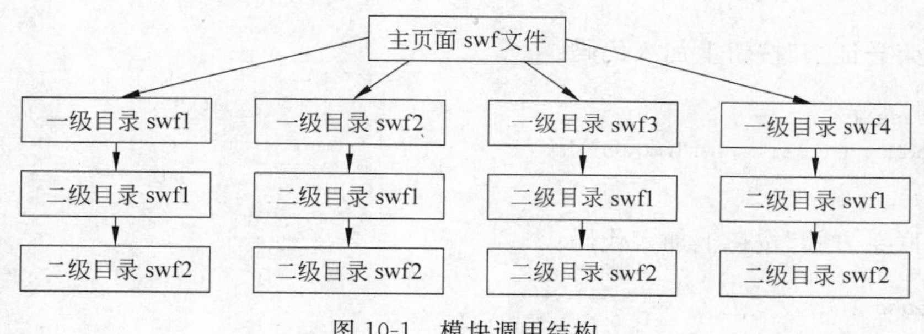

图 10-1　模块调用结构

10.3　素材概述

(1) 本网站由 5 个模块组成，每个页面单独制作为一个 swf 文件，如图 10-2 所示，分别为 index. swf、intro. swf、works. swf、certs. swf 和 about. swf。网站首页效果如图 10-3 所示。

(2) 在主页 index. swf 中，使用 loadMovie 命令将其他子页面加载到主页的影片剪辑中。

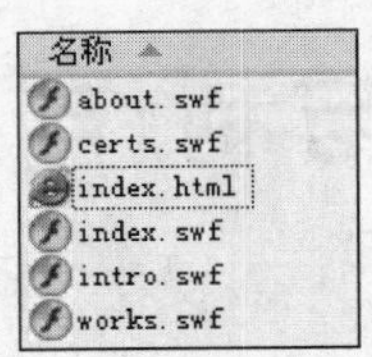

图 10-2　Flash 站点文件

图 10-3　网站首页效果

(3) 主页面的大小设置为 766 像素×600 像素，子页面大小设置为 550 像素×400 像素。

(4) 按钮可制作成动画效果，然后插入到 index.swf 主页中，并在隐形按钮上加上主代码。

① 在“个人简介”按钮上加入代码：

```
on(release){
    loadMovie("intro.swf",mov);
}
```

② 在“作品概览”按钮上加入代码：

```
on(release){
    loadMovie("works.swf",mov);
}
```

③ 在“荣誉证书”按钮上加入代码：

```
on(release){
    loadMovie("certs.swf",mov);
}
```

④ 在“联系方式”按钮上加入代码：

```
on(release){
    loadMovie("about.swf",mov);
}
```

10.4　制作过程

10.4.1　主页面制作

(1) 利用素材文件，将各元素切割到 Flash 中。新建一个基于 ActionScript 2.0 的 Flash 文件，并命名为 index.fla，“尺寸”为 766 像素×600 像素，“背景颜色”为橙色，“帧频”为 40fps。

(2) 创建背景动画从无到有的过程，并同时表现太阳升起、天空由暗转亮的过程，效果如图 10-4 所示。

图 10-4　太阳升起效果

(3) 创建一个新的图层，命名为 AS 图层，并在第 100 帧处插入空白关键帧，并为帧添加动作“stop();”。

(4) 新建一个“云朵”图层，创建云朵在天空飘动效果；新建一个“虫子”图层，创建虫子由远及近的动画效果；同时，创建一个“主页小鸟”图层，实现小鸟从无到有的过程。具体动画效果如图 10-5 所示。关键帧设置情况如图 10-6 所示。

图 10-5　页面效果

图 10-6　关键帧设置情况

(5) 创建一个“大云朵运动”的影片剪辑，实现云朵上下缓慢跳动的效果，如图 10-7 所示。回到场景 1，新建一个“大云朵”图层，在第 100 帧处，将“大云朵运动”影片剪辑拖放到舞台上，如图 10-8 所示。

(6) 创建一个名为 mov 的空影片剪辑，并回到场景 1。新建一个图层，命名为“加载层”，在第 100 帧处将该影片剪辑拖放到舞台中并与大云朵的左上角对齐，再命名为 mov。如图 10-9 所示。

图 10-7 “大云朵运动”影片剪辑

图 10-8 影片剪辑位置

图 10-9 mov 实例位置

(7) 创建一个“按钮”元件。绘制一个矩形，同时将图形的“填充色”设为“透明”。按钮设置如图 10-10 所示。再新建一个图层，在指针经过帧处，利用影片剪辑制作鼠标经过效果。

(8) 回到场景 1，新建一个“按钮”图层，然后将按钮放到对应位置，如图 10-11 所示。

图 10-10 按钮设置

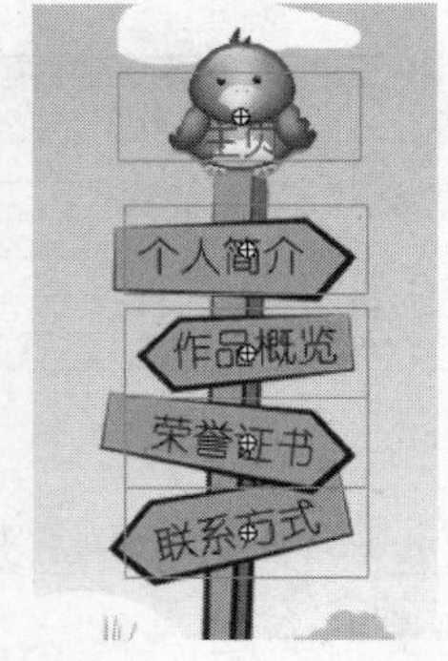

图 10-11 按钮的使用

(9) 分别为“主页”、“个人简介”、“作品概览”、“荣誉证书”和“联系方式”按钮添加代码，如图 10-12 所示。

(10) 调整“太阳”和“标题”元件到最上层。最终动画文件效果如图 10-13 所示。

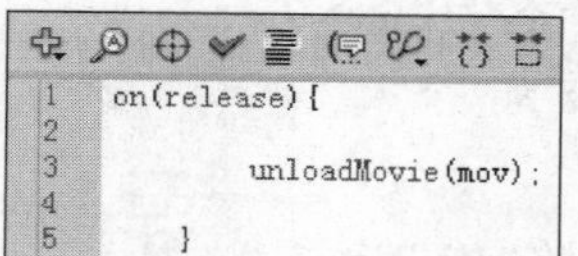

(a)“主页”按钮代码

(b)“个人简介”按钮代码

图 10-12　导航按钮部分代码

图 10-13　动画效果

10.4.2　子栏目制作

1.“个人简介”动画

“个人简介”动画效果如图 10-14 所示，加载到主页后的动画效果如图 10-15 所示。

图 10-14　“个人简介”动画效果

图 10-15　加载到主页后的动画效果

(1) 打开素材 intro. fla 动画文件。创建一个名为“标题”的影片剪辑,用文本工具创建静态文本,内容为“个人介绍”,具体设置如图 10-16 所示。

(2) 添加一个新的图层,命名为“滚动条”。将“库”面板中的图形元件“滚动条背景”拖动到场景的右侧。在图形“属性”面板中选择“颜色”下拉列表框中的“色调”,将颜色设置为紫色(#990099)。

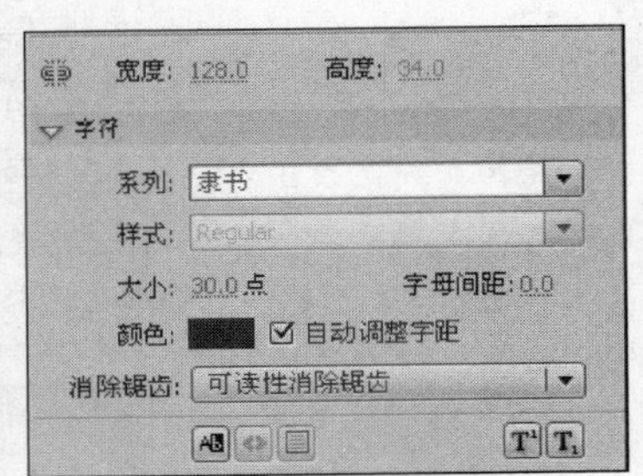

图 10-16 标题设置

(3) 将“库”面板中的影片剪辑元件“滚动条 1”和按钮元件“流动条按钮－上”、“滚动条按钮－下”拖动到舞台中,放置在“滚动条背景”实例上。分别选中“滚动条按钮－上”实例和“滚动条按钮－下”实例,打开“变形”面板,在面板中进行设置,如图 10-17 所示。滚动条效果如图 10-18 所示。

图 10-17 “变形”面板

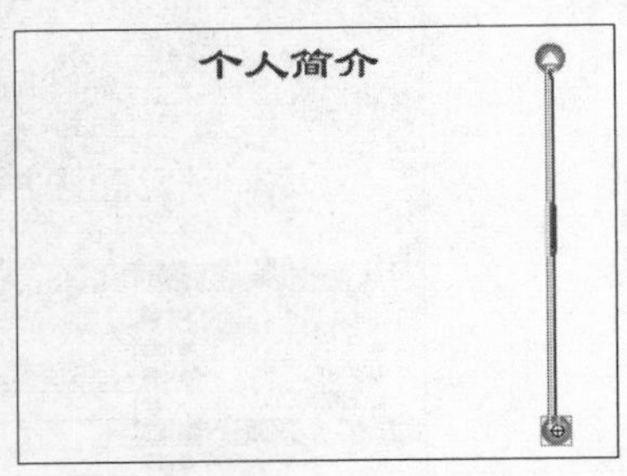

图 10-18 滚动条效果

(4) 选中“滚动条按钮－上”实例,打开“动作”面板,在“动作”面板中设置代码,脚本窗口中设置内容如图 10-19 所示。选中“滚动条按钮－下”实例,在“动作”面板中设置代码,脚本窗口中设置内容如图 10-20 所示。

```
on (release, keyPress "<Up>") {
    gundongtiao._y -= 20;
    if (gundongtiao._y<=51) {
        gundongtiao._y = 51;
    }
}
```

图 10-19 向上按钮代码

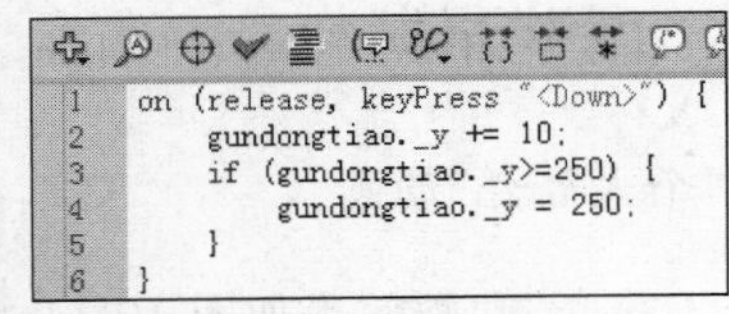

```
on (release, keyPress "<Down>") {
    gundongtiao._y += 10;
    if (gundongtiao._y>=250) {
        gundongtiao._y = 250;
    }
}
```

图 10-20 向下按钮代码

(5) 选中“滚动条 1”实例,调出影片剪辑“属性”面板,在“实例名称”选项的文本框中输入 gundongtiao,如图 10-21 所示。在“动作”面板中设置代码,脚本窗口设置的内容如图 10-22 所示。

图 10-21 影片剪辑命名

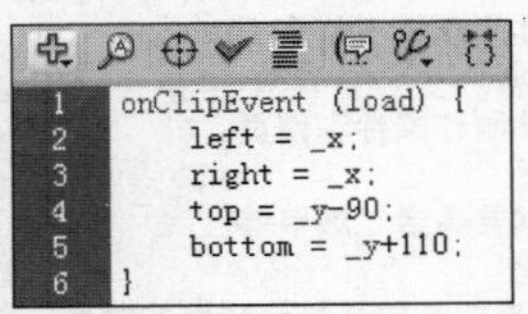

```
onClipEvent (load) {
    left = _x;
    right = _x;
    top = _y-90;
    bottom = _y+110;
}
```

图 10-22 实例动作

(6) 在"时间轴"面板中新建一个名为"Mask 文本"的图层。将"库"面板中的影片剪辑元件"Mask 文本"拖到舞台中，打开"变形"面板，面板中的设置如图 10-23 所示。

(7) 打开影片剪辑"属性"面板，在"实例名称"选项的文本框中输入 wenzi。在"时间轴"面板中创建一个名为 AS 的图层。选中 AS 图层的第 1 帧，按 F9 键打开"动作"面板，设置代码，如图 10-24 所示。

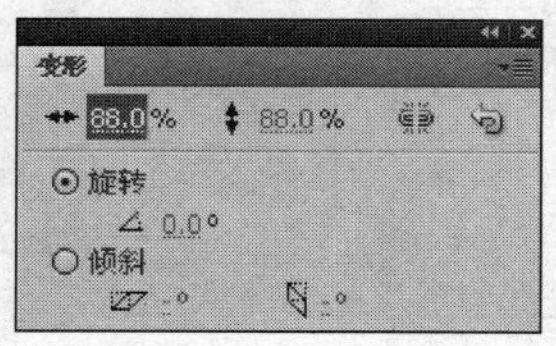

图 10-23　"变形"面板

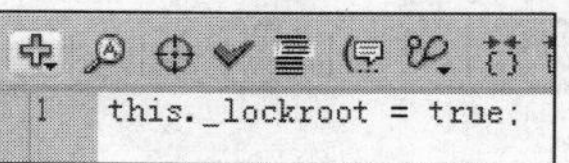

图 10-24　AS 图层帧动作

(8) 至此，动画制作完成。按 Ctrl＋Enter 快捷键，用鼠标拖动滚动条即可阅读。

2. "作品概览"栏目制作

"作品概览"动画效果如图 10-25 所示，加载到主页的动画效果如图 10-26 所示。

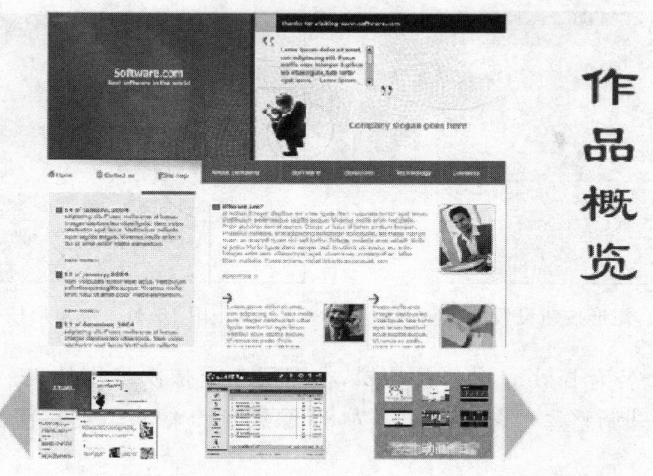

图 10-25　"作品概览"动画效果

(1) 新建一个名为 works 的动画文件。然后执行"文件"→"导入"命令，将作品 1～作品 8 图片导入素材库。

(2) 新建一个名为 pic 的影片剪辑，将图层 1 更名为 bigpic。选中第 1 帧，将"作品 1"从"库"面板中拖到舞台中，设置如图 10-27 所示。同理，依次插入空白关键帧，将作品 2～作品 8 放到舞台上。

(3) 新建一个图层，然后在第 1～8 帧分别插入空白关键帧，再为每一个帧添加一个动作，如图 10-28 所示。设置完成后，效果如图 10-29 所示。

(4) 新建一个按钮元件 bt。用矩形工具画一个矩形，设置如图 10-30 所示。新建一个按钮元件 bt_left，再画一个三角形，设置如图 10-31 所示。

图 10-26　加载到主页的动画效果

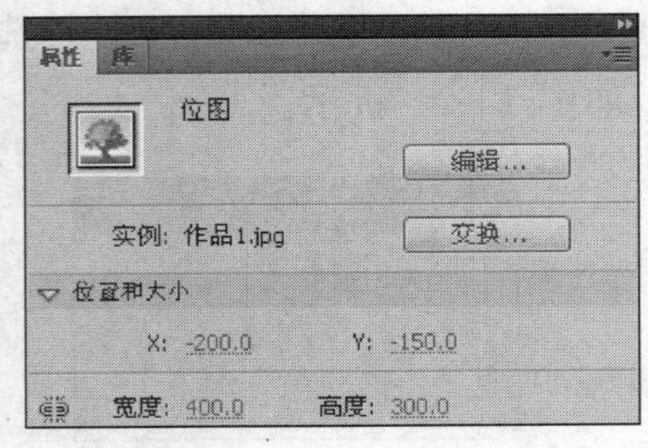

图 10-27　图像设置

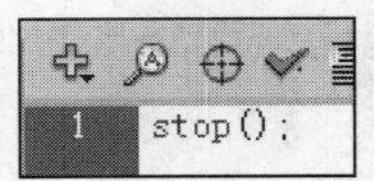

图 10-28　帧动作

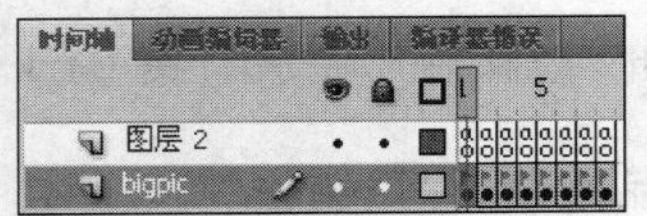

图 10-29　帧设置情况

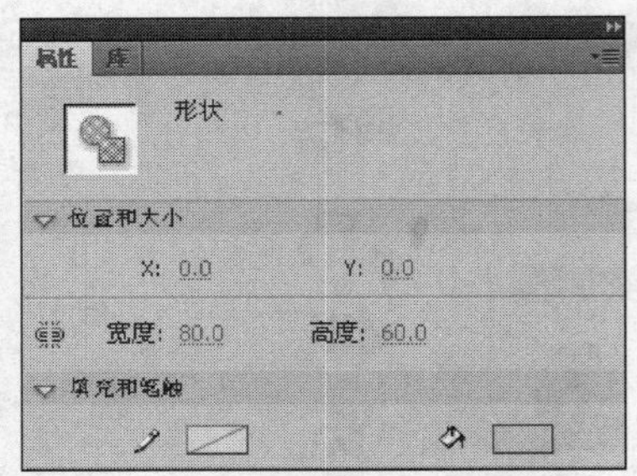

图 10-30　矩形按钮设置

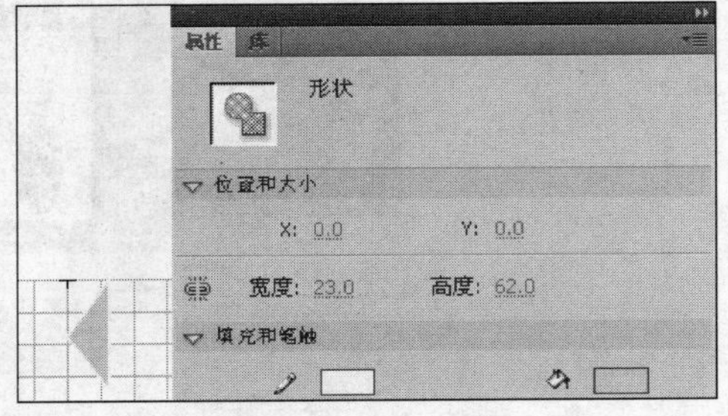

图 10-31　三角形按钮设置

(5) 新建一个名为 bigline 的影片剪辑，在图层 1 上依次将作品 1～作品 8 的图片拖到舞台相应位置上，并调整每个图像的大小为 80 像素×60 像素。创建作品图片的缩略图，效果如图 10-32 所示。

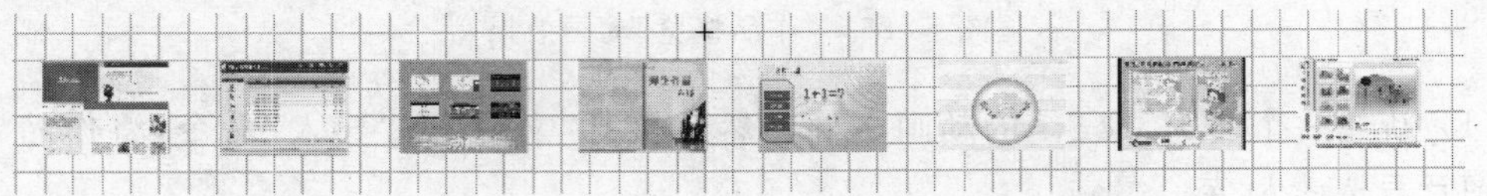

图 10-32　缩略图排列

(6) 新建一个图层，然后将 bt 按钮拖到舞台中。共创建 8 个按钮实例，并依次摆放到各个缩略图上。然后选中每个按钮，调整 Alpha 值为 0，效果如图 10-33 所示。

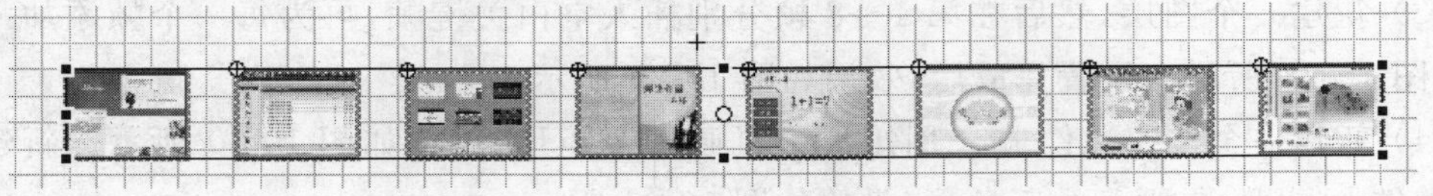

图 10-33　按钮的使用

(7) 新建一个名为 biglineMC 的影片剪辑，制作 bigline 实例从左向右滚动的动画。

(8) 回到场景 1，将图层 1 更名为“作品概览”。在图层 1 第 1 帧的舞台右侧，用文本工具创建内容为“作品概览”的标题，设置如图 10-34 所示。

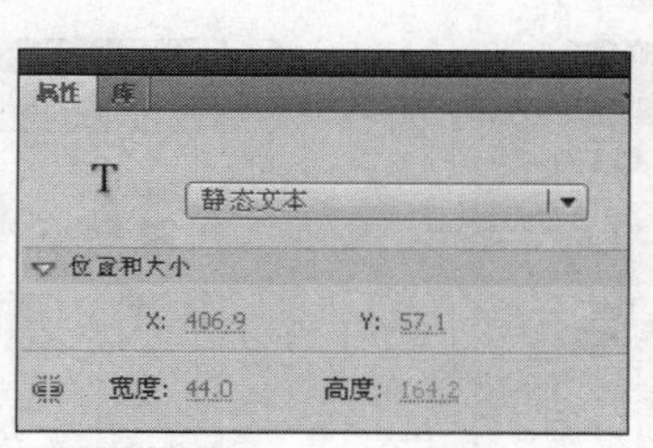

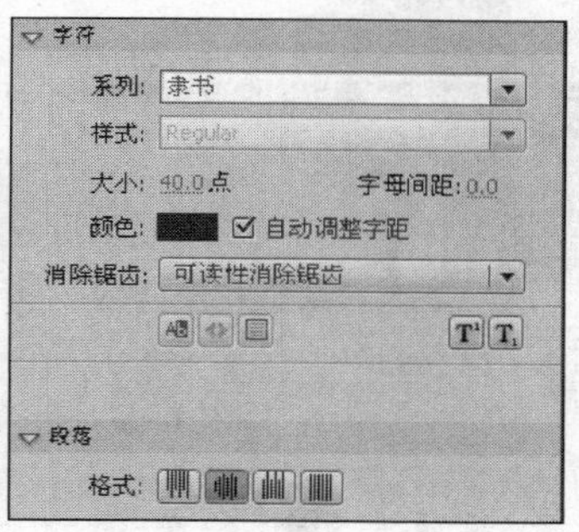

图 10-34 标题设置

(9) 新建一个 sanjiaobt 图层，将 bt_left 按钮放到舞台上。创建两个实例，调整按钮的角度，摆放效果如图 10-35 所示。单击左侧的按钮，添加代码如图 10-36 所示。单击右侧按钮，添加代码如图 10-37 所示。

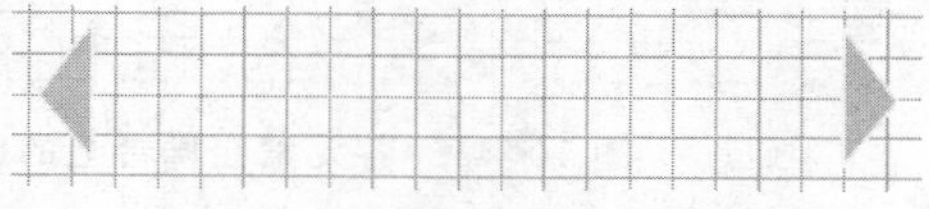

图 10-35 三角形按钮位置

(10) 新建一个 bigline 图层，选定第 1 帧，将 bigline 影片剪辑拖到舞台上，并将影片剪辑命名为 mc_bigline，如图 10-38 所示。然后选定第 1 帧，添加动作并设置代码，如图 10-39 所示。

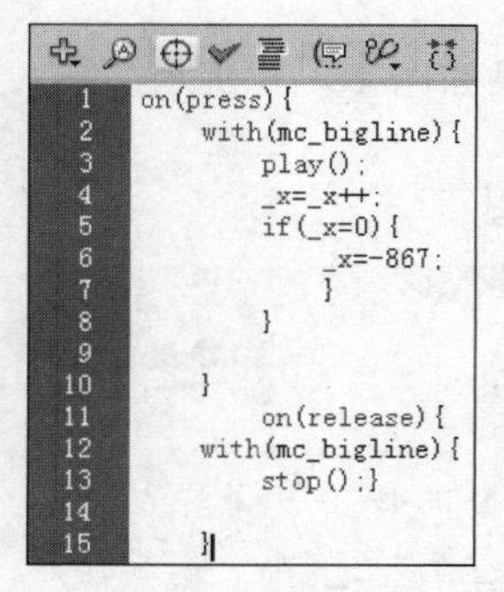

图 10-36 向左按钮的代码

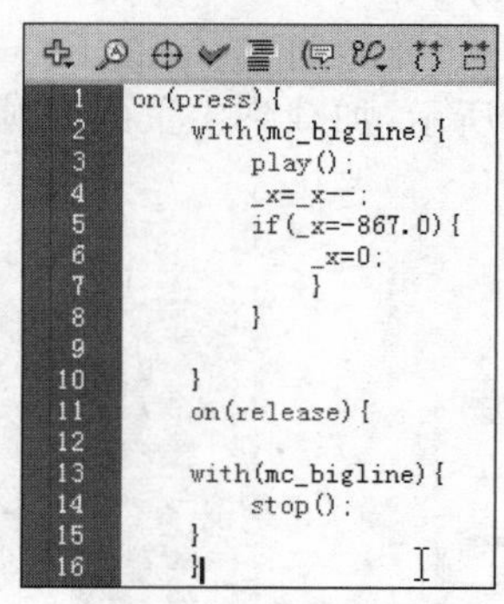

图 10-37 向右按钮的代码

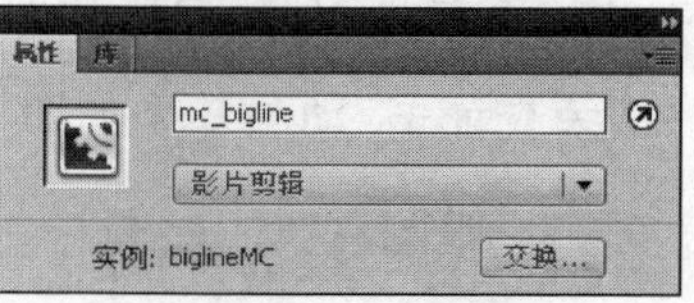

图 10-38 给影片剪辑命名

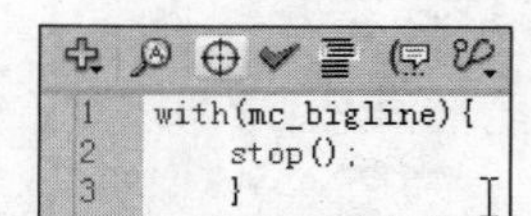

图 10-39 滚动控制

(11) 新建一个图层，在该图层绘制一个矩形，将两个三角形按钮的中间区域填满，效果如图 10-40 所示。然后选中该图层，创建“遮罩层”动画。

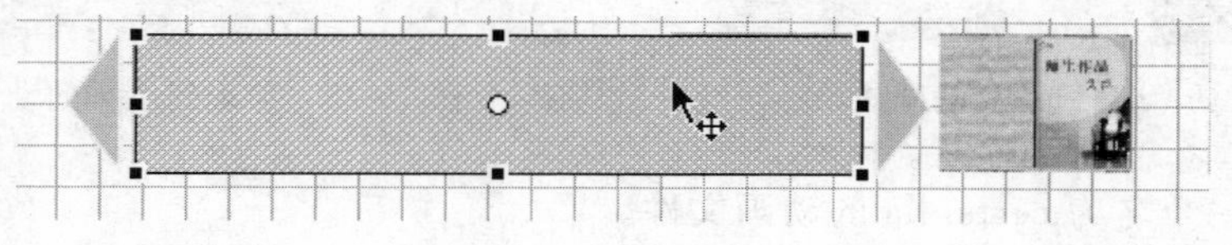

图 10-40 遮罩层动画

(12) 新建一个 bigpic 图层，选定第 1 帧，将 pic 元件拖放到舞台适当位置，并将该实例

命名为 mc_pic，效果如图 10-41 所示。

(13) 新建一个名为 AS 的图层，各图层关系如图 10-42 所示。选中该图层第 1 帧，添加代码，如图 10-43 所示。

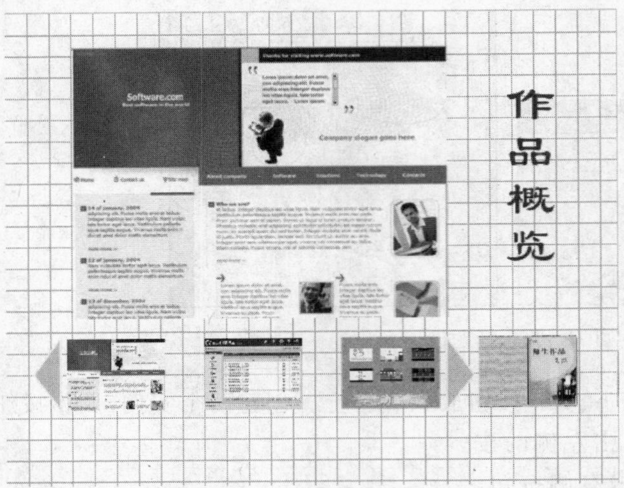

图 10-41　各元素在舞台上的效果

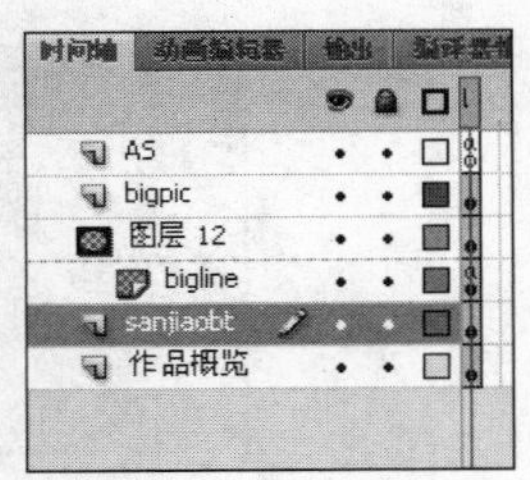

图 10-42　各图层关系

图 10-43　AS 图层帧对应代码

(14) 至此，“个人简介”页面制作完成，按 Ctrl＋Enter 快捷键，用鼠标拖动滚动条即可阅读。

3. “荣誉证书”栏目制作

“荣誉证书”动画效果如图 10-44 所示，加载到主页的动画效果如图 10-45 所示。

荣誉证书

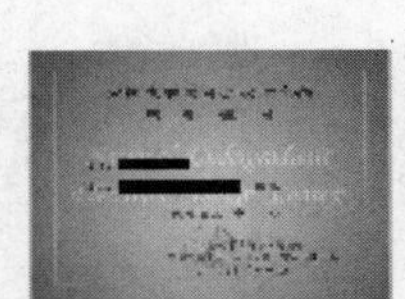

图 10-44　“荣誉证书”动画效果

图 10-45　加载到主页的动画效果

(1) 创建一个名为 certs. fla 的动画文件。

(2) 在图层 1 放置“荣誉证书”文件，即获奖证书缩略图。在图层 2 上创建一个矩形从上到下逐渐变大、最后布满屏幕的补间动画。在图层 2 上创建“遮罩层”动画，实现画面内容从无到有的效果。图层 3 的最后一帧创建一个“stop()”帧动作。整个文件效果如图 10-46 所示。

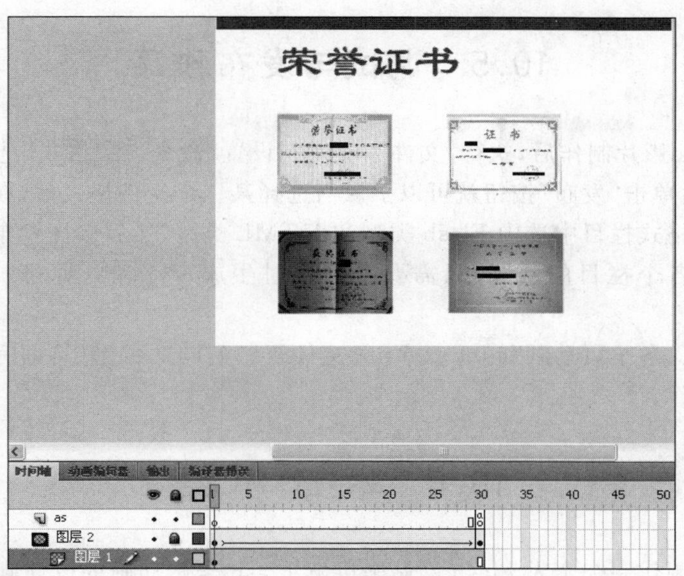

图 10-46　动画文件效果

4. “联系方式”栏目制作

“联系方式”动画效果如图 10-47 所示，加载到主页的动画效果如图 10-48 所示。

图 10-47　“联系方式”动画效果

图 10-48　加载到主页的动画效果

关键制作步骤：新建一个名为 about. fla 的动画文件。在动画中绘制出一个纸张图形，然后在舞台相应位置添加文本。在“E-mail：123456@163. com”文本上方创建一个按钮，并为该按钮添加以下代码，如图 10-49 所示。

```
on(release){
    getURL("mailto:123456@163.com",_blank)
}
```

图 10-49　按钮动作

10.5 调试与发布作品

当完成 index 影片制作后，执行“文件”→“发布设置”命令，在“格式”选项中选择影片要输出的格式，然后单击“发布”按钮就可以了。当选择某一个文件格式后，在选项卡中会出现相应的选项。在格式栏目中选中 Flash 类型和 HTML 类型，然后选择发布即可。

对于子页的各个栏目的动画，只需要在测试时生成 swf 动画即可，不需要单独进行发布。

最后，将首页、各子页动画和 index. html 文件复制到同一目录下，即完成 Flash 全网站页面及动画的制作。

10.6 本章小结

本案例通过制作一个个人 Flash 网站来讲解 Flash 全站动画的设计制作方法。其中通过在主页 index. swf 中使用 loadMovie 命令，将其他子页面加载到主页的影片剪辑中，从而实现多个页面的跳转访问。

参 考 文 献

[1] 孙良军. Flash 8 入门与实例演练. 北京：中国青年出版社，2006.

[2] 胡崧. Flash CS3 特效设计经典 150 例. 北京：中国青年出版社，2008.

[3] 孟昭勇，张晓蕾. 中文 Flash 8 动画设计案例教程. 北京：人民邮电出版社，2008.

[4] 明智科技，周建国. Flash CS4 入门与实战. 北京：人民邮电出版社，2009.

[5] 沈大林. 中文 Flash 8 案例教程. 北京：中国铁道出版社，2007.

[6] 贺凯，焦超. Flash 8 动画特效设计经典 108 例. 北京：中国青年出版社，2006.